浙江农林大学 生态文明研究院 碳中和研究院

浙江智库 ZHEJIANG THINK TANK

浙江省生态文明智库联盟

《生态文明研究丛书》

主编◎沈满洪

绿水青山就是金山银山理念的逻辑力量

沈满洪◎著

中国财经出版传媒集团
中国财政经济出版社
·北京·

图书在版编目（CIP）数据

绿水青山就是金山银山理念的逻辑力量 / 沈满洪著. 北京 : 中国财政经济出版社, 2025. 6. -- (生态文明研究丛书 / 沈满洪主编). -- ISBN 978-7-5223-3757-9

Ⅰ. X321.2

中国国家版本馆CIP数据核字第2025F5N887号

组稿编辑：周桂元　　责任校对：胡永立

责任编辑：周桂元　　责任印制：张　健

封面设计：孙俪铭

绿水青山就是金山银山理念的逻辑力量

LÜSHUI QINGSHAN JIUSHI JINSHAN YINSHAN LINIAN DE LUOJI LILIANG

中国财政经济出版社 出版

URL：http：//www. cfeph. cn

E－mail：cfeph@ cfeph. cn

社址：北京市海淀区阜成路甲 28 号　邮政编码：100142

营销中心电话：010－88191522

天猫网店：中国财政经济出版社旗舰店

网址：https：//zgczjjcbs. tmall. com

涿州汇美亿浓印刷有限公司印刷　各地新华书店经销

成品尺寸：170mm×240mm　16 开　15.25 印张　250 000 字

2025 年 6 月第 1 版　2025 年 6 月河北第 1 次印刷

定价：89.00 元

ISBN 978－7－5223－3757－9

（图书出现印装问题，本社负责调换，电话：010－88190548）

本社质量投诉电话：010－88190744

打击盗版举报热线：010－88191661　QQ：2242791300

《生态文明研究丛书》编委会

徐　鹤　南开大学战略环境评价研究中心主任、教授

林　震　北京林业大学生态文明研究院院长、教授

刘　刚　北京大学城市与环境学院长聘教授、长江学者讲习教授

许勤华　中国人民大学国际发展与战略研究院副院长、欧亚研究院执行院长

钭晓东　浙江大学光华法学院新时代枫桥经验研究院常务副院长、“国家百千万人才工程”入选专家

张俊飚　浙江农林大学浙江省乡村振兴研究院副院长兼首席专家、教授、国家哲学社会科学领军人才

王建明　浙江财经大学科研处处长、绿色管理研究院院长、教授

谢慧明　宁波大学商学院副院长、长三角生态文明研究中心主任、教授

方　恺　浙江大学区域协调发展研究中心副主任、公共管理学院长聘教授、浙江生态文明研究院学术交流中心副主任、国家哲学社会科学领军人才

钱志权　浙江省新型重点专业智库——浙江农林大学生态文明研究院副院长、教授

总　序

2003 年 7 月 10 日，时任浙江省委书记习近平在中共浙江省委十一届四次全体（扩大）会议上的报告中明确提出“八八战略”，即发挥“八个方面的优势”，推进“八个方面的举措”。“八八战略”之五便是：“进一步发挥浙江的生态优势，创建生态省，打造‘绿色浙江’。”① 我是在“八八战略”指引下成长起来的一名生态经济学者。正因为“八八战略”的持续推进，才持续有机会参与“八八战略”尤其是战略之五的规划研究、工作总结、经验提炼及理论宣讲，多次承担浙江文化研究工程重大项目并出版《绿色创新——生态省建设创新之路》《生态文明建设：浙江的探索与实践》等专著。

生态文明建设是一个博大精深的课题。因此，我几十年只做一件事——生态文明研究，主要研究方向是习近平生态文明思想、生态经济发展战略、生态文明制度建设、资源与环境经济学等。一个人的力量总是有限的，团队建设和平台建设不可或缺。于是，我在浙江大学工作期间积极推动成立“浙江大学循环经济研究中心”，并担任常务副主任；在浙江理工大学工作期间，牵头成立“浙江理工大学浙江省生态文明研究中心”，兼任主任和首席专家，使之成为浙江省重点研究基地；在宁波大学工作期间，牵头成立“宁波大学长三角生态文明研究中心”，

① 习近平. 干在实处 走在前列——推进浙江新发展的思考与实践［M］. 北京：中共中央党校出版社，2006：71－73.

兼任主任和首席专家，使之成为浙江省推进长三角一体化发展支撑智库；在浙江农林大学工作期间，牵头重组“浙江农林大学生态文明研究院、碳中和研究院”，兼任院长和首席专家，使之成为浙江省新型重点专业智库。

浙江农林大学生态文明研究院、碳中和研究院是为了响应国家生态文明建设、碳达峰碳中和重大战略而设立，旨在综合运用文理融合、多学科交叉的研究方法，为国家和地方生态文明建设、碳达峰碳中和领域提供跨学科综合解决方案，力求在生态产品价值实现机制、低碳发展路径与政策、亚热带森林增汇稳碳、碳达峰碳中和制度创新、生态文化传承与创新、生态文明法治理论与实践等领域研究取得重大突破。研究院前身是2011年设立的浙江农林大学生态文明研究中心。2021年6月，更名为浙江农林大学生态文明研究院，并设立浙江农林大学碳中和研究院，实行“两院合一”运行机制。2021年9月获中共浙江省委宣传部批准为浙江省习近平新时代中国特色社会主义思想研究中心研究基地。2022年12月获浙江省哲学社会科学工作办公室、浙江省新型智库联席会议批准为浙江省新型重点专业智库，并进入浙江省建设具有全国影响的新型智库培育名单。2024年9月，被浙江省哲学社会科学工作办公室确立为全国影响力智库建设单位。研究院下设生态经济、低碳发展、生态文化、生态治理四个研究所。研究院现有研究人员70余人，其中，有正高级职称的研究人员占三分之一以上。国家哲学社会科学领军人才沈满洪教授担任研究院首席专家。国家科技进步奖二等奖获得者周国模教授、国家一级作家及“茅盾文学奖”得主王旭烽教授、北京大学城市与环境学院刘刚长聘教授、“国家百千万人才工程”入选专家钭晓东教授分别担任低碳发展、生态文化、生态经济、生态治理四个研究所的方向带头人。沈满洪教授任院长，钱志权教授任副院长。研究院产出了一大批有较大影响的学术理论和智库成果。主要研究成员承担了包括国家自然科学基金重大项目和重点项目、国家社科基金重大项目和重点项目以及“973 项目”在内的国家级和省部级项目 250 余项，在《经济研究》等国内外重要学术期刊发表学术论文超过 1000 余篇，出版学术专著 160 余部，成果获得国家科技进步奖及省部级优秀科研成果奖近 50 项，获得国家发明专利 20 余项，提交的政策咨询报告获中共中央、国务院、全国人大、中央国家机关、部委和省级党委政府领导批示超过 100 次，形成了较强的政策影响力、学术影响力、社会影响力和国际影响力。本丛书第一部专著《生态文明建设的淳安样本》校稿期间，沈满洪教授领衔的生态文明教师团队入选浙江省高校黄大年式教师团队。

浙江省是习近平生态文明思想的重要萌发地和率先践行地。浙江省各个单位高度重视生态文明研究和平台建设。但研究平台呈现出“多”而“散”的问题。根据省委“大成集智”的指示精神，在浙江省社科联的领导下，成立了“浙江省生态文明智库联盟”。该联盟由浙江农林大学生态文明研究院牵头，由浙江大学区域协调发展研究中心（国家高端智库）、浙江省发展规划研究院、浙江大学中国农村研究中心、浙江省生态环境科学设计研究院、浙江理工大学浙江省生态文明研究院等浙江省 23 家从事生态文明研究的国家高端智库、省级新型重点专业智库、研究基地等组成。国家哲学社会科学领军人才沈满洪教授担任智库联盟理事长。智库联盟坚持以习近平新时代中国特色社会主义思想为指导，利用绿水青山就是金山银山理念浙江省先行地优势，忠诚践行“八八战略”，聚焦生态文明研究，通过重大选题联合攻关、数据库案例库共建共享、联合举办国际学术论坛等重大举措，着力推动浙江省经济社会全面绿色转型重大理论与实践问题研究，集聚高显示度研究成果，为浙江省率先建成人与自然和谐共生的省域现代化先行示范区、生态文明制度“重要窗口”提供大成集智和理论支撑。智库联盟已经开展了一系列卓有成效的工作：协同开展重大项目研究，如浙江省文化研究工程重大项目“共同富裕的探索与实践——浙江案例研究”（丛书22本）、浙江省哲学社会科学重大项目“碳中和论丛”（丛书11本）；合作举办国际性全国性学术会议，如“PACE中国绿色低碳发展的理论与政策国际研讨会”（年度系列）等。

习近平生态文明思想是一个博大精深的理论体系，是一个开放发展的理论体系，尚有大量的理论问题、战略问题、政策问题值得深入研究。我国生态环境保护虽然取得历史性、转折性、全局性变化，但是，我国生态文明建设处于生态环境安全需要与生态环境审美需要并存、陆域生态环境保护与海洋生态环境保护并存、生态经济化任务与经济生态化任务并存、工业化现代化目标与绿色化低碳化目标并存的历史方位。可见，生态文明研究的任务依然任重道远，亟须持续推进和深化生态文明研究。为此，浙江省生态文明智库联盟、浙江农林大学生态文明研究院推出“生态文明研究丛书”。

《生态文明研究丛书》为“不定期”“不定册”“连续出版”丛书。“不定期”就是不受出版时间的严格约束，书稿成熟就与出版社签署协议，进入出版程序；“不定册”就是不受一时认识水平的约束，实施开放式选题；“连续出版”就是形成生态文明研究的系列拳头产品，避免一本书单打独斗。该丛书可能的选题方向主要有：（1）习近平生态文明思想研究。重点研究习近平生态文明思想的理论及全国各地践行习近平生态文明思想的实践。（2）绿色发展的理论和实践研究。重点研究绿色发展理论、生态产品价值实现机制、各地绿色发展实践、绿色发展制度和政策等。（3）碳达峰碳中和研究。重点研究国家与地方碳减排增碳汇、碳达峰碳中和战略、适应气候变化等理论与实践。（4）生态文明治理制度研究。重点研究资源与环境法律制度、生态环境治理机制、生态文明体制改革等。（5）生态文化建设研究。重点研究茶文化、竹文化、生态林业文化等特色生态文化、生态文明哲学、生态文明伦理、生态文明教育等。欢迎符合选题要求的著作纳入本丛书！

丛书编委会由浙江农林大学生态文明研究院院长、首席专家及各方向带头人、浙江农林大学生态文明研究院学术委员会全体委员、浙江省生态文明智库联盟部分成员单位学术带头人组成。作为该丛书主编，对于各位专家同意邀约担任编委会委员表示衷心感谢！

2025 年 1 月修订

（作者系浙江农林大学生态文明研究院院长、碳中和研究院院长、浙江省生态文明智库联盟理事长、浙江省特级专家、国家哲学社会科学领军人才、环球中国环境专家协会理事会主席）

目　　录

第一章

绿水青山就是金山银山理念总论

绿水青山就是金山银山理念是习近平生态文明思想的重要标志和鲜明特色。该理念被纳入《中国共产党章程》而成为全党的指导思想。本章从总体上阐述绿水青山就是金山银山理念的发展脉络、科学内涵与时代价值。

第一节　绿水青山就是金山银山理念的发展脉络

绿水青山就是金山银山理念。从孕育到萌发、从提出到完善、从升华到形成、从发展到转化是一个长期探索的过程。①

一、绿水青山就是金山银山理念的重要萌发

习近平同志具有丰富的地方工作经历。无论在陕西省延安市梁家河村、河北省正定县等北方地区工作，还是在福建省、浙江省、上海市等南方地区工作，均在探索环境保护与经济增长的辩证关系，形象地说就是绿

① 沈满洪，冯虎：《“两山”理念的提出缘起、发展历程和浙江实践》，《生态经济》，2025年第8期。

水青山与金山银山的关系。绿水青山就是金山银山理念孕育于陕西省和河北省，萌发于福建省，重要萌发于浙江省。

在改革开放之初，浙江省经济发展水平处于全国相对落后的位置。经过20多年的改革开放，浙江省形成了具有广泛影响的“浙江现象”“浙江奇迹”“浙江之谜”和具有示范意义的“浙江模式”。但是，传统的经济增长方式使得浙江省率先遭遇“成长中的烦恼”。总的看来，经济高速增长与环境污染加剧、环境容量有限之间的矛盾十分尖锐，经济总量扩张与资源供给有限、资源利用效率低下之间的矛盾十分尖锐，人民群众日益增长的生态环境质量需求与不尽理想的生态环境质量供给之间的矛盾十分尖锐。为此，必须统筹兼顾区域生态环境保护与经济社会发展。

习近平同志到浙江工作时，正面临“经济迅猛增长，环境急剧退化”的严峻形势。习近平同志在较短的时间内开展了广泛的调查研究，并提出了绿水青山就是金山银山理念，擘画了包括生态省建设在内的“八八战略”。2003年8月8日，习近平同志首次提出了绿水青山和金山银山的形象比喻。他说：“‘只要金山银山，不管绿水青山’，只要经济，只重发展，不考虑环境，不考虑长远，‘吃了祖宗饭，断了子孙路’而不自知，这是认识的第一阶段；虽然意识到环境的重要性，但只考虑自己的小环境、小家园而不顾他人，以邻为壑，有的甚至将自己的经济利益建立在对他人环境的损害上，这是认识的第二阶段；真正认识到生态问题无边界，认识到人类只有一个地球，地球是我们共同的家园，保护环境是全人类的共同责任，生态建设成为自觉行动，这是认识的第三阶段。”① 在这一论述中，习近平同志虽然已经推出了绿水青山和金山银山的概念，但是尚未将这两个概念贯穿始终。该论述可以概括为人类关于绿水青山和金山银山关系认识的“三阶段论”：第一阶段，“只要经济增长，不要环境保护”；第二阶段，“只要自家小环境，不要人家大环境”；第三阶段，“只有一个地球，共同保护环境”。

2005年8月15日，习近平同志在安吉县余村考察时，明确提出了“绿水青山就是金山银山”理念。回到杭州不久，习近平同志就在2005年8月24日的《浙江日报》上发表了《绿水青山也是金山银山》一文。在文中强调：“如果能够把这些生态优势转化为生态农业、生态工业、生

---

① 习近平：《之江新语》，杭州：浙江人民出版社，2007年8月，第13页。

态旅游等生态经济的优势，那么绿水青山也就变成了金山银山。绿水青山可带来金山银山，但金山银山却买不到绿水青山。绿水青山与金山银山既会产生矛盾，又可辩证统一。”① 这时，绿水青山就是金山银山理念已经明确提出，但是，在《浙江日报》上正式发表的文章标题是“绿水青山也是金山银山”。“就”字修改成“也”字，充分说明，习近平同志还在进一步求证之中。可见，习近平同志思想探索之严谨。

此后，习近平同志在丽水市、衢州市、杭州市等多地调研时均阐述过绿水青山和金山银山的辩证关系。其中，2006 年 3 月 23 日，习近平同志在中国人民大学演讲时作了更为严谨的表述：“人们在实践中对绿水青山和金山银山这‘两座山’之间的关系的认识经过了三个阶段：第一个阶段是用绿水青山去换金山银山，不考虑或者很少考虑环境的承载能力，一味索取资源。第二个阶段是既要金山银山，但是也要保住绿水青山，这时候经济发展和资源匮乏、环境恶化之间的矛盾凸显出来，人们意识到环境是我们生存发展的根本，要留得青山在，才能有柴烧。第三个阶段是认识到绿水青山可以源源不断地带来金山银山，绿水青山本身就是金山银山，我们种的常青树就是摇钱树，生态优势变成经济优势，形成了一种浑然一体、和谐统一的关系。”② 这一阐述把人类关于绿水青山和金山银山关系认识的“三阶段论”上升到新的高度：第一个阶段，“只要金山银山，不要绿水青山”；第二个阶段，“既要金山银山，又要绿水青山”；第三个阶段，“绿水青山就是金山银山”。在此，习近平同志把人类关于绿水青山和金山银山关系认识的“三阶段论”始终用绿水青山和金山银山进行比喻。人类认识的“三阶段论”表明，“只要金山银山，不要绿水青山”是特定阶段的产物，但是这种模式不可持续；“既要金山银山，又要绿水青山”是可能实现的，但是需要一定的技术和制度条件；总体趋势是“绿水青山就是金山银山”，在一定范围之内绿水青山可以转化为金山银山，金山银山也可以转化为绿水青山。

二、绿水青山就是金山银山理念的全面升华

如果把习近平同志在浙江工作时关于金山银山和绿水青山关系的论述

---

① 习近平：《之江新语》，杭州：浙江人民出版社，2007 年 8 月，第 153 页。
② 习近平：《之江新语》，杭州：浙江人民出版社，2007 年 8 月，第 186－187 页。

概括为人类认识“三阶段论”，那么，党的十八大以来习近平总书记关于绿水青山和金山银山的关系的论述可以称作“三个重要论断”。

2013 年 9 月 7 日，习近平主席在哈萨克斯坦纳扎尔巴耶夫大学发表题为《弘扬人民友谊 共创美好未来》的重要演讲并回答关于环境保护的学生提问时指出：“我们既要绿水青山，也要金山银山。宁要绿水青山，不要金山银山，而且绿水青山就是金山银山。我们绝不能以牺牲生态环境为代价换取经济的一时发展。我们提出了建设生态文明、建设美丽中国的战略任务，给子孙留下天蓝、地绿、水净的美好家园。”① 这一回答便是习近平总书记关于绿水青山和金山银山关系认识的“三个重要论断”。第一个论断：“既要绿水青山，也要金山银山”。在条件许可的情况下要谋求生态环境保护与经济社会发展的统筹兼顾。第二个论断：“宁要绿水青山，不要金山银山”。在特定条件下可能面临生态环境保护与经济社会发展难以兼顾，此时要以生态环境保护作为前提，坚持“生态优先”，因为“留得青山在，不怕没柴烧”。第三个论断：“绿水青山就是金山银山”。绿水青山就其生态环境功能而言，是最普惠的民生福祉，是“金不换”的；绿水青山就其经济社会功能而言，是可以转化为生产力的；与此对应，金山银山在一定区间内也是可以转化为绿水青山的。所以要坚持生态经济化和经济生态化。

从习近平同志总结人类关于金山银山和绿水青山的关系认识的“三阶段论”到习近平总书记提出“三个重要论断”，总体上保持了“绿水青山就是金山银山”的主线，但是，理论进一步升华了。一是从总结人类对绿水青山和金山银山的关系的认识转变成党的核心和大国领袖的英明论断；二是从有待进一步求证的“绿水青山也是金山银山”的论断转变成铁板钉钉的“绿水青山就是金山银山”的论断；三是从“兼顾论”“转化论”等进一步强调了“优先论”——“宁要绿水青山，不要金山银山”，为“生态优先，绿色发展”论断提供了强有力的理论支撑。而且，与人类关于绿水青山和金山银山关系认识的“三阶段论”的语序不同，在“三个重要论断”中始终把绿水青山置于金山银山之前。这样，既彰显了语言的优美，更彰显了生态的优先。

正是有了绿水青山就是金山银山理念，党的十九大报告在论述新时代

① 习近平：《论坚持人与自然和谐共生》，北京：中央文献出版社，2022 年 1 月，第 40 页。

坚持和发展中国特色社会主义的十四大基本方略中就包括了“坚持人与自然和谐共生”方略①。

三、绿水青山就是金山银山理念的成果转化

党的十八大以来，习近平总书记多次阐述了绿水青山就是金山银山理念。并且对该理念作了进一步的发挥和延伸，如冰天雪地也是金山银山、碧海银滩也是金山银山等。

特别引人关注的是，党的十九大把绿水青山就是金山银山理念、生态文明建设、绿色发展理念、美丽中国建设等均纳入《中国共产党章程》。从修改后的党章中关于生态文明建设的相关内容可见：第一，绿水青山就是金山银山理念是我国生态文明建设的指导思想；第二，党是领导一切的，坚持党对生态文明建设的全面领导；第三，生态文明建设体现在理念、意识、方略、国策、方针、道路等一系列方面；第四，生态文明建设的具体目标是资源节约型社会和环境友好型社会，生态文明建设的根本目标是建成美丽中国并实现中华民族永续发展。

全国第十三届人民代表大会以绿水青山就是金山银山理念为指导，对《中华人民共和国宪法》做了修正。修正案第 32 条明确指出：“贯彻新发展理念，自力更生，艰苦奋斗，逐步实现工业、农业、国防和科学技术的现代化，推动物质文明、政治文明、精神文明、社会文明、生态文明协调发展，把我国建设成为富强民主文明和谐美丽的社会主义现代化强国，实现中华民族伟大复兴。”② 这段文字三处与生态文明建设密切相关：一是把包括“绿色发展”理念在内的新发展理念纳入宪法；二是把包括“生态文明建设”在内的“五位一体”总体布局纳入宪法；三是把“美丽中国”作为现代化强国建设的奋斗目标纳入宪法。

习近平总书记特别重视推进法治中国建设和美丽中国建设，把生态文明建设纳入法治轨道。2012 年之后的十多年，我国出台了一系列法律、法规、规章和文件等。以党代会和党的全会为例，党的十八大报告在

① 习近平：《决胜全面建成小康社会 夺取新时代中国特色社会主义伟大胜利——在中国共产党第十九次全国代表大会上的报告》，北京：人民出版社，2017 年 10 月，第 23 - 24 页。

② 《中华人民共和国宪法修正案（2018 年 3 月 11 日第十三届全国人民代表大会第一次会议通过）》，《人民日报》，2018 年 3 月 12 日。

“大力推进生态文明建设”的主题下着重指出“加强生态文明制度建设”；党的十八届三中全会专门阐述了“生态文明体制改革”；党的十八届四中全会强调了“依法推进生态文明建设”；党的十八届五中全会进一步强调了生态文明建设和绿色发展，特别强化了体制机制改革和制度建设保障；党的十九大报告强调了“加快推进生态文明体制改革，建设美丽中国”的主题；党的二十大报告强化了“推动绿色发展，促进人与自然和谐共生”的主题；党的二十届三中全会通过的《决定》进一步强调“深化生态文明体制改革”。与此同时，国家法律、法规和规章也作出一系列的调整或加强，使得生态文明建设从区域规章上升到国家法治层面。我国生态文明制度建设的“四梁八柱”已经形成，所以十四届全国人大常委会已经将《生态环境法典》纳入立法计划。

第二节　绿水青山就是金山银山理念的科学内涵

绿水青山就是金山银山理念的思想内涵博大精深，可以从多个视角进行解读。本节主要从生态经济学的视角进行阐释。

一、绿水青山就是金山银山理念的思想要义

绿水青山就是金山银山理念是一种形象化的表述。准确把握绿水青山就是金山银山理念十分重要。全面理解该理念不能仅仅从“绿水青山就是金山银山”一句话入手，而是要从“既要绿水青山又要金山银山”“宁要绿水青山不要金山银山”“绿水青山就是金山银山”这“三个重要论断”入手。

（一）“兼顾论”——“既要绿水青山，也要金山银山”

经济中心主义认为，生态系统是经济系统的子系统，经济系统可以无限膨胀，人类可以不顾及环境容量，一味追求经济增长，由此导致生态破坏、环境污染、气候变暖等严重后果。环保主义认为，生态系统的有限性

决定了经济增长的极限，提出了“增长的极限”“零增长观”“宇宙飞船经济”“小型化经济”等观点，没有考虑科技进步和制度创新的重要作用。绿水青山就是金山银山理念则认为，绿水青山和金山银山之间、生态环境保护与经济增长之间并非始终处于不可调和的对立关系，而是对立统一的关系。处理不好，就是单纯的对立关系；处理得好，就是统一关系。只要坚持人与自然和谐共生的理念，尊重自然、敬畏自然、顺应自然、保护自然，就完全可能兼顾生态环境保护与经济增长，实现生态经济协调发展。因此，绿水青山和金山银山的兼顾是可能的。被联合国授予“生态治沙典范”的库布齐沙漠治沙工程，依靠科学技术创新和商业模式创新，创造出生态修复、生态牧业、生态健康、生态旅游、生态光伏、生态工业“六位一体”的“库布齐模式”，就是在极端生态条件下走向生态经济协调发展的成功典范。

（二）“优先论”——“宁要绿水青山，不要金山银山”

经济增长是在特定的约束条件下配置各种生产要素所带来的国民产出的增加。技术进步和制度创新可以使得同样的要素投入带来更大的产出。但是，在环境容量、技术条件和制度体系给定的情况下，持续推进经济高速增长，只能建立在生态破坏和环境污染的基础之上，从而出现“以局部利益损害全局利益，以短期利益损害长远利益，以当代利益损害后代利益”的错误做法。正是针对经济中心主义指导下的竭泽而渔、杀鸡取卵的做法，习近平总书记才强调“宁要绿水青山，不要金山银山”。因为，一旦绿水青山被破坏往往是不可逆转的，而“留得青山在，不怕没柴烧”。这就说明，在环境容量给定的情况下，要以此作为约束性的前提条件，再来考虑经济增长的可能速度。除非通过技术进步和制度创新，才可能在同样的环境容量下实现更高的经济增长。可见，在生态环境和资源能源等条件约束下，无法做到兼顾的特殊情况下，要有所选择、有所取舍，要坚持“生态优先”。历史经验证明，必须坚决摒弃以生态破坏、环境污染为代价的经济增长模式。

（三）“转化论”——“绿水青山就是金山银山”

从字面理解，不仅矿产资源、土地资源是经济资源，可以转化为金山银山，而且生态环境、生态服务等生态产品也是经济资源，也可以转化为金山银山。但是，仅仅这样理解是不够的。深入一层的理解是，绿水青山是实现源源不断的金山银山的基础和前提，为此，要做大绿水青山，做美绿水青山。再深入一层理解，保护好生态环境、保护好生态产品就是保护好金山银山。与之对应，减少资源消耗、减少污染排放就是减少绿水青山的损耗，也就是保护金山银山。因此，“绿水青山就是金山银山”不能仅仅理解成生态经济化，而是生态经济化和经济生态化的有机统一。在绿水青山和金山银山的价值转化过程中具有显著的生态共富效应：绿水青山的生态价值具有共同富裕效应，良好的生态环境是最普惠的民生福祉；绿水青山的经济价值也具有共同富裕效应，可以实现供求双方的“双赢”局面。

无论是“兼顾论”“优先论”还是“转化论”，始终不变的一条主线是妥善处理好人与自然的关系、妥善处理好绿水青山和金山银山的关系、妥善处理好生态保护与经济增长的关系。在这些关系的处理中，习近平总书记始终坚持“生态优先，绿色发展”。2020 年 3 月 30 日，习近平总书记再次考察浙江省安吉县余村时强调指出：把绿水青山建得更美，把金山银山做得更大。这充分表明，绿色发展观是妥善处理绿水青山和金山银山关系的精神实质。在新发展理念中，绿色发展不是一个独立的变量，绿色发展要渗透和贯穿创新发展、协调发展、开放发展、共享发展的各方面和全过程。正因为如此，要推进发展方式和消费方式的全面绿色低碳转型，从而使得新发展理念成为我国经济社会发展的指导思想。

二、绿水青山就是金山银山理念的本质要求

从狭义的角度理解，绿水青山代表生态环境，金山银山代表经济增长。由此要求必须妥善处理好生态环境保护与经济增长的关系。从广义的角度理解，绿水青山就是优质的生态环境——优质的水环境、优质的大气环境、优质的土壤环境、优质的天然氧吧、高额的负氧离子等，以及与优质生态环境关联的生态产品——有机产品、绿色产品、无公害产品等；金山银山就是经济增长或经济收入——国内生产总值的增长、居民可支配收入的增长等，以及与收入水平关联的民生福祉——优质生态环境所带来的审美享受等绿色福利。

准确把握绿水青山和金山银山的关系，就是要实现经济生态化和生态经济化的有机结合。一方面，要遏制经济增长过程中的环境退化，就要保

护生态和修复环境，保障生态环境的应有功能，简单而言，就是经济生态化。从“破坏生态环境”到“保护生态环境”再到“改善生态环境”就是经济生态化的渐进过程。另一方面，要把优质的生态环境转化为居民的货币收入，就要实现生态优美和经济增长的和谐发展，简单而言，就是生态经济化。从生态环境“无价”到生态环境“有价”再到生态环境“均衡价格”就是生态经济化的渐进过程。

（一）经济生态化

经济生态化包括产业生态化和消费绿色化两个方面。在工业化进程中，存在着产业经济的迅速扩张与生态环境容量的有限性之间的矛盾，存在着产业经济的持续增长与自然资源供给的有限性之间的矛盾。产业生态化就是产业经济活动从有害于生态环境向无害于甚至有利于生态环境的转变过程，从粗放利用资源向节约利用资源再向高效集约利用资源的转变过程，从碳排放与经济增长“不脱钩”向“相对脱钩”再向“绝对脱钩”的转变过程，逐步形成资源节约型、环境友好型、气候适宜型的产业经济体系。在市场经济中，存在着消费欲望的无限性与支撑消费品生产的自然资源的有限性之间的矛盾。消费绿色化就是妥善处理人与自然的关系，逐步形成资源节约型、环境友好型、气候适宜型的消费意识、消费模式和消费习惯。一个国家的国民产出中，三分之二以上用于消费。消费行为对于绿色发展极为重要。而且，消费行为又会影响生产行为。因此，必须大力推进节约型消费、环保型消费、适度型消费、重复性消费等新型消费行为。经济生态化就是要做到党的十八大报告所提出的“着力推进绿色发展、循环发展、低碳发展”。实际上，绿色发展的对立面就是“黑色增长”，循环发展的对立面就是“线性增长”，低碳发展的对立面就是“高碳增长”。经济生态化就是要实现从“黑色增长”向绿色发展的转变，从“线性增长”向循环发展的转变，从“高碳增长”向低碳发展的转变。

（二）生态经济化

经济系统两头连接着生态系统：一方面，生产与消费都要向生态系统获取自然资源；另一方面，生产者与消费者都要向生态系统排放废弃物。长期以来，人们把生态系统视为一个可以无限供给的系统。实际上生态系统是有限的、自然资源是有限的、环境容量是有限的、气候资源是有限的。自然资源、环境资源、气候资源供给的有限性与人类对它们需求的无限性之间的矛盾日益尖锐，因此，不应该采取低价使用自然资源，以零价格使用环境资源，而是要根据自然资源、环境资源、气候资源的稀缺性，用市场价格法、替代市场法、假想市场法等方法确定它们的价格，以市场机制对这些资源进行优化配置。生态经济化的实现途径可能是通过绿色财政制度方式，例如，征收资源税、环境税、碳税等实现负外部性的内部化，采取生态补偿、循环补贴、低碳补助等实现正外部性的内部化。生态经济化的实现途径也可能是生态产权制度方式。实施用水权、采矿权、林权、渔权、用能权等自然资源产权的有偿使用和交易制度，实施生态权、排污权等环境资源产权的有偿使用和交易制度，实施碳排放权、碳汇等气候资源的有偿使用和交易制度。生态经济化的根本途径是发展生态经济。大力发展生态农业、生态工业、生态服务业，并使第一、第二、第三生态产业相互连接，延长产业链，提高附加值。

三、绿水青山就是金山银山理念的真理伟力

一个观点、一个理念、一个论断是否具有真理光芒关键看其是否合乎客观规律。绿水青山就是金山银山理念不仅符合自然发展规律，而且蕴含经济发展规律和社会发展规律，所以具有真理伟力。

（一）符合自然发展规律

生态系统内的各种组成成分之间，以营养联系为纽带，建立起一种营养关系，把生物和生物以及生物与环境紧密地连接起来，构成以生产者、消费者、还原者为中心的三大功能类群，这就是生态系统的营养结构。

不同生态系统的组成成分不同，其营养结构的具体表现形式也不尽相同，但其基本形式均表现为由不同营养级位所构成的食物链和食物网。营养结构形成一种以食物营养为中心的链锁关系叫作食物链（food chain）。食物链上的每一环节叫营养级。在一个生态系统中有许多食物链，多条食物链相互交织，连接在一起形成复杂的食物网（food web）①。食物网反映

① 李博，杨持，林鹏，等：《生态学》，北京：高等教育出版社，2000 年 2 月，第 201－202 页。

了生态系统内各种生物之间的营养位置和相互关系。在食物链和食物网中，各个生物功能类群都分属于不同的营养级位。

生物多样性是生物（动物、植物、微生物）与环境形成的生态复合体以及与此相关的各种生态过程的总和，包括生态系统多样性、物种多样性和基因多样性三个层次。在食物链和食物网中，生物多样性越丰富，生态系统的安全性越大。因此，党的二十大报告特别强调生物多样性的保护，以“提升生态系统的多样性、稳定性、持续性”为题作了一个大段的阐述。之所以党代会报告予以高度重视，是因为生物多样性具有三大价值：一是直接使用价值。生物多样性为人类提供了多样性的食物、材料及原料。这是人们可以直接感受到的经济意义。二是间接使用价值。生物多样性具有重要的生态功能，生态系统存在着食物链和食物网，物种消亡太多太快，会导致食物链的断裂和食物网的破裂，从而危及整个生态系统的安全，进而危及人类的安全。这是生态意义。三是潜在使用价值。野生生物种类繁多，大量野生生物的使用价值可能还不清楚。但是可以肯定，这些野生生物具有巨大的潜在使用价值。一种野生生物一旦从地球上消失就无法再生，它的各种潜在使用价值也就不复存在了。这可以称作文化价值。

习近平总书记关于绿水青山和金山银山关系的论述，完全符合基于“食物链”“食物网”理论的生态学规律。第一，在生态环境保护与经济增长难以兼顾的情况下，坚持“生态优先论”。自然界可以没有人类，人类离不开自然界。因此，要确保生态系统的安全。第二，在生态环境保护与经济增长可以兼顾的情况下，坚持“统筹兼顾论”。在保护中发展，在发展中保护；以保护促发展，以发展促保护。第三，在生态安全得到保障的情况下，坚持“价值转化论”。一方面，实现绿水青山的生态价值，另一方面，实现绿水青山的经济价值。而且，要注重绿水青山和金山银山的双向转化。

（二）蕴含经济发展规律

1. 蕴含生态经济协调发展规律

经济系统是生态系统的子系统，经济系统是以生态系统为基础的，人类的经济活动要受到生态系统的容量的限制；生态系统和经济系统所构成的生态经济系统是一对矛盾的统一体，如果两个系统彼此适应，那么就能达到生态经济平衡的结果，如果两个系统彼此冲突，那么就可能出现生态经济失衡的状态；人类社会有可能通过认识生态经济系统，使自身的经济活动水平保持一个适当的“度”，以实现生态经济系统的协调发展。[①] 这就是生态经济协调发展规律。绿水青山就是金山银山理念蕴含了生态经济协调发展规律。从绿水青山和金山银山的统一性角度看，要以生态效益、经济效益、社会效益等综合效益的最大化为目标，以统筹兼顾为方法，在发展经济的同时妥善保护好生态系统，实现生态资本的增值；在保护生态环境的同时改善好经济系统，实现经济质量的提升；最终实现生态系统和经济系统的良性互动与协调发展。从绿水青山和金山银山的对立性看，要以全局利益、长远利益、根本利益为出发点，宁要生态效益、不要对生态有危害的经济效益，宁要生态效益、把生态效益转化成经济效益。从生态文明建设的终极目标看，就是为了提高人民的幸福水平。而幸福指数的高低并不是仅仅取决于收入水平。一方面，幸福指数与人均收入成正比；另一方面，幸福指数与环境污染成反比。经济水平上去了，环境质量下降了，未必导致幸福指数的上升。扣除环境污染损害以后的绿色收入才是与幸福指数紧密相关。相反，经济收入上升了，可以提升幸福指数；生态质量提高了，也可以提升幸福指数。

2. 蕴含生态需求递增规律

高质量的生态环境和生态产品属于典型的高档货。在衣食不保的情况下，人们的首选目标是衣食住行等生理需要的满足，对高质量的生态环境和生态产品的追求还提不上议事日程。在工业化初级阶段，各国普遍经历了“先污染、后治理”或“只要金山银山、不要绿水青山”的现象。原因何在？这是由需要层次和需求结构所决定的。例如，我国20世纪80年代发展乡镇企业时，有的企业排放的污水像墨汁一样，但没有居民去抵制。老百姓的观点是“与其被饿死，不如被毒死”。因为在当时，矛盾的主要方面还是解决温饱问题。乡镇企业家办了一个工厂，自己的子女就可以进厂工作，就拥有了工资收入，一家子人就衣食无忧。怎么会去抵制企业呢！在进入小康社会乃至进入富裕社会后，随着人均收入水平的提高，人们对高质量的生态环境和生态产品等高档物品的需要以更快的速度提

---

① 沈满洪，谢慧明，王颖，等：《生态经济学（第三版）》，北京：中国环境出版集团，2022年7月，第18－19页。

高，因为高质量的生态环境和生态产品事关生活质量和生命质量。由此，可以得到生态需求递增规律，即：随着消费者收入水平的上升，消费者的生态需求呈现递增的趋势。[①] 这种生态需求递增的对象可能是优美的生态环境，也可能是优质的生态产品。美味的生态产品等高层次的需求随着人均收入水平的上升呈现出递增趋势。只有金山银山，可以满足衣食住行等基本需求，但是，难以满足优美的生态环境和优质的生态产品等高档需求。有了绿水青山，不仅可以保障基本需求的满足，而且可以保障生态产品等高档需求的满足。我国一度出现了“山不清、水不秀、天不蓝、地不净”的现象。在这一特殊背景下，根据生态需求的递增趋势，大力推进优美生态环境和优质生态产品的供给以满足老百姓日益增长的生态需求，是党和政府义不容辞的职责。党的十八大报告首次提出“建设美丽中国”的目标，其显著特征就是回应人民的诉求，不仅要满足人民群众的生态环境安全需要，而且要满足人民群众的生态环境审美需要。

3. 蕴含生态价值增值规律

绿水青山就是金山银山理念显然与资产、资本、资金、投资、价值等概念关联，蕴含着生态价值增值规律。生态环境不是无价的自由物品，而是有价的经济资源，因此生态环境的有偿使用与交易符合经济规律；随着经济社会的发展，生态环境资源呈现日益稀缺的趋势，因此，生态价值呈现增值趋势；既然生态价值呈现增值趋势，那么人类可以像经济投资一样进行生态投资，实现生态资本的增值。[②] 这就是生态价值递增规律。绿水青山就是金山银山理念是生态价值增值规律的生动写照。如何实现绿水青山就是金山银山？首先，严格保护绿水青山，坚决反对破坏绿水青山的行为。绿水青山是永续发展的根本保障。其次，停止无偿使用生态环境，开展生态环境有偿使用。既然绿水青山是稀缺的宝贵资源，在生态环境产权可以界定的情况下，就要通过价格信号显示生态环境的稀缺性，实现生态环境的有偿使用。最后，积极投资生态环境，保障生态资本增值。无偿使用生态环境的背景下，只有政府投资生态环境这一公共物品；在有偿使用

---

① 沈满洪，谢慧明，王颖，等：《生态经济学（第三版）》，北京：中国环境出版集团，2022 年 7 月，第 20 页。

② 沈满洪，谢慧明，王颖，等：《生态经济学（第三版）》，北京：中国环境出版集团，2022 年 7 月，第 21 – 22 页。

生态环境的背景下，政府和企业都有可能成为生态环境的投资者。各地的实践表明，遵循生态价值递增规律，不仅有利于生态保护，而且有利于经济发展。例如，通过初始排污权有偿使用制度，实现环境容量资源的经济化；通过水权交易制度，实现自然资源配置的最优化；通过生态保护投资激励，促进自然资本的保值和增值。正因此，党的十八届三中全会通过的《中共中央关于全面深化改革若干重大问题的决定》专条阐述了“实行资源有偿使用制度和生态补偿制度”，指出：“加快自然资源及其产品价格改革，全面反映市场供求、资源稀缺程度、生态环境损害成本和修复效益。坚持使用资源付费和谁污染环境、谁破坏生态谁付费原则，逐步将资源税扩展到占用各种自然生态空间。稳定和扩大退耕还林、退牧还草范围，调整严重污染和地下水严重超采区耕地用途，有序实现耕地、河湖休养生息。建立有效调节工业用地和居住用地合理比价机制，提高工业用地价格。坚持谁受益、谁补偿原则，完善对重点生态功能区的生态补偿机制，推动地区间建立横向生态补偿制度。发展环保市场，推行节能量、碳排放权、排污权、水权交易制度，建立吸引社会资本投入生态环境保护的市场化机制，推行环境污染第三方治理。”① 这是生态价值实现和生态价值增值规律的具体政策措施。具体内容包括：一是以价格机制为核心推进生态产品价格改革；二是按照“谁损害，谁付费”原则建立生态环境责任制度；三是以生态环境安全底线为导向保护“资源阈值”“环境阈值”和“气候阈值”；四是优化不同功能用地价格以纠正“价格扭曲”；五是按照“谁保护，谁受益”原则建立纵横交错的生态补偿机制；六是建设生态产权交易市场，让市场机制在自然资源、环境资源、气候资源配置中发挥决定性作用。

（三）蕴含社会发展规律

绿水青山就是金山银山理念，看起来是生态保护与经济增长的关系，是人类社会与自然生态的关系，实质上是人与人之间的关系。因此，完全符合自然命运共同体规律、人类命运共同体规律、人与自然命运共同体规律。

---

① 中共中央：《中共中央关于全面深化改革若干重大问题的决定》，《人民日报》，2013 年 11 月 12 日。

自然命运共同体规律表明，在自然界中，物种与物种、生态与生态之间存在高度的依存性。一个物种的存在是另一种物种存在的前提，一种生态状况是另一种生态状况的前提，一种生态状况是一个物种存在的前提。因此，必须保护物种的多样性、生态的多样性和环境的多样性。

人类命运共同体规律表明，人类社会共同生活在一个地球上，“我们只有一个地球”，地球是一个地球村，因此，存在着“一损俱损、一荣俱荣”的现象。任何一个国家或地区试图独善其身是不可能的，试图搞零和博弈必然导致两败俱伤甚至多败俱伤。因此，全人类都要树立人类命运共同体理念。

人与自然命运共同体规律表明，人与自然之间的对抗的背后是人与人之间的对抗，只有坚持人与人之间的和平共处，才能保持人与自然之间的和平共处。因此，要妥善处理好当代人与当代人之间的关系、当代人与后代人之间的关系以便妥善处理好人类与自然的关系。

综上可见：

第一，践行绿水青山就是金山银山理念，就要求人作为一个“类”尊重自然、敬畏自然、顺应自然、保护自然，在经济发展规律与自然发展规律发生冲突的情况下，以遵守自然发展规律作为约束性前提。大量的事例证明，以自然为敌的做法、凌驾于自然之上的做法，必然遭到自然界的报复。

第二，践行绿水青山就是金山银山理念，就要求人作为一个“类”大力保护生态系统、保护生物多样性、保护食物链和食物网的完整性，以保障可持续发展的自然基础。必须清醒地认识到，物种的消亡具有不可逆性，当食物链的断裂或食物网的空洞达到一定的程度时，就会导致生态系统的崩溃乃至整个地球的灭亡。

第三，践行绿水青山就是金山银山理念，就要求人类模仿自然界的物质循环利用的原理，在生产和消费环节，努力谋求一物多用、梯级利用、循环利用，实现工业废弃物和生活垃圾的资源化利用。要想方设法提高自然资源生产率，想方设法实施垃圾分拣，想方设法促进循环发展。同时，按照道法自然的原理，加强政治生态、社会生态、文化生态建设，更好服务于生态文明建设。

人作为一个“类”的行为，无论是理念还是行为，无论是生产还是消费，都不能各行其是，而是需要遵循共同的社会规律。

第三节　绿水青山就是金山银山理念的时代价值

绿水青山就是金山银山理念不仅是一个观点、一个理论，而是一种原理、一种规律，具有普遍适用的认识论、方法论和实践论价值。①

一、绿水青山就是金山银山理念的认识论价值

如何认识人与自然的关系是一个极其重要的认识论问题。树立正确的认识论，就可以准确把握自然发展规律、经济发展规律和社会发展规律。习近平总书记反复强调坚持人与自然和谐共生的方略，本质上与绿水青山就是金山银山理念是高度切合的。

坚持人与自然和谐共生，就要正确认识自然、正确认识人类、正确认识人类与自然的关系。人类是自然的有机组成部分，人类不是自然的主宰。大自然是人类赖以生存发展的基本条件。正因为如此，习近平总书记反复告诫我们：尊重自然、顺应自然、保护自然，甚至要求人们要敬畏自然。

坚持人与自然和谐共生，就要妥善处理绿水青山和金山银山的关系。“自然”集中反映在与绿水青山密切关联的生态环境保护上，“人类”集中反映在与金山银山密切关联的经济社会发展上。在条件许可的情况下，要坚持“兼顾论”，即“既要绿水青山又要金山银山”，实现生态环境保护与经济社会发展的兼顾；在条件不许可的情况下，要坚持“优先论”，即“宁要绿水青山不要金山银山”，做到“生态优先”；总体的发展和演变趋势则是“转化论”，即“绿水青山就是金山银山”，既要追求经济生态化，又要追求生态经济化，实现绿色发展。

坚持人与自然和谐共生，就要坚决做到“生态优先，绿色发展，生态共富”。在生态优先前提下大力推进绿色发展，在绿色发展基础上促进生态共富。从而真正认识到：保护生态环境就是保护生产力，破坏生态环境就是破坏生产力，改善生态环境就是发展生产力。这样，才能以正确的认识

① 沈满洪：《绿水青山就是金山银山理念的时代逻辑》，《治理研究》，2025 年第 4 期。

论指导正确的政绩观，以正确的政绩观指导正确的生态文明建设的伟大实践。

二、绿水青山就是金山银山理念的方法论价值

绿水青山就是金山银山理念的落地就是推进以美丽中国为目标的生态文明建设。习近平总书记亲自擘画了美丽中国建设，并明确了美丽中国建设的“总蓝图”“时间表”和“路线图”。

1. “美丽中国”是中国式现代化的有机组成，自身又是一个庞大的系统工程

一方面，“美丽中国”是“建设富强民主文明和谐美丽的社会主义现代化强国”的中国梦的重要组成部分。因此，要从大系统中来谋划“美丽中国”建设。诚如习近平总书记所讲的，中国式现代化是人与自然和谐共生的现代化，因此，生态文明建设要贯穿和渗透于经济建设、政治建设、文化建设和社会建设的各方面和全过程。另一方面，“美丽中国”建设本身就是一个伟大的系统工程。“美丽中国”包括美丽的生态文化、美丽的生态经济、美丽的生态环境、美丽的生态人居等丰富的内涵。为此，必须以生态文化为引领，生态经济为重点，生态环境为基础，生态人居为追求。随着经济社会的发展，人的需要层次是不断上升的。因此，要不断满足人民日益增长的优质生态产品、优质生态环境、优质生态人居、优质生态服务的需要。

2. 生态系统存在多样性和多层次性，要坚持山水林田湖草沙一体化保护和系统治理

生态系统是由一系列子系统构成的，子系统与子系统之间、子系统与环境之间、物种与物种之间存在高度的相互依存关系，形成一系列相互联系相互影响的“食物链”和“食物网”。如果“食物链”大截大截地断裂，如果“食物网”出现巨大的空洞，那么，人类的生存基础也就不复存在。因此，必须坚持系统观念、系统思维、系统方法解决长期存在的“九龙治水”“九龙治海”“环保不下水，水利不上岸”等部门分割问题；必须统筹兼顾地上地下、岸上水下、陆地海洋、上游下游、左岸右岸，通过“一体化保护和系统治理”实现“1 =1 >2”的系统优化效果；必须妥善处理“条”与“条”的关系、“块”与“块”的关系、“条”与“块”

的关系，防止“地方保护主义”，反对“部门利益至上”。

3. 统筹产业结构调整、污染治理、生态保护、应对气候变化，协同推进降碳、减污、扩绿、增长

坚持系统观念就要统筹推进各方面工作。第一，环境污染根源在于生产和生活。只有通过生产方式和生活方式的变革才能实现环境改善。因此，要统筹经济增长和污染治理。第二，节能、降碳和治污往往具有经济学意义上的“范围经济”效果，几个方面“分治”的效果之和不如“统治”的效果。当然，实现“范围经济”效果，对于科技水平和制度安排的要求也更高了。第三，节约和减排具有方向上的一致性。在一定程度上资源能源的减量化使用就是废弃物的减量化排放。因此，要大力推进各种资源的高效节约集约利用。

三、绿水青山就是金山银山理念的实践论价值

党的十八大报告和十九大报告十分重视生态文明制度建设。基于我国生态文明制度体系已经基本建立并不断完善，党的二十大报告则在绿水青山就是金山银山理念指导下着重阐述了生态文明建设实践的四个重点领域。

1. 加快发展方式绿色转型

党的十八大以来我国绿色发展已经取得了明显成效。从总体上看，我国完成了从“黑色增长”向“浅绿色发展”的转型，但是尚未转向“深绿色发展”。从碳排放情况看，我国实现了碳排放强度的递减，但尚未实现碳排放总量的递减。未来一个时期是“浅绿色发展”与“深绿色发展”并存、“绿色化”与“低碳化”并存的多重任务叠加的时期。在这一特定时期，必须通过绿色科技革命、低碳能源革命实现生产方式和消费方式的绿色低碳转型。没有经济发展的绿色低碳转型就不可能实现2030年前实现碳达峰、2060年前实现碳中和的宏伟目标。加快推动绿色低碳转型是生态文明建设向纵深推进的重要标志。绿色低碳转型与经济生态化、生态经济化是紧密关联的。

2. 深入推进环境污染防治

在以习近平同志为核心的党中央的坚强领导下，我国的生态环境质量实现了“天更蓝、山更绿、水更清”的效果。但是，“生态环境质量好转”并未达到令人满意的程度。改善后的生态环境质量仍然存在生态环

境风险，仍未达到“环境阈值线”以内；提高后的资源能源效率，仍然远低于世界平均水平，仍未达到“资源集约线”以内。也就是说，生态环境质量有待进一步改善，资源能源效率有待进一步提高。正因此，需要持续深入打好蓝天、碧水、净土保卫战。确保生态环境质量的持续好转并不至于反复。深入推进环境污染防治是生态文明建设向更高标准迈进的重要标志。只有深入推进环境污染防治攻坚战，从减少对绿水青山的损害角度做大绿水青山。

3. 提升生态系统多样性、稳定性、持续性

我国在重大生态屏障保护、自然地保护、生态修复工程建设等方面已经取得了显著成效。构建人与自然命运共同体，就要求把生物多样性保护提上重要的议事日程，不仅立足于当前的生态安全，而且立足于长远的生态可持续。因此，当务之急是，加快实施重要生态系统保护和修复重大工程，实施生物多样性保护重大工程。加强生物多样性保护是谋求生态文明建设泽被子孙、更可持续的重要标志。加强生物多样性保护则直接做大了绿水青山。

4. 积极稳妥推进碳达峰碳中和

我国的工业化进程远远迟于发达国家。发达国家往往是先工业化、再绿色化、最后是低碳化。而我国则面临着工业化、绿色化、低碳化多重任务叠加的形势。这就意味着，必须采取非常手段、非常措施推进碳达峰碳中和工作。一是推进能源革命，提高能源效率，改善能源结构，加快构建绿色低碳能源体系；二是推进产业转型，以壮士断腕的勇气实现浴火重生、凤凰涅槃的产业绿色低碳转型；三是推进科技革命，通过绿色低碳科技创新实现“绿色且经济”和“低碳且经济”的目的；四是推进制度创新，进一步完善和优化绿色低碳制度体系，实现制度创新的迭代升级。积极稳妥推进碳达峰碳中和是创新能力、治理能力的重要标志。积极稳妥推进碳达峰碳中和不仅有利于做大绿水青山，而且有利于做高金山银山。

可见，上述四个重点领域全部是围绕绿水青山和金山银山做文章，都是绿水青山就是金山银山理念指导下谋划的行动方案。其中，加快发展方式绿色转型、深入推进环境污染防治属于在原有基础上提高标准和要求，加强生物多样性保护、积极稳妥推进碳达峰碳中和则属于新时期生态文明建设的新的重点。这充分表明，我国生态文明建设在继承中改革创新，在传承中迭代升级。

第二章

绿水青山就是金山银山理念的历史逻辑

一种理念的诞生不会是平白无故的，总是有其历史的必然性。人类历史发展到一定阶段，人类社会实践也到达了特定的阶段，特定阶段的现实问题让人深入思考：现实问题背后的科学问题何在。这就是现实问题转化为科学问题的过程。善于转化便会产生新思想，不善于转化就会思想守旧。绿水青山就是金山银山理念的提出就是顺应这种历史逻辑的思想创新。

第一节　人类社会工业化进程中的经验性规律

现代化国家在推进工业化进程时发现了一些经验性规律。说它是经验性规律，就是因为不是根据逻辑推理得出的，而是根据统计结果和实践经验发现的规律。之所以可以称其为经验性规律，是因为它们具有普遍的适用性。

一、人类文明的演替规律：人地关系的历史变迁

人类社会的发展经历了史前文明、农业文明、工业文明、生态文明等

不同的历史阶段。如果以“人”表示人类，以“天”表示自然，那么，不同历史阶段的天人关系是不同的。

在史前文明时代，人类依靠刀耕火种谋生，适应自然界的能力十分有限，一不小心人类就会被自然界所淹没，因此，总体上呈现“人不敌天”的状态。

在农业文明时代，劳动工具的使用使得人类适应自然的能力大大提升，在局部地区出现人类对自然界的过度掠夺和破坏的问题，极端情况便是幼发拉底河和底格里斯河这“两河文明”的衰落、楼兰古国的衰亡。同时，绝大部分地区仍然是“靠天吃饭”，缺乏稳定预期。总体上处于“天人失衡”的状态：时而人类占据上风，时而自然界占据上风，时而天人基本平衡。

到了工业文明时代，机器的发明延长了人们的手臂，能源的使用提升了人体的机能。正是在这一背景下产生了这些哲学思想：对自然的否定就是通往幸福之路；征服自然，做自然的主人。在“人定胜天”思想的指引下，一方面，人类社会创造了比以往任何历史时期更加丰富的物质财富；另一方面，也导致了生态破坏、环境污染、资源枯竭等一系列问题。由此催生生态文明时代的到来。

到了生态文明时代，既要弘扬工业文明时代的高效率，又要抛弃工业文明时期的高污染；既要吸收环保主义的保护自然的观念，又要剔除环保主义限制增长的观点。生态文明时代必然走绿色发展之路，是“天人和谐”的状态。因此，生态文明是人类文明的新形态。这时，对生态文明的理解与“五位一体”中的生态文明的含义是不同的，前者含义更加宽泛，是人类社会的整体文明成就；后者含义相对具体，是与物质文明、政治文明、精神文明、社会文明相提并论的文明成果。

如果以“水”指代“地”，那么就是人水关系。杭州市西溪湿地的保护和利用就是一个经典案例。西溪湿地也经历了几个阶段：第一个阶段是农业文明时期的“人水失衡”。时而人不敌水，时而人被水毁，时而人水和谐。第二个阶段是工业文明时期的“人定胜水”。把人看作是水的主人，把水看作人的仆人。一方面肆意践踏西溪湿地，导致西溪湿地水环境的严重恶化；另一方面肆意填占西溪湿地，认为土地是宝贵的，河塘洼淀是可有可无的，导致湿地面积的锐减。正是在这一背景下，21 世纪初，杭州市委、市政府在省委的领导下，根据浙江大学专家建议，首先把西溪湿地划出生态红线，推动进入第三个阶段。第三个阶段是生态文明时期的“人水和谐”。通过“国家湿地公园”的开发和保护模式，以开发的资金用于生态保护，以保护的效果扩展生态资产，达到了“生态优先，绿色发展”的极佳效果。“人在水中，水在人中；城在水中，水在城中”，使得杭州市真正成为“湿地城市”，形成“西溪模式”。“西溪模式”有丰富的内涵，包括“生态西溪”“人文西溪”“休闲西溪”“科普西溪”“百姓西溪”“品质西溪”。“西溪模式”的最主要经验就是“在保护中利用，在利用中保护”。通过湿地保护，改善生态环境；通过环境改善，提高生态价值；利用生态优势，发展生态产业；利用生态经济，回馈湿地保护。从而形成了生态保护与经济发展良性循环的格局，与“越开发越贫穷，越贫穷越开发”的模式形成鲜明的对照。

二、产业结构的演进规律：一二三产的占比变化

从农业文明向工业文明转变的过程中，第一产业、第二产业、第三产业的发展趋势是不同的。第一产业随着工业化进程的推进，增加值总量依然保持递增，但增加值在 GDP 中的占比不断递减，是一条负斜率的曲线；第二产业随着工业化进程的推进，增加值的总量可以持续递增，但增加值在 GDP 中的占比则是先不断递增后逐渐递减，是一条倒 U 形曲线；第三产业随着工业化进程的推进，无论是增加值总量还是在 GDP 中的占比均呈现递增的趋势，是一条正斜率的曲线。[①] 在以工业化进程（时间）作为横轴，以增加值占 GDP 的比重（%）作为纵轴，就是图 2－1 所示的曲线。

在图 2－1 中，横轴表示时间，纵轴表示增加值占 GDP 的比重。在原点 O—T_1 阶段，三大产业的增加值占比是“一二三”的顺序；在 T_1—T_2 阶段，三大产业的增加值占比是“二一三”的顺序；在 T_2—T_3 阶段，三大产业的增加值占比是“二三一”顺序；在 T_3 以后阶段，三大产业增加值占比是“三二一”顺序。所以，一二三产的占比变化规律是“一二三”→“二一三”→“二三一”→“三二一”。

① ［美］西蒙·库兹涅茨：《各国的经济增长》，赏勋，等，译，北京：商务印书馆，1999 年 11 月。

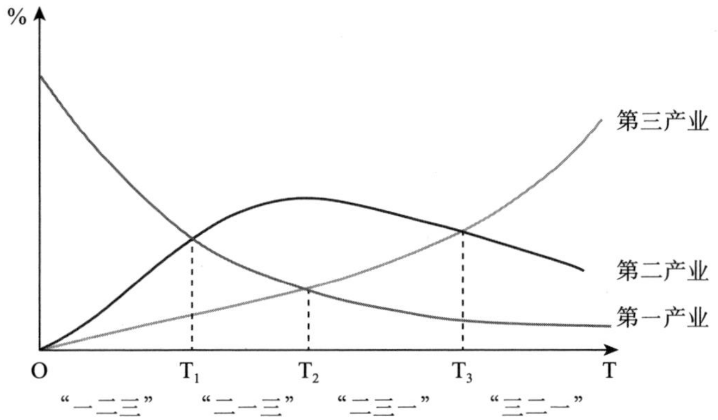

图 2－1 工业化进程中三大产业增加值占比的演进趋势

工业化进程中，第一产业随着工业化进程的推进，一度进入"石油农业"的阶段。源自石油的化肥农药的大量使用，一方面带来了"农业的春天"，农业效率大幅度提升；另一方面带来了"寂静的春天"，农业污染大幅度加剧，迫使农业转向高效生态农业。早在 2003 年 4 月，时任浙江省委书记习近平同志到余杭（临平）调研时首次提出了"把发展高效生态农业作为提升浙江效益农业发展水平的主导方向"的殷殷嘱托。① 2005 年 1 月 17 日，习近平同志在浙江日报"之江新语"栏目以笔名发表了《大力发展高效生态农业》的短文。2007 年 3 月，习近平同志在《人民日报》发表了题为《走高效生态的新型农业现代化道路》的专题文章，系统阐述了发展高效生态农业的基本理论问题。高效生态农业既是对"生态而低效"的传统农业的扬弃，弘扬的是"生态"，抛弃的是"低效"；又是对"高效不生态"的"石油农业"的扬弃，弘扬的是"高效"，抛弃的是"污染"。高效生态农业既是生态的又是高效的。习近平指出："所谓高效，就是要体现发展农业能够使农民致富的要求；所谓生态，就是要体现农业既能提供绿色安全农产品又可持续发展的要求。"② "高效且生态"的高效生态农业是生态文明时代农业发展的必然选择。

工业化进程中，第三产业随着工业的发展、城市的集聚、贸易的发

① 浙江农林大学浙江省乡村振兴研究院，等：《牢记殷殷嘱托，奋力打造高效生态农业的临平"窗口"——临平沿着总书记指引的道路发展高效生态农业实践与启示（课题报告）》，2023 年 1 月。

② 习近平：《之江新语》，杭州：浙江出版联合集团、浙江人民出版社，2007 年 8 月，第 109 页。

达，呈现持续递增的趋势。虽然服务业的发展也会因化石能源的使用而导致的环境污染和温室气体的排放，但是，相对而言，第三产业属于“轻型化产业”，因此，单位生产总值对生态环境的损害相对是比较小的。

在工业化进程中，第二产业的增加值占比呈现先是递增的速度递增、再是递减的速度递增、最后是逐渐递减的轨迹。在递增的速度递增的阶段恰恰是资源消耗大、环境污染重、科技含量低的阶段，世界性的“八大环境公害事件”就是发生在这个阶段，我国环境形势日益严峻的 20 世纪 90 年代到 21 世纪前 10 年的时期就是这个时期。越过了重化工业时期，便进入了后工业化时代，第二产业的占比缩小，第三产业的占比扩大，乃至占据主导地位。

从三大产业增加值结构看，二产占比高说明产业重型化特征明显，三产占比高说明产业轻型化特征明显。根据浙江省国民经济和社会发展统计公报，浙江省 1978—2023 年三大产业增加值占比的变化趋势如图 2－2 所示。可见，第一产业占比为稳定下降趋势，第三产业占比为稳定的递增趋势，第二产业占比为跳跃式的倒 U 形曲线。第一产业占比和第三产业占比的交点在 1986 年左右，第二产业占比和第三产业占比的交点在 2015 年左右，而第一产业占比和第二产业占比的交点早于 1978 年。这个轨迹与图 2－2 的理论描述是高度吻合的。

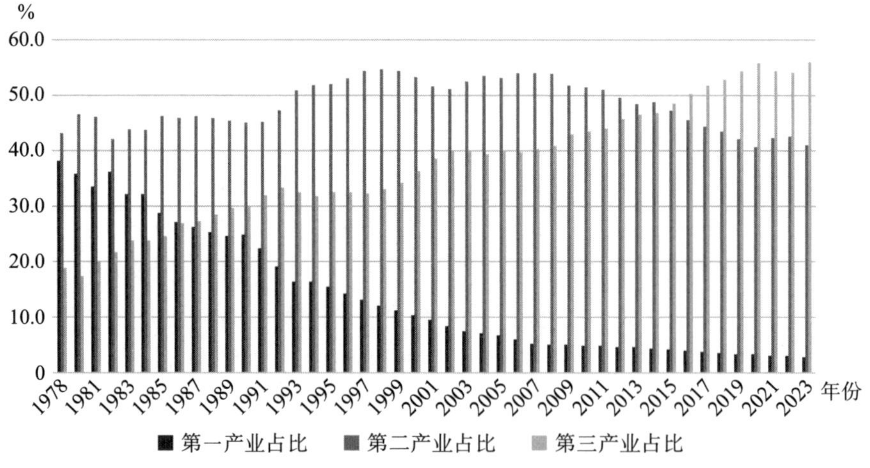

图 2－2　1978—2023 年浙江省三大产业增加值占比变化趋势

数据来源：《浙江统计年鉴》（1979—2023 年）、《2023 年浙江省国民经济和社会发展统计公报》。

在工业化加快发展的特殊时期，必然催人思考：如何解决人与自然之间的关系，如何解决生态与经济的矛盾？不同的世界观和方法论，会给出截然不同的回答。经济中心主义认为，经济增长不可避免地会导致环境污染，环境污染是工业化必须付出的代价，因此，“只要增长，不要保护”。环保主义认为，人口已经过多，地球已经超载，要实现人地和谐就不能再追求增长，因此，“只要保护，不要增长”。以马克思主义世界观、认识论、方法论来思考同一个问题，习近平总书记给出了唯一正确的回答。绿水青山就是金山银山理念则是坚持“三观”统一。一是坚持“既要绿水青山又要金山银山”的“兼顾观”；二是坚持“宁要绿水青山不要金山银山”的“优先观”；三是坚持“绿水青山就是金山银山”的“转化观”。其思想实质就是要坚持“生态优先，绿色发展”，如果进一步延伸就是“生态优先，绿色发展，共同富裕”。绿水青山就是金山银山理念不仅深刻批判了经济中心主义增长观和环保主义保护观，而且传承创新了马克思主义的生态文明思想，是当代中国的马克思主义生态文明观，是21世纪马克思主义生态文明观，是新时代对以往时代的生态文明思想的重大超越。

三、资源消耗的演进规律：资源依赖性倒U形曲线

在工业化进程中，一个国家或区域社会对自然资源的依赖性程度呈现倒U形曲线的轨迹。即在工业化初期，一个国家或区域社会对自然资源的依赖性程度不断增强；在工业化中期，一个国家或区域社会对自然资源的依赖性程度达到峰值；而进入工业化后期，一个国家或区域社会对自然资源的依赖性程度又逐步减弱，如图2－2所示。[①] 在图2－3中，横轴表示工业化水平，“初期”“中期”“后期”表示工业化的不同阶段；纵轴表示资源依赖度，可以用每年人均的某种自然资源的消耗量来表示，如每年人均的水资源消耗量、每年人均的煤炭的消耗量等。之所以是倒U形的轨迹，是由于在工业化初期，经济增长对自然资源的依赖性程度较大，到了工业化的中后期，经济增长越来越依靠技术和人才的投入，对自然资

① 沈满洪：《资源与环境经济学（第三版）》，北京：中国环境出版集团，2020年12月，第5页。

源的依赖性程度呈现下降趋势。相当一部分国家、相当一部分自然资源在工业化过程中均呈现出倒 U 形的轨迹。

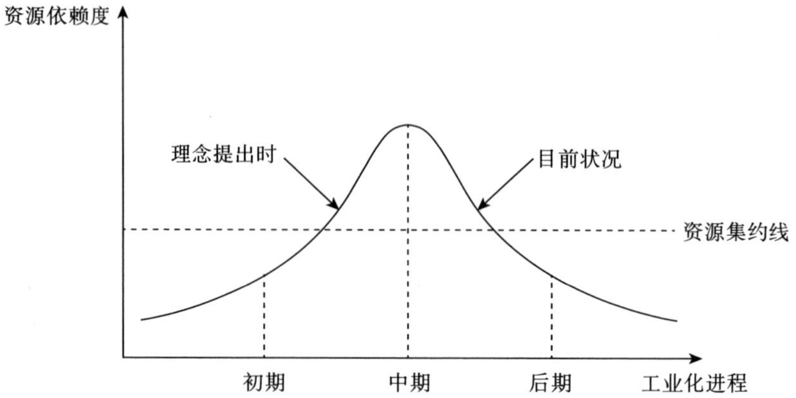

图 2－3　资源依赖性倒 U 形曲线

改革开放以来，我国工业化进入加速推进的时期。与此对应，工业化发展对自然资源的依赖性程度呈现先是按照递增的速度递增，再是按照递减的速度递增的趋势。习近平同志到浙江省工作时正是遇到资源依赖度递增的阶段；习近平同志担任总书记时也是正好遭遇全国的资源依赖度递增的阶段。也就是图 2－3 中“理念提出时”箭头所指的位置。为此，作为省委书记，需要回答浙江省自然资源的可持续保障问题；作为总书记需要回答全国自然资源的可持续保障问题。绿水青山就是金山银山理念就是回答：自然资源是有限的，只有做大绿水青山，才有足够自然资源；只有做高金山银山，才能保障人类需要。

经过党的十八大以来的艰苦卓绝的奋斗，“目前状况”处于图 2－3 右侧箭头所指的位置。由此说明，我国的资源依赖度除了能源消耗外，总体上已经完成了从“不断递增”跨过顶点转向“逐渐递减”的阶段。这是历史性的跨越。当然，“目前状况”仍尚未达到资源集约利用水平状况，仍处于“资源集约线”以上，未来目标就是到达到乃至低于资源集约线。

四、环境质量的演进规律：倒 U 形环境库兹涅茨曲线

库兹涅茨曲线描述了收入差距和经济增长之间的关系，由经济学家库兹涅茨首次提出，并以其姓名命名。他发现在经济发展的过程中，收入差

距一开始随着经济增长而扩大；到达某一极值后，随着经济的进一步增长，收入差距开始缩小。在以人均收入作为横轴、收入差距作为纵轴的坐标系中，库兹涅茨曲线呈倒 U 形轨迹。①

格鲁斯曼根据库兹涅茨曲线原理提出了环境库兹涅茨曲线的学说，即环境退化状况同经济增长呈倒 U 形曲线的关系。若以人均收入水平代表经济增长水平，以环境退化指数如城市重度污染与严重污染的天数占 365 天的比重代表环境退化状况，那么该指数先是随着人均收入水平的提高而上升，在收入达到一定水平时，该指数随着人均收入水平的进一步提高而下降。这一关系可由图 2－4 的倒 U 形曲线表示，这一曲线就是环境库兹涅茨曲线。②

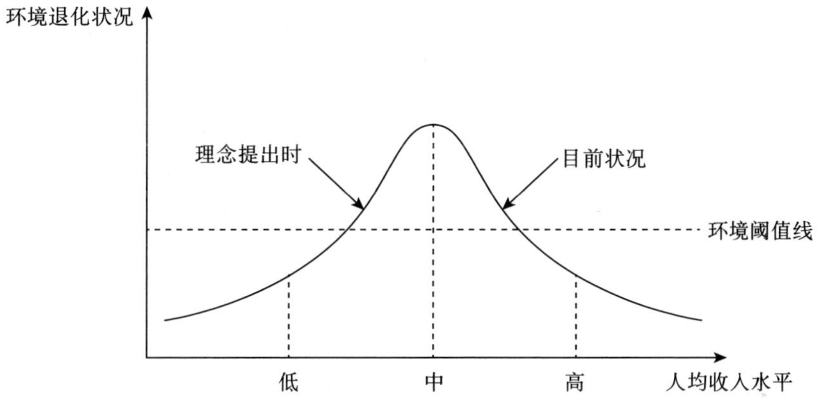

图 2－4 环境库兹涅茨曲线

几乎经历过工业化阶段的所有发达国家均表现出倒 U 形轨迹：随着人均收入水平的上升环境质量先是不断退化的，然后是逐渐好转的。其原因可能是在发展早期，对经济增长的偏好更强，技术水平也难以做到环境与经济兼顾，出现“宁要金山银山，不要绿水青山”的追求；到了发展中期，发现以环境污染为代价的发展是不可取的，出现“既要金山银山，又要绿水青山”的追求；到了发展后期，对生态环境的偏好更强，也有足够的资金投入到环境保护中，出现“绿水青山就是金山银山”的追求。

① 李实，李婷：《库兹涅茨假说可以解释中国的收入差距吗?》，《经济理论与经济管理》，2010 年第 3 期，第 5－10 页。

② 沈满洪：《资源与环境经济学（第三版）》，北京：中国环境出版集团，2020 年 12 月，第 5－6 页。

习近平同志非常好学，生态经济学、环境经济学、资源经济学等多个领域的知识和理论均涉猎。2006 年他在《浙江日报》“之江新语”专栏发表了“破解经济发展和环境保护的‘两难’悖论”一文，娴熟地运用了“环境库兹涅茨曲线理论”。他说：“对于我省欠发达地区来说，优势是‘绿水青山’尚在，劣势是‘金山银山’不足，自觉地认识和把握‘环境库兹涅茨曲线理论’，促进拐点早日到来，具有特殊的意义。”[①] 这一论述表明，虽然环境库兹涅茨曲线的轨迹总体上不可避免，但是通过人为的努力，可以降低倒 U 形曲线的峰值，也可以缩短跨越倒 U 形曲线的周期。

环境库兹涅茨曲线理论表明：第一，环境库兹涅茨曲线理论是一种经验性规律，是从实践中统计和总结出来的，不是理论和逻辑推导出来的。第二，要高度重视经济增长中的高排放的风险，但是这种风险并非不可避免的。第三，自觉把握环境库兹涅茨曲线理论，有可能早日实现该曲线的逆转，也有可能降低该曲线的峰值。

我国在绿水青山就是金山银山理念指导下，确实在两个方面超越了发达国家工业化阶段的状况：一是我国工业化进程中环境库兹涅茨曲线峰值低于发达国家。发达国家在达到环境库兹涅茨曲线峰值时普遍遭遇严重的环境污染，引发多起严重公害事件，因环境污染导致人员伤亡非常严重。我国在达到环境库兹涅茨曲线峰值时环境形势也比较严重，但是，环境污染的损害程度相对较轻，至少没有引发数以千万计的伤亡。二是我国跨越环境库兹涅茨曲线峰值的时间要短于发达国家。发达国家短则三五十年、长则一两百年才实现环境质量的根本好转，我国则经历了十多年时间就实现了生态环境质量的历史性、转折性、全局性变化。

但是，也必须一分为二地看问题：一方面，经过党的十八大以来强力推进生态文明建设，顺利跨越了环境库兹涅茨曲线的顶点，这是鼓舞人心的成就；另一方面，“目前状况”仍然处于“环境阈值线”以上，也就是说，环境污染尚未根本解决，仍需推进污染防治攻坚战。而且，生态文明建设的诉求全面提上议事日程：既要节能，又要减污，既要降碳，又要增长，处于多重任务叠加的状况。因此，生态文明建设依然任重道远。

---

① 习近平：《之江新语》，杭州：浙江出版联合集团、浙江人民出版社，2007 年 8 月，第 223 页。

五、科技进步的演进规律：微笑曲线

在担任浙江省委书记时，习近平同志就将经济绿色转型也就是经济生态化比作“凤凰涅槃”。可以用微笑曲线来理解“凤凰涅槃”的理论含义。如图 2－5 所示，横轴是从“研发、设计”到“生产、制造”再到“品牌、营销”的企业生产的全过程。纵轴反映的是利润率。研发、设计环节，由于专利制度的保护，往往是拥有高利润率的。500 年前专利制度的发明，大大激发了人力资本的投资和发明家的积极性，并催生了近代科技革命。品牌、营销环节，由于商标权的保护、营销网络的构建也是拥有高利润率的。吉利汽车并购沃尔沃，上百亿元的代价购买，短短几年时间就收回成本，就是因为利用沃尔沃现成的全球营销网络可以获取高额利润。生产、制造环节是利润率最低的。20 多年前，浙江省桐庐县分水镇的圆珠笔产能达到 70 亿支，可以全世界每人每年发一支。但一支圆珠笔只卖 1 毛钱、8 分钱，生产销售一支圆珠笔只赚一分钱、半分钱。中国长期来是“世界工厂”“中国制造”。因此，从“研发、设计”到“生产、制造”再到“品牌、营销”，利润率先是不断下降，然后是不断上升，在图 2－5 中就表现为一条 U 字形的曲线。加上一双眼睛，就像微笑的样子，因此，称作微笑曲线[①]。通过微笑曲线可以清晰地看出，“凤凰涅槃”具有三大要义：一是“凤凰涅槃”是需要革命勇气的，要浴火重生、脱胎换骨才能实现；二是“凤凰涅槃”就是经济增长方式的转型升级，从粗放式增长转向集约型增长，尤其是依靠自主创新的增长；三是“凤凰涅槃”的方向是两个，通过科技创新变制造为创造进而成为智造，通过品牌创新变“贴牌”为“创牌”进而成为“名牌”。

如果中美两国做一个比较，在相当长一段时期内，美国专门赚研发、设计和品牌、营销的高利润率的“大钱”；中国主要赚生产、制造的低利润率的“小钱”。2006 年召开了第三次全国科技大会，首次提出了自主创新战略。这是具有里程碑意义的大事。研究表明，一个国家要有核心竞争力必须要有核心技术。但是，任何一个国家都不会把核心技术卖给别国，

---

① 吕乃基，兰霞：《微笑曲线的知识论释义》，《东南大学学报（哲学社会科学版）》，2010 年第 3 期，第 18－22 页。

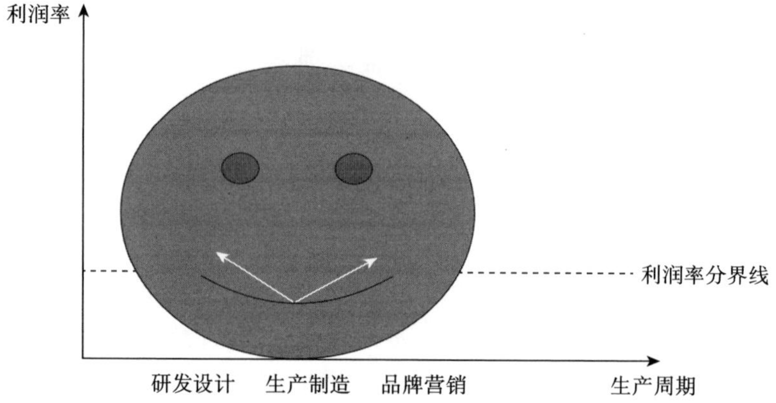

图 2－5　从微笑曲线看绿色发展所处阶段

往往是在拥有了更为先进的核心技术之后，才会把淘汰了的技术卖给别国。因此，中国必须走自主创新之路。从此开始，中国的科技进步突飞猛进，科技进步对经济增长的贡献率从 2005 年的 45% 提升到 2022 年的 60% 以上。可见，中国正处于从微笑曲线的底端向微笑曲线的两端延伸的阶段。不过，与发达国家高达 80% 以上的科技进步贡献率相比仍然有很大差距。因此，一方面，要看到我国还落后于发达国家；另一方面，要看到我国总有一天可以赶上或超过发达国家的水平。

第二节　世界各国现代化进程的经验教训及中西差别

世界各国现代化的基础、条件、国情均不相同，因此，也形成了各自的特色。本节从绿水青山就是金山银山理念视角审视世界各国现代化的经验教训。

一、世界各国现代化进程的深刻教训

现代化的重要标志是工业化。世界各国工业化进程既带来了无比辉煌的物质文明成就，也带来了巨大的生态环境灾难，教训惨痛。

1. 教训之一：以自然资源高消耗为代价实现一时的高增长，加剧了自然资源的枯竭和退化

新古典经济学的生产函数仅仅把劳动和资本纳入分析框架，把自然资源当作可以无限供给的要素投入，由此导致人类对自然资源的大肆开发甚至掠夺。其实，不可再生资源的储量是有限的，开发一点少一点，寄希望于这种资源的无限供给是不可能的；可再生资源存在一个“资源阈值”，当人们对自然资源的开发利用超过某个“阈值”时，生态系统就会退化甚至崩溃，如过度取水导致生态用水不足就会出现生态系统的退化、森林砍伐速率高于再生速率就会导致森林的退化、渔业捕捞速率高于再生速率就会导致渔业资源的衰竭。只有做好不可再生资源的循环利用，才有可能保障经济的可持续发展；只有保护好可再生的绿水青山，才有可能保障人类对自然资源的可持续需要。

2. 教训之二：以废弃物的高排放为代价实现一时的高增长，加剧了生态破坏和环境污染

主流经济学长期来忽视环境容量资源的极端重要性。向自然获取自然资源时不考虑自然的需要，向自然排放废弃物时也不考虑自然的容量。人类肆意向自然排放废水、废气、废渣和温室气体，导致水环境质量、大气环境质量、土壤环境质量的下降和全球气候的变暖。其实，水体中、大气中、土壤中允许人类排放的废弃物是有限的，这个限度就是环境容量或“环境阈值”。一旦超过环境容量，环境质量就会退化；如果超过某个“阈值”，可能导致环境质量不可逆转。我国太湖、巢湖、滇池经历了20多年的蓝藻暴发，就是因为环境污染超过了环境容量。付出了巨大的治理成本才实现环境质量又有所好转。因此，破坏生态环境就是破生产力，保护生态环境就是保护生产力，改善生态环境就是发展生产力。

3. 教训之三：以零和博弈态度对待能源资源、生态环境和气候变化问题，加剧了南北之间的矛盾和对抗

美国和西方国家始终以自身利益作为解决问题的出发点和归宿。“让发达国家过好日子，让发展中国家过穷日子”“让发达国家付更小的代价，让发展中国家付更大的代价”。这种思维方式必然导致拉锯式的谈判，效率极低，效果极差。其实，在能源资源、生态环境、气候变化等问题上，任何一个国家试图独善其身都是不可能的。只有坚持自然命运共同体、人类命运共同体、人与自然命运共同体的理念，才有可能解决人类社

会面临的共同问题。

二、世界各国现代化进程的基本经验

从绿水青山和金山银山的高效双向转化角度看，世界各国的现代化进程中也有经验值得汲取。

经验之一：以科技创新提升自然资源生产率，不断提高绿水青山的产出效率

科技水平给定，要保持生态环境状况稳定，至少要实现“零增长”。不过，科技创新是没有止境的。因此，科技创新可以替代某些自然资源的投入，科技创新可以降低废弃物的排放。所以，创新驱动绿色发展是一个硬道理。创新驱动完全可能实现“低投入、低消耗、低排放、适度增长”。科技创新的重大作用也是罗马俱乐部发布的《增长的极限》所低估的。当然，科技创新具有周期性，科技突破需要一定的时期，所以需要持续推进科技创新，形成“一浪超过一浪”的创新浪潮，才能保障生态优先的前提下保持经济的可持续增长。

经验之二：以制度创新提升自然资源配置效率，不断降低金山银山的投入成本

制度是优化配置自然资源、环境资源、气候资源的终极性保障。下列制度均可推动绿色发展：资源税、环境税、碳税等绿色财政收入制度，生态补偿、循环补助、低碳补贴等绿色财政支出制度，自然资源产权交易、环境资源产权交易、气候资源产权交易等生态产权交易制度。但是，这些制度如何选择、如何耦合、如何实施等却大有学问。面对替代性制度要进行优化选择，面对互补性制度要进行耦合强化。根据制度演化规律选择适合不同阶段的主导性制度，谋求制度实施的最佳绩效。这些都是基本遵循。反之，则可能助推“黑色增长”，或者产生“不惜一切代价保护生态环境”现象。因此，必须高度重视生态文明制度体系的构建和优化。

经验之三：以治理创新激发各个主体的参与积极性，不断完善可持续性机制

从管理到治理是社会发展的重大进步。通过治理体系的构建可以激发每个微观主体的积极性，可以妥善处理效率和公平的关系。实现可持续发展，既要做大绿色“蛋糕”，又要分好绿色“蛋糕”。实现生态福利的公

平公正，必须让各个利益相关者全面参与，形成政府为主体的政府机制、企业为主体的市场机制、公众为主体的社会机制相互协调、相互制衡的可持续性治理机制和治理体系。这一治理体系的构建，就要变“强政府、弱企业；强政府，弱公众”为“政府、企业、公众是平等主体”。可持续性机制就是要做到不因某个人的变化而变化。

三、中西现代化进程的主要差别

在绿色发展进程中，某些西方发达国家的经验值得我国借鉴，教训也值得我国汲取。同时也要注意，我国与西方发达国家之间在许多方面存在显著差别。习近平总书记在党的二十大报告系统阐述了中国式现代化的基本特征。据此，可以比较中西现代化的主要差别。

差别之一：人口规模差别

我国是一个十四亿多人口的大国，超过现有发达国家人口的总和。发达国家中人口规模最大的美国截至 2023 年底也只有 3.38 亿人口。从发展困难角度看，一个 14 亿人口的中国整体迈进现代化社会，艰巨性和复杂性前所未有。人均拥有的自然资源、环境资源、气候资源等的稀缺性都是绝大部分发达国家所不可比拟的。中国式现代化不能就中国看中国，还要从世界看中国。从中国贡献角度看：中国的脱贫是对世界减贫事业的重大贡献，中国的现代化是对世界现代化的重大贡献。中国作为人口大国，既有人口红利和人才红利，也有人口负担和人均劣势。简要概括：中国实现现代化，实现的难度大，对世界的贡献大。

差别之二：制度本质差别

共同富裕是中国特色社会主义的本质要求，我国坚持把实现人民对美好生活的向往作为现代化建设的出发点和落脚点，着力维护和促进社会公平正义，着力促进全体人民共同富裕，坚决防止两极分化。在资源环境领域也不例外。西方发达国家是资本主义国家，自然资源、环境资源、气候资源都是被资本所控制，都是为资本家服务。我国是社会主义国家，自然资源、环境资源、气候资源都是最普惠的民生福祉，都是为人民服务。我国在践行绿水青山就是金山银山理念时，一定是做大绿水青山，筑高金山银山，切好绿色“蛋糕”，让最广大的人民群众获得最美好的绿色福利。

差别之三：精神文明的差别

西方的现代化是资本至上、唯利是图、利欲熏心的现代化。中国式现代化是物质文明和精神文明相协调的现代化。物质贫困不是社会主义，精神贫乏也不是社会主义。我国在不断厚植现代化的物质基础、不断夯实人民幸福生活的物质条件的同时，大力发展社会主义先进文化，加强理想信念教育，传承中华文明，促进物的全面丰富和人的全面发展。我国是人民至上，人的全面发展是终极目标。精神文明建设又是与生态文明建设紧密相关的。生态文明建设成果是精神文明建设的标志，没有坚实的生态文明建设基础就不可能有优秀的精神文明建设成果。

差别之四：人地关系的差别

人与自然是生命共同体，无止境地向自然索取甚至破坏自然必然会遭到大自然的报复。西方国家的现代化往往是建立在掠夺式“圈地”、破坏性开发自然资源的基础之上；中国式现代化是人与自然和谐共生的现代化，坚持节约优先、保护优先、自然恢复为主的方针。绿水青山就是金山银山理念既传承了马克思主义关于人是自然的一部分的观点，又弘扬了中国传统文化“天人合一”的思想。

差别之五：资本积累差别

绝大部分西方发达国家实现现代化的重要前提是通过战争、殖民、掠夺等方式完成资本的原始积累。不仅如此，美国还从来不允许“老二”长大，谁是“老二”就打压谁，对英国如此，对德国如此，对日本也是如此。我国坚定地站在历史正确的一边、站在人类文明进步的一边，高举和平、发展、合作、共赢旗帜，在坚定维护世界和平与发展中谋求自身发展，又以自身发展更好地维护世界和平与发展。即使如此，美西仍然不允许中国强大，以“中国威胁论”为由处处限制中国、遏制中国、制裁中国。从美国等西方国家的思维逻辑和行事做派来看，只要中国没有强大到足够的程度，这种状况不会改变。中国是重要的和平力量，只有中国变得更加强大，才能对世界和平事业作出更加显著的贡献。

在学习习近平总书记关于中国式现代化的五个特征时，初步阅读似乎只有“中国式现代化是人与自然和谐共生的现代化”一个特征与绿水青山就是金山银山理念关联，深入研读则发现每一个特征都与绿水青山就是金山银山理念相关联。

第三节　改革开放先行中遭遇"成长中的烦恼"

绿水青山就是金山银山理念为什么首先在浙江省萌发？其实，并不是浙江省率先践行了绿水青山就是金山银山理念，而是浙江省率先遭遇"高投入、高消耗、高排放、高产出"为特征的"成长中的烦恼"①。

一、经济高速增长与资源供给有限、资源效率低下的矛盾

在经济高速增长的特定时期，自然资源依赖度往往表现出以递增的速度增长的趋势，而自然资源的供给则往往是保持相对稳定甚至出现递减的趋势。这样，自然资源需求的递增性和自然资源供给的递减性矛盾导致自然资源的供求缺口，表现为自然资源的短缺。

照理说，自然资源越是短缺，越会激励微观经济主体提高自然资源生产率——每单位自然资源的产出水平。从长期而言，这是毫无疑问的。但是在短期内，科技水平是一个给定的常数。由此导致自然资源生产率一时难以提升。自然资源生产率的低下进一步加剧自然资源的供求矛盾。由此出现一定时期的恶性循环。

习近平同志到浙江工作时，浙江省正是处于这样的特定历史时期；习近平同志担任总书记时，中国也正是处于这样的特定历史阶段。在2002—2007年，习近平同志不断探寻绿水青山和金山银山的关系，初步提出了"绿水青山就是金山银山"理念；2012年以来，习近平总书记继续探索绿水青山和金山银山的关系，明确断定了"绿水青山就是金山银山"理念。

自然资源生产率表示单位自然资源的GDP产出，自然资源消耗强度表示单位GDP的自然资源消耗量，因此，两者是倒数的关系。2000年左右，我国的每万元GDP的水资源消耗量是发达国家的4倍；2020年左右，我国的每万元GDP的水资源消耗量是发达国家的2倍。这就意味着，我

---

① 沈满洪：《习近平生态文明思想的萌发与升华》，《中国人口·资源与环境》，2018年第9期，第1-7页。

国的水资源生产率20年时间提高1倍。统计结果表明，其他自然资源也大多如此。但是，与发达国家相比，仍然存在巨大差距。假如我国的自然资源生产率与发达国家持平，意味着自然资源投入不增加，GDP可以翻一番。

因此，在保护的基础上适度开发自然资源是一个方面，调整自然资源的结构、提高自然资源生产率是另一个重要的方面。借鉴发达国家实施过的“能源效率领跑者制度”，我国可以全面实施自然资源生产率领跑者制度。首先，对各种自然资源生产率进行评价，形成不同区域、不同行业、不同园区、不同企业的自然资源生产率排行榜。其次，对于在自然资源生产率排行榜中处于领先地位的予以激励，对于在自然资源生产率排行榜中处于落后位置的予以惩戒。这样，不断出现新的被激励的“领跑者”，也不断出现新的被惩戒的“落后者”，循环往复，就会不断提升自然资源生产率。① 从而遏制人类经济活动对自然资源的过度需求，进而保持绿水青山的稳定性和平衡性，源源不断地保障金山银山的可持续增长。

二、经济高速增长与环境污染加剧、环境容量有限的矛盾

在经济高速增长的特定时期，随着自然资源消耗量的递增，废弃物的排放也呈现递增的趋势。如果环境容量是充裕的，那也许不会导致环境污染的加剧；如果环境容量是有限的，那就会导致环境污染的加剧。

环境容量是指在人类社会和自然环境不致受害的前提下某一区域所能容纳的污染物的最大负荷量。环境容量具有两个层次：第一个层次是维持生态平衡的环境容量；第二个层次是维持人们满意的环境容量。第一个层次相对比较客观，其环境容量具有相对稳定性；第二个层次相对比较主观，其环境容量具有不确定性，会随着人们生活水平的提高而发生变化。

从主观标准来判断，人们对环境质量的满意度评价可以分成四个类型：完全满意、基本满意、不太满意、极不满意。既然环境质量的满意度评价存在四种状态，那么，环境容量就存在三个临界点。第一个临界点，在完全满意与基本满意之间；第二个临界点，在基本满意与不满意之间；第三个临界点，在不满意和极不满意之间。三个临界点对应于三个不同的“环境容量极限”。

① 沈满洪：《全面实施自然资源生产率领跑者制度》，《浙江日报》，2022年5月13日。

习近平同志提出绿水青山就是金山银山理念的时候，从第一个临界点的角度来看，浙江省早已超过了环境容量极限；从第二个临界点的角度来看，浙江省已经达到环境容量极限；从第三个临界点的角度来看，浙江省并没有达到环境容量极限。2003 年总结省委提出“八八战略”时，很多学者对当时浙江生态环境形势作出了悲观的判断，但是“八八战略”之五的表述是：进一步发挥浙江的生态优势，创建生态省，打造“绿色浙江”。在习近平同志看来，浙江省还是有“生态优势”。这可以从两个方面进行比较：一是横向比较。浙江省与陕西省延安市梁家河村、相对于河北省正定县比较，生态优势明显；二是纵向比较。浙江省的过去、现在和未来比较，生态破坏和环境污染确实严重，但是浙江省陆域有 70% 的山，海域有 26 万平方千米的海，环境污染还处于可逆状态，利用这些优势浙江可以建成生态省。没有战略眼光，是难以作出这一判断的。

当然，只有充分珍惜环境容量资源、优化环境容量资源的配置，才有可能支撑经济社会又好又快的发展。在绿水青山就是金山银山理念的指引下，浙江省采取了排污总量控制制度，实施初始排污权有偿使用，鼓励排污权交易，通过一系列的污染防治“组合拳”终于实现了生态环境状况的好转。

三、优质生态环境需求递增与优质生态环境供给递减的矛盾

低档货的消费意愿随着人均收入水平的上升先是上升的、然后是下降的；高档货的消费意愿随着人均收入水平的上升先是缓慢地上升、然后是迅速上升。长期以来，传统经济学将生态环境看作可以免费使用的自由物品；环境经济学则认为高质量的生态环境属于具有重要价值的高档物品。2002 年，浙江省的人均地区生产总值为 16570 元，人民币对美元的汇率是 8.277，人均地区生产总值大约为 2064 美元，已经接近 3000 美元的现代化门槛。与此对应，人们对环境质量的要求也日益提高。在衣食难保的情况下，人们的首选目标是生存，对生态环境质量的追求还提不上议事日程，人们行为选择往往是“只要金山银山，不要绿水青山”；在进入小康社会乃至进入富裕社会后，随着人均收入水平的提高，对生态环境质量这种高档物品的需求以更快的速度提高，人们的行为选择则是“既要金山银山，又要绿水青山”。

经济学认为，根据需求的收入弹性，可以将所有商品分成几种类型：如果弹性大于1，表明随着收入的增加，购买量相对地有更多的增加。这类商品就是高档货或奢侈品。如果弹性大于零且小于1，表明需求量随着收入的增加而增加，但是需求量的增加小于收入的增加。这类商品就是生活必需品。如果弹性为负值，表明收入增加时购买量却减少了。这类商品就是低档货。这种现象可以用图2－6来表示。图2－6表明，低档货的需求量先是随着人均收入水平的上升而上升，然后趋于平缓乃至下降；高档货的需求量随着人均收入水平的上升先是缓慢地上升，然后是迅速上升。优质的生态环境、生态产品和生态服务等高档货，其需求量呈现随着收入水平的上升以递增的速度增加的趋势。

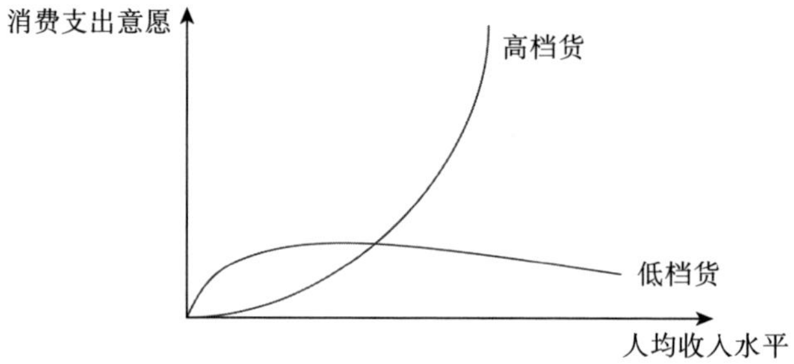

图2－6 人均收入水平与消费支出意愿之间的关系示意图

在21世纪初期，浙江省环境保护形势是：局部领域有所好转，总体状况仍在恶化。由此导致人民群众日益增长的优质生态环境需求与政府不尽理想的优质生态环境供给之间的尖锐矛盾（如图2－7所示）。图2－7表明，随着收入水平的上升，人们对优质生态环境的需求呈现递增的趋势，而工业化快速发展的进程中出现优质生态环境供给的递减趋势，需求曲线与供给曲线之间的差距就是优质生态环境的供求缺口。这个缺口越大，人民群众的不满意度越大。

这个模型可以用来解释浙江生态省建设的进程中出现环境问题引发的群体性事件。浙江生态省建设启动三年后的2005年，浙江省东阳市出现了因为农药企业污染引发的群体性事件，嵊州市出现了因为上游新昌县水污染引发的群体性事件，长兴县出现了因为铅酸蓄电池污染引发的群体性事件。有人质疑：生态省建设是不是没有效果？从生态环境需求角度看，浙江省的人均收入水平呈现快速递增的趋势，因此，优质生态环境需求曲线是一条一阶导数大于零、二阶导数也大于零的曲线。从生态环境供给角度看，由于环境污染具有累积效应、污染治理具有滞后效应，优质生态环境供给曲线是一条缓慢下降的曲线。由此导致供求曲线的差距很大，也就是供求矛盾十分明显。如果没有生态省建设，可能优质生态环境的供给曲线是陡峭地下降，供求曲线的差距会更大，供求矛盾可能达到不可收拾的程度。因此，即使从短期看，生态省建设的成效还是显著的；从长期看，生态省建设的成效则有目共睹。

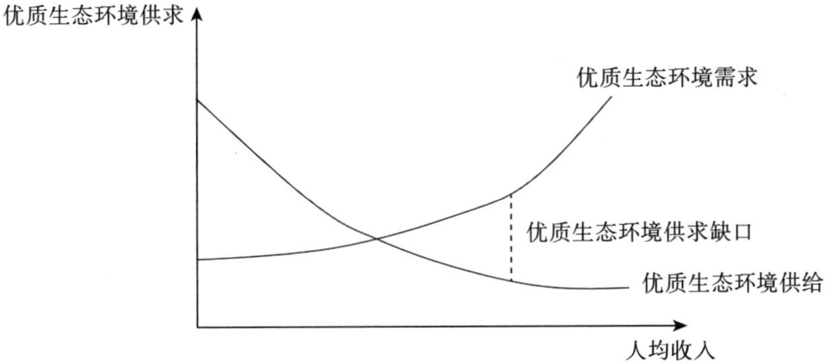

图 2－7　优质生态环境供求与人均收入的关系示意图

21 世纪初期，浙江省环境投诉一直呈上升趋势。有的地区总量居市长专线电话前三位，有时甚至居第一位。这一方面说明群众的环境意识增强了，对环境质量的需求提高了；另一方面也说明环境污染依然是社会关注的热点问题，环境问题没有得到有效解决。从 2003 年环境污染与破坏事故的次数也可以看出，浙江已进入环境冲突的高发期。2003 年环境污染与破坏事故的次数广西为 406 次，排第一名；湖南为 314 次，排第二名；浙江为 229 次，排第三名。而同为沿海的几个省则远比浙江要少。例如，广东为 49 次，江苏为 30 次，山东为 34 次，辽宁为 17 次。①

在这么严峻的形势下，有两种可能的趋势：一是继续沿袭传统的粗放式经济增长方式，优质生态环境供求缺口继续扩大，这就意味着人们对生态环境状况的不满意度进一步提高，可能会导致社会的不稳定；二是遏制粗放式增长方式，努力朝着集约型的增长方式转型，但可能面临一定时间

① 国家统计局：《中国统计年鉴 2004》，北京：中国统计出版社，2004 年 9 月，第 453 页。

段的经济增长速度的放缓。这是“两难选择”。但是，习近平同志面对这一状况，毅然而然地选择了促进从“只要金山银山，不要绿水青山”向“既要金山银山，又要绿水青山”转变，进而向“绿水青山就是金山银山”转变。转变的过程确实面临着阵痛。浙江省安吉县余村，按照生态省建设的部署，关停了石矿，但同时也就关停了村集体经济收入来源和农民的收入来源。一度让村干部和老百姓陷入“想不通”的状态。正在此时，习近平同志到安吉余村考察工作。“绿水青山就是金山银山”的重要论断坚定了余村干部群众的信心，点燃了他们的希望，坚定不移地朝着绿色发展的道路走下去。通过发展生态民宿旅游、发展生态高效农业、开发红色旅游品牌等一系列举措，最终走出了一条绿色发展的路子。而且，通过制度创新和组织创新，变“小余村”为“大余村”，进一步开辟了生态共富的新天地。

第四节　绿水青山就是金山银山理念的萌发与升华

绿水青山就是金山银山理念是长期深思熟虑而诞生的，是经历了浙江的重要萌发与全国的全面升华、经历了人类关于绿水青山和金山银山关系认识的“三阶段论”到“三个重要论断”的迭代升级。

一、习近平同志对人类关于绿水青山和金山银山关系认识的“三阶段论”

第一章介绍了习近平同志概括的人类对于绿水青山和金山银山关系认识的“三阶段论”：第一个阶段，“只要金山银山，不要绿水青山”；第二个阶段，“既要金山银山，又要绿水青山”；第三个阶段，“绿水青山就是金山银山”。进一步思考，就要回答：为什么出现上述三个阶段？马斯洛认为，人的需要是可以分成不同层次的，从低到高分别是生理的需要、安全的需要、社交的需要、尊重的需要、自我实现的需要等。生理的需要、安全的需要属于低级需要，社交的需要、尊重的需要、自我实现的需要属于高级需要。当低级需要得不到满足的情况下，人们首先追求满足低级需要，当低级需要得到满足后人们会依次追求高级需要。[①]

之所以在第一个阶段，人们的认识是“只要金山银山，不要绿水青山”，主要是因为生产力水平低。在生产力水平低的情况下，人们追求的首先是衣食住行等生理的需要。在衣食不保的情况下，人们的行为选择就是“活下去”。在20世纪80年代初期，有的乡镇企业进入门槛低、技术含量低、环境污染重。一个企业糟蹋一个地方的空气、一个企业糟蹋一条河流的现象比比皆是。但是，没有老百姓出来反对。“与其被饿死，不如被毒死”就是当时老百姓心态的真实写照。同时，这个阶段，人们对生态环境的认识还是十分肤浅的。生态环境是一个复杂的“黑箱”。当人们对它认识不足的时候往往导致片面甚至错误的行为选择。

之所以在第二个阶段，人们的认识是“既要金山银山，又要绿水青山”，是因为随着收入水平的上升，“温饱”问题基本得到解决，局部进入小康社会。人们不仅要追求生理的需要，而且要追求安全的需要。由于空气污染导致呼吸道疾病乃至肺癌的剧增，由于土壤污染导致消化系统疾病乃至胃癌的剧增，由于水污染导致排毒系统疾病乃至肝癌剧增，出现“钱袋鼓起来，楼房高起来，身体垮下去”的事实告诉人们，以环境污染为代价实现经济增长是得不偿失的。安全的需要提上了议事日程。针对环境污染引发的群体性事件就是人们争取环境安全需要的具体表现。这时，当然就是既要金山银山以保障生存需要，又要绿水青山以保障安全需要。此时，人们对生态环境的认识水平有所提高，当认识到环境污染会损害人们的身体健康和产业产量时，保护环境就是保护健康，保护环境就是保护生产。但是，这个阶段，人们还是停留于环境污染的破坏性行为的严重副作用的认识，尚未上升到生态环境审美需要等高级需要的认识。

之所以在第三个阶段，人们的认识是“绿水青山就是金山银山”，是因为随着经济社会的持续发展和收入水平的持续增长，人们的需要层次全面上升：一方面，从经济增长角度看，要求从“小康社会”上升到“富裕社会”从而实现更高级需要；另一方面，从环境保护角度，要求从“生态环境安全”上升到“生态环境审美”“生态环境民主”等高级需

---

① ［美］马斯洛：《马斯洛人本哲学》，成明，编译，北京：九州出版社，2003年8月，第426页。

要。从“绿水青山金不换”视角审视，优质的生态环境是人们生活质量的重要组成部分，保护好绿水青山就是做大了金山银山；从绿水青山的价值实现视角审视，拥有优质的生态环境，就拥有产业发展的坚实基础，就拥有产业发展的独特优势，绿水青山就是金山银山。因此，绿水青山的经济价值实现，是金山银山；绿水青山的生态价值实现，也是金山银山。无非是前者是显性的金山银山，后者是隐性的金山银山。

浙江省丽水市遂昌县是一个经历了三个认识阶段的县域。遂昌县是一个森林覆盖率曾经达到95%的山区县，也是一个拥有千年历史的遂昌金矿的矿产县。在相当长的一段时期，人们的认识就是“只要金山银山，不要绿水青山”。金矿开采的最终成果是金子和银子（两者重量的比值大约是1∶9），但是金矿开采面临着大量矿渣的排放、含有氰化物的废液的排放。很明显，获得了金山银山，牺牲了绿水青山。在山靠山，就要砍伐森林。遂昌县一度是浙江省林业第一大县。森林砍伐换来的是“真金白银”的“票子”，损失的森林生态系统的完整性。“只要金山银山，不要绿水青山”的增长模式不断让人们深思，这样下去行不行？经过反复思考，遂昌县人民终于认识到必须坚持“既要金山银山，又要绿水青山”。加大了生态建设和环境保护的力度，遏制住了生态退化和环境污染的趋势。进一步的思考发现，遂昌县这样的“九山半水半分田”的县域，即使把全部土地进行开发，也不可能成为工业强县。既然如此，就干脆全县走“生态优先，绿色发展”的路子。事实证明，这条路是走对了、走通了。遂昌县已经成为绿水青山转化为金山银山的一个山区县域样本。

历史是具体的，不是抽象的；历史是实在的，不是虚无的；历史是与时俱进的，不是一成不变的。习近平同志在生态环境保护与经济社会发展的转换的关键节点，审时度势，准确研判，适时概括和提炼出了人类关于绿水青山和金山银山关系认识的“三阶段论”，对于最终提出“绿水青山就是金山银山”理念奠定了重要的认识论基础。这就是马克思主义的历史唯物主义。

二、习近平总书记关于绿水青山和金山银山关系认识的“三个重要论断”

第一章介绍了习近平总书记关于绿水青山和金山银山关系认识的

“三个重要论断”：第一个论断是“既要绿水青山，也要金山银山”；第二个论断是“宁要绿水青山，不要金山银山”；第三个论断是“绿水青山就是金山银山”。

第一个论断“既要绿水青山，也要金山银山”是“兼顾论”，是系统分析方法、统筹兼顾方法的具体运用。这是针对“只要经济增长，不要环境保护”的经济中心主义的坚决否定，也是针对“只要环境保护，不要经济增长”的环保主义的坚决否定。沿袭经济中心主义，必然导致生态破坏、环境污染、资源枯竭的加剧，由于突破“资源阈值”“环境阈值”“气候阈值”，使得人类生存和发展的根基完全毁坏。沿袭环保主义，不仅无法从“小康社会”奔向“富裕社会”，而且可能小康社会的建设成果也难以为继。没有清洁的空气是无法健康生活的，但是，只有清洁的空气也是不能当饭吃的。“兼顾论”就是马克思主义的“两点论”，做到兼顾就是共产党人的过人之处。

第二个论断“宁要绿水青山，不要金山银山”是“优先论”。统筹兼顾绿水青山和金山银山是有一定的客观条件要求的。在技术进步达到一定的水平下，也许可以做到绿水青山和金山银山的兼顾。但是，技术进步是一个过程，在某个具体的时点或时段，技术状况是给定的，做不到绿水青山和金山银山的兼顾。在这种情况下，常见的选择是“只要 GDP，不要 GEP”“宁要金山银山，不要绿水青山”。大规模的开山造地、填海造地、移山造城以及破坏性、污染型的增长都是这种选择的典型。习近平总书记旗帜鲜明地提出“宁要绿水青山，不要金山银山”。这是需要政治气魄的，也是需要学理支撑的。政治气魄，反映的是对全局负责、对长远负责、对人民负责的态度；学理支撑，反映的是对人与自然、经济与生态、“小我”与“大我”的关系的深思熟虑。“宁要绿水青山，不要金山银山”，确实会导致一时一地发展的相对减缓甚至停步不前，但是，“留得青山在，不怕没柴烧”。随着科学技术的进步、价值观念的转变，绿水青山终将转化为金山银山。“优先论”实际上就是马克思主义哲学的“重点论”，“重点”是绿水青山和金山银山两个点中的重点，“重点”是特定历史时期的重点。抓住了“重点”，在短期似乎只是抓了“一点”，在长期则是兼顾“两点”。

第三个论断“绿水青山就是金山银山”，就是“转化论”。需要强调的是，必须全面准确地理解这一论断。一是从两个方面理解转化，不仅是生态经济化——把生态优势转化成生态经济优势，而且是经济生态化——实现经济增长方式的绿色低碳转型；二是从正反两个方面理解转化，做大绿水青山就是做大金山银山，破坏绿水青山就是破坏金山银山，保护绿水青山就是保护金山银山；三是从转化的可逆性角度理解，在保持“生态阈值”的前提下，绿水青山可以转化为金山银山；在“环境阈值”之内，金山银山可以转化为绿水青山；在“环境阈值”之外，金山银山无法转化为绿水青山。“转化论”是马克思主义发展观的生动体现。绿水青山就是金山银山理念为我国生态补偿机制建设、生态产品价值实现机制建设及生态产品价值的系统性实现机制建设奠定了重要的思想基础。

仔细研读就会发现，习近平同志在总结人类关于绿水青山和金山银山关系认识的“三阶段论”时，前两个阶段把“金山银山”放在前面；而在阐述“三个重要论断”时，则始终把“绿水青山”放在前面。虽然这是文字安排，但是背后却隐含了“生态优先”的意识，反映的是“生态兴则文明兴，生态衰则文明衰”的重要理念。

三、习近平同志绿水青山就是金山银山理念从萌发到升华的历史必然

习近平同志绿水青山就是金山银山理念经历了从萌发到升华的过程。习近平同志担任浙江省委书记时是绿水青山就是金山银山理念的重要萌发；党的十八大以后，是习近平总书记对绿水青山就是金山银山理念的全面升华；党的十九大把绿水青山就是金山银山理念写入党章，是该理念的成果转化。绿水青山就是金山银山理念从萌发到升华再到转化是一种历史的必然。

浙江省是革命红船的起航地，是改革开放的先行地，是习近平新时代中国特色社会主义思想的重要萌发地。改革开放以来，浙江省各方面工作总体上均走在全国前列。浙江省的经济发展快于全国 10 年左右，浙江省的生态文明建设也是快于全国 10 年左右。习近平同志担任总书记后所面临的生态环境形势，与他 10 年前到浙江省工作的面临的生态环境形势是高度相似。

由表 2－1 可见，浙江省 2002 年与中国 2012 年数据比较，人均 GDP、城镇居民人均收入、农村居民人均收入均是 2012 年的全国指标高于 2002

年的浙江指标；而单位 GDP 的能耗、单位 GDP 的水耗、单位 GDP 的 COD 排放、单位 GDP 的二氧化硫排放、单位 GDP 的碳排放都是比较接近的。

表 2－1　浙江省 2002 年与中国 2012 年的环境经济数据比较

项目	浙江省 2002 年	中国 2012 年
人均 GDP（元）	16914	38420
城镇居民人均可支配收入（元）	11715	24564
农村居民人均纯收入（元）	4940	10990
单位 GDP 的能耗（吨标准煤/万元）	1.03	0.75
单位 GDP 的水耗（吨/万元）	258.7	118.3
单位 GDP 的 COD 排放量（千克/万元）	7.2	4.7
单位 GDP 的二氧化硫排放量（千克/万元）	8	4
单位 GDP 的碳排放量（吨/万元）	1.9	1.8

数据来源：《中国统计年鉴（2013 年）》《浙江统计年鉴（2003 年）》《2012 年中国环境状况公报》《2002 年浙江环境状况公报》《中国碳核算数据库（2002—2012）》。

习近平同志担任中共浙江省委书记之后，面对浙江“经济一路向好，环境一路向坏”的区域特征，必须深入思考“怎么办”。在广泛调研的基础上，习近平同志一方面从理论上思考绿水青山和金山银山的关系并明确提出了绿水青山就是金山银山理念，另一方面从战略上谋划“八八战略”之五——进一步发挥浙江的生态优势，创建生态省，打造“绿色浙江”。由于绿水青山就是金山银山理念与生态省建设战略的有机结合，使得绿色发展“浙江风景特好”。

习近平同志担任中共中央总书记、国家主席和中央军委主席之后，面对全国“经济一路向好，环境一路向坏”的阶段特征，必须直面回答“怎么办”。在深入思考和广泛调研的基础上，把人类关于绿水青山和金山银山关系认识的“三阶段论”上升为党的核心和大国领袖的“三个重要论断”，把有待求证的“绿水青山也是金山银山”理念转为铁板钉钉的“绿水青山就是金山银山”的明确论断。同时，在起草党的十八大报告时，习近平同志就谋划了“建设美丽中国”这一生态文明建设的战略目标。进而在党的十九大和二十大报告中把生态文明建设的时间表和路线图均描绘得十分清晰。从“时间表”看：到 2035 年，基本建成美丽中国；

到21世纪中叶，全面建成美丽中国。从“路线图”看，明确了生态文明建设的四大重点：加快发展方式的绿色转型，深入推进污染防治攻坚战，提升生态系统多样性、稳定性、持续性，积极稳妥推进碳达峰碳中和。

时代选择了习近平同志，习近平同志把握了时代进程。正是在这一背景下，绿水青山就是金山银山理念完成了从萌发到升华的华丽升级，实现了从理论到实践的成功转化。

第三章

绿水青山就是金山银山理念的理论逻辑①

绿水青山就是金山银山理念看似一句话，实质上是一个理论体系。基于经济生态化和生态经济化的精神实质，绿水青山就是金山银山理念是“生态优先，绿色发展，生态共富”的一个理论体系，在习近平生态文明思想体系中居于核心的地位，有时成为习近平生态文明思想的代名词。

第一节　绿水青山就是金山银山理念的精神实质

绿水青山就是金山银山理念，既有现实针对性，针对的是“经济逆生态化”“生态非经济化”的突出问题；又有未来前瞻性，对生态经济规律和生态经济趋势作出了重要判断。

一、经济生态化：凤凰涅槃、浴火重生

（一）“两鸟论”与“两山论”的高度切合

各国工业化进程往往经历了“先污染，后治理”的路子。我国早在

① 沈满洪：《绿水青山就是金山银山理念的理论逻辑》，《浙江学刊》，2025 年第 3 期，第 145 – 154 页。

20世纪70年代召开的全国第一次环境保护大会上就提出，要避免走西方发达国家“先污染，后治理”的老路。但是，在实践上，虽然没有像西方发达国家那样发生严重的“环境公害事件”，但是，也曾步入过以“高投入、高消耗、高排放”为代价的“高增长”阶段。习近平同志到浙江工作之初，浙江省正是处于这样的阶段。习近平同志在调研中发现，企业是“火炬高耸”“污水横流”“尘土飞扬”；农村是“走了一村又一村，村村都是垃圾村”。正是在这种背景下，中共浙江省委、省人民政府以“壮士断腕”的勇气毅然提出了抓好环境保护，以“腾笼换鸟”的方法推进转型升级。习近平同志形象化地提出了“两只鸟”理论：“推进经济结构的战略性调整和增长方式的根本性转变”，“就是要养好‘两只鸟’：一个是‘凤凰涅槃’，另一个是‘腾笼换鸟’。所谓‘凤凰涅槃’，就是要拿出壮士断腕的勇气，摆脱对粗放型增长的依赖，大力提高自主创新能力，建设科技强省和品牌大省，以信息化带动工业化，打造先进制造业基地，发展现代服务业，变制造为创造，变贴牌为创牌，实现产业和企业的浴火重生、脱胎换骨。所谓‘腾笼换鸟’，就是要拿出浙江人勇闯天下的气概，跳出浙江发展浙江……实现‘凤凰涅槃’和‘腾笼换鸟’，是产业高度化发展的客观趋势和必然选择。”① 这是产业高度化和经济发展方式绿色低碳转型的经典阐述，也是经济国际化和产业国际国内分工的经典阐述。在《之江新语》上习近平同志曾经以《从“两只鸟”看结构调整》为题发表评论，也被称作“两鸟论”；以《从“两座山”看生态环境》为题发表评论，也被称作“两山论”。其实，“两鸟论”与“两山论”具有高度关联性。关联在哪里呢？就是关联在“经济生态化”上。“凤凰涅槃”“腾笼换鸟”实际上就是对“破坏生态环境”的否定，就是对“保护生态环境”的肯定；就是对“只要金山银山，不要绿水青山”的否定，就是对“既要绿水青山，又要金山银山”和“绿水青山就是金山银山”的肯定。

（二）“创新”与“创牌”的有机结合

习近平同志曾强调“大力提高自主创新能力，建设科技强省和品牌

---

① 习近平：《干在实处 走在前列——推进浙江新发展的思考与实践》，北京：中共中央党校出版社，2006年12月，第128页。

大省”，这是非常具有洞察力的论断。浙江这样一个制造业大省不能满足于“接单加工”和“贴牌生产”。而是要创出区域的品牌、民族的品牌、本土的品牌。“变制造为创造”“变创造为智造”就是科技创新驱动，通过研发设计的创新提高利润率；“变贴牌为创牌”“变创牌为名牌”就是品牌创新驱动，通过品牌营销的创新提高利润率。

从第二章介绍的微笑曲线角度考察，从“高速度增长”转向“高质量发展”，就是要从微笑曲线的底端向两端延伸，既要依靠生产、制造环节实现高就业率，又要依靠研发、设计和品牌、营销环节获取高利润率。从微笑曲线来看，只要实现从生产、制造环节向研发、设计和品牌、营销环节延伸，就意味着可以做到“低投入、低消耗、低排放”实现高质量发展。显然，这是符合绿色低碳发展要求的。

党的十八大以来，习近平总书记就创新驱动发展发表了一系列重要论述。特别是党的二十大报告，将包括教育强国、科技强国、人才强国结合在一起的科教兴国战略作为单独的一个部分进行系统阐述，充分彰显了习近平总书记对包括绿色创新在内的创新驱动的极端重视。如果仔细观察可以发现，习近平主席携夫人出访时，从来没有穿戴国外品牌的衣服、鞋子、帽子、包包等。很明显，目的是培育本土的品牌、民族的品牌、本国的品牌。从中可见其用心良苦。

（三）产业生态化和消费绿色化协同推进

经济生态化不仅要做到产业生态化，而且要做到消费绿色化。消费行为直接影响生态文明建设的好坏，而且具有传导性，影响生产者的绿色行为选择。消费者用货币购买商品，实际上在使用“货币选票”。如果用货币购买绿色低碳产品或用绿色低碳方式生产的产品，就是支持绿色低碳发展；如果用货币购买黑色高碳产品或用黑色高碳方式生产的产品，就是抵制绿色低碳发展。消费绿色化涉及消费主体、消费客体、消费条件、消费机制等几大要件：首先，通过生态日等大力开展生态道德、生态伦理、生态文化教育，养成绿色消费理念自觉和行为自觉；其次，通过绿色产品的标准化、标识化和普及化，让消费者知道绿色产品并用得起绿色产品；再次，创造绿色消费的条件，垃圾分拣就需要分拣的设施和监督；最后，构建绿色消费的机制，通过绿色消费的法治手段、经济手段、教育手段让消费者不敢黑色消费、选择绿色消费、自愿绿色消费。

（四）存量生态化和增量生态化的分工合作

经济生态化是一个突变和渐变相互交替的过程。经济社会的全面绿色低碳转型不能急躁冒进，必须要平稳运行；不可以“先破后立”，必须要“先立后破”。

对于存量经济，可能需要根据发展的阶段性目标和特征，关停淘汰一部分落后的产能，但绝大部分是通过技术改进、工艺改进、管理改进进行清洁化、循环化、低碳化改造。浙江省镇海炼化曾经是火炬高耸、污水横流、尘土飞扬。在绿水青山就是金山银山理念的指引下成功完成了绿色低碳转型，成为绿色低碳石化企业的标杆。

对于增量经济，不可以停留于传统的产业技术水平和发展模式，而要走高新化、轻型化、集约化路子。科技创新可以实现产业发展无中生有。浙江省东阳市东磁集团依靠科技创新实现异军突起，每年税收达到 100 亿元；浙江省长兴县天能集团通过科技创新，将长兴县从铅酸蓄电池基地转型为新能源基地。产业创新可以实现产业结构的突变式优化。杭州市瞄准文化创意产业的未来潜力，从基础研究到政策研究、从政策研究到项目研究、从项目落地到项目运行，全程推进文化创意产业的发展，文化创意产业成为全国省会城市的领头羊。模式创新可以大大提升生态环境要素的资源生产率。浙江省“三农”领域的改革就是一个典型模式创新：通过土地流转，实现规模经济效果；通过标准地改造，实现工厂化生产和“拎包创业”；通过分包经营，实现新农人创业多样化并提升经营性收入；通过“建德草莓师傅”“庆元香菇师傅”等人才资源的输出，让农民从农业转向科技咨询业，实现“地瓜经济”效应。

二、生态经济化：生态产品价值实现

绿水青山就是金山银山理念的表面理解，就是把形容为绿水青山的生态环境的价值转化为金山银山的经济价值。其实。这一理解是不够全面的。对于金山银山需要有两个层面的理解：

（一）绿水青山的生态价值实现

生态环境好坏直接影响人们的幸福感，生态环境本身也是一种福利。

优质的生态环境是一种“正福利”，劣质的生态环境是一种“负福利”。优质的生态环境是一种绿色公共福利。即使生态产品的价值没有转化为经济价值也是绿色公共福利水平的提升。因此，习近平总书记指出：“良好的生态环境是最普惠的民生福祉。”“绿水青山是人民幸福生活的重要内容，是金钱不能替代的。”①

作为绿色公共福利的绿水青山，既有其“底线”——确保生态环境安全需要，又有其“高线”——满足生态环境审美需要。党的十八大以来，我国生态环境实现了历史性、转折性、全局性变化。但是，“底线”并不牢固，生态环境质量存在不稳定性和反复性，例如一度似乎已经解决的 PM2.5 就出现了改善后又恶化的问题；“底线”并不全面，相对于“林”“水”而言“土（土壤污染）”“气（碳减排）”仍是一个大问题，相对于陆域而言海洋生态环境状况依然十分严峻，相对于传统“三废”而言辐射污染、泛光污染、微塑料污染等不可小觑。而且，“高线”存在水涨船高的现象，会随着收入水平的上升、生活水平的提高而上升。因此，保护生态环境依然任重道远。

（二）绿水青山的经济价值实现

绿水青山的经济价值，一部分已经得到实现，例如，作为“财富之母”的土地、作为生产原料的矿产等。但是，相当一部分没有得到实现。但是，随着经济社会的发展，水、碳汇、负氧离子等生态产品逐渐进入市场，显示出其价格。总体上，绿水青山的经济价值依然只是部分得到实现。绿水青山的经济价值实现可以分成三个层次：

1. 通过绿色财政政策实现绿水青山的经济价值

利用生态优势发展生态产业，可能出现两种结果：一是“生态且经济”。这往往是在技术创新有突破、制度创新有保障的情况下才能实现的。例如，21 世纪初期，新安化工出现氯甲烷污染问题。经过科研人员的技术攻关，实现了氯甲烷的回收。不考虑回收的研发成本，每回收 1 吨氯甲烷的成本是 200 多元，而氯甲烷的市场价格是每吨 2000 多元。这是典型的“循环且经济”的例子。二是“生态不经济”。同样是 21 世纪初

---

① 习近平：《论坚持人与自然和谐共生》，北京：中央文献出版社，2022 年 1 月，第 26 - 27 页。

期，镇海炼化的污水处理在“达标”基础上继续处理，处理到可以回用的水平。追加的处理成本是每吨 4 元，而取用 1 吨自来水的成本是 2 元。达标排放是合法的。因此，每追加处理 1 吨污水的“循环不经济”是 2 元。

对于“生态且经济”的生态产业发展，只要树立先进样板、给予精神鼓励、鼓励传播扩散等就可以了。对于“生态不经济”的生态产业发展，则需要通过生态补偿、循环补助、低碳补贴等财政政策予以激励。镇海炼化的污水追加处理出现的“循环不经济”问题，可以是科技部门给以科技政策支持，继续加大创新力度，使得追加的处理成本降低到 2 元以下，这样，企业就“循环且经济”了；也可以是经信部门给以财政政策支持，每追加处理 1 吨污水给以 2 元以上的补助，这样，企业也“循环且经济”了。

可见，通过制度政策的支持可以实现真正的“生态且经济”，鼓励企业真正走绿色低碳发展之路。政府有关部门提供的补贴实际上就是企业获得的绿水青山的经济价值，而广大消费者从中获得的是绿水青山的生态价值。

绿色财政政策促进绿水青山的经济价值实现，是一种外部性内部化的矫正手段。所实现的价值是绿水青山的外溢价值。如果绿水青山的价值是 1，那么外溢价值 Y 是 $0 < Y < 1$。

2. 通过生态产权制度实现绿水青山的经济价值

居民是拥有生存权和发展权的，因此，就拥有生态环境产权。生态环境产权的价格会随着标的物的质量的提升而上升。如果推进生态环境要素的市场化改革，通过产权界定、分配产权、有偿使用、产权交易，一方面可以让居民拥有资产性收入；另一方面可以让微观经济主体提高生态环境要素的资源配置效率和使用效率。

企业和居民可能得到的生态产权包括：用水权、林权、用海权、矿权等自然资源产权；排污权等环境资源产权；碳排放权、碳汇等气候资源产权。还有兼有资源、环境、气候功能的用能权。这些都是属于生态资产，通过交易就可以增加资产性收入。

通过生态产权交易实现的绿水青山的经济价值，就是各类资源环境要素价值的加总，$Y = \sum X_i$，由于资源环境要素产权界定不可能穷尽，因此 Y 的值也是 $0 < Y < 1$。当然，通过生态产权的利用从事生态产业的发展，那又另当别论了。

3. 通过生态产业发展实现绿水青山的经济价值

由于绿水青山就是金山银山理念的指引，生态产品价值实现成为学界的热门研究领域，有的学者甚至提出生态产品的价值实现是“第四大产业”[①]。确实，应该重视生态补偿、碳汇交易等初级生态产品的价值实现，但是，不能“抓了芝麻，丢了西瓜”，更要重视利用生态优势，发展生态产业，实现生态产品的高级化利用。

习近平同志在《绿水青山也是金山银山》一文中明确写道：“如果能够把这些生态环境优势转化为生态农业、生态工业、生态旅游等生态经济的优势，那么绿水青山也就变成了金山银山。”[②]可见，利用生态优势，发展生态农业、生态工业、生态服务业等生态经济产业，是实现绿水青山的经济价值的主渠道和重中之重。

首先，利用生态优势，大力发展高效生态农业。我国的国情是“人多地少”，既不能模仿美国、加拿大等北美国家那样的大规模农业模式，也不能借鉴日本、韩国等东北亚国家高补贴政策模式。只能选择“高效且生态”的高效生态农业，这是生态文明时代农业发展的必然选择。“高效生态农业”的关键词是两个：一个是“生态”。这就意味着必须坚持绿水青山就是金山银山理念，不能继续走工业化以来的石油农业之路了，必须转向走绿色低碳发展之路。另一个是“高效”。这就必须依靠生态科技创新，实现科技强农，大力发展设施农业、机械农业、装备农业、休闲农业、观光农业。同时，必须依靠生态制度创新，如设立生态农业保护区、生态牧业保护区、生态草业保护区、生态药业保护区等实现规模化生产；必须依靠品牌创新，实现品牌富民。推进区域公共品牌创新，如“丽水山耕”“丽水山泉”“丽水山居”及“浙中八味”等。

其次，利用生态优势，发展生态工业。2003 年 6 月 12 日，时任浙江省委书记习近平同志到磐安县考察时指出：“磐安生态富县的路子是对的。生态是可以富县的，生态好不仅可以富县，而且可以让老百姓很富，是很高境界的富。”[③]生态富民指的是让老百姓的钱袋子鼓起来，生态富

---

① 王金南，等：《生态产品第四产业：理论与实践》，北京：中国环境出版集团，2022 年 6 月。

② 习近平：《之江新语》，杭州：浙江人民出版社，2007 年 8 月，第 153 页。

③ 陈新森：《很高境界的富——绿色发展看磐安》，北京：红旗出版社，2021 年 9 月，第 1 页。

县指的是让县级财政收入多起来。在我国农业免税、服务业低税的背景下，只有发展工业才能有充裕的税源。但对于生态保护要求高的地区，只有发展生态工业才能实现富县和富民的结合。其实，只要工业经济真正按照绿色化、循环化、低碳化的方向发展，各地均是有潜力可挖的。即使一些生态功能区，也可以发展一些具有地方特色的资源深加工产业、具有比较优势的土特产加工业、对生态环境质量要求特殊的环境敏感性产业、对于生态环境没有损害的绿色低碳产业。浙江省淳安县利用水资源优势发展生态水业，形成“农夫山泉”等一系列品牌；浙江省磐安县利用“浙八味”中草药优势发展生态药业，形成“江南药镇”等一系列品牌；四川省利用竹子资源优势发展生态竹业，成为全国竹业第一省；甘肃省利用光资源优势和戈壁荒漠资源优势发展光伏和风能产业，新能源产能达到50%。但是，必须看到，有些地方有些领导仍然把“工业”看作“污染”的代名词。这是极其错误的观念，必须予以纠正。确实有些工业污染风险较大，但也有些工业可以做到“零污染”。只要做好工业项目的选择，把住工业进入的门槛，完全可以把生态工业做得红红火火。

再次，利用生态优势，大力发展生态服务业。服务业的发展离不开优质的生态环境，尤其是生态旅游业。无论是生态观光业、生态民宿业还是生态康养业，均离不开优质的生态环境。由于拥有独特的生态环境，磐安县乌石村 2022 年的人均收入可以达到 8 万元，花溪村民宿业可以达到户均 40 万元的年收入。杭州市、湖州市、丽水市生态康养业的快速发展深刻地感受到“养猪不如养人，养人不如养上海人”。“养猪”：利润低下，污染不轻；“养人”：人气集聚，生意兴隆；“养上海人”：素质高、信息多、财路广。生态康养业完全成为供需双方“双赢”的产业：一方面，民宿供给者拥有充足的客源，有钱可赚；另一方面，民宿需求者——上海人，把上海的房子出租，自己租住民宿，吃住行“全包”，每个月还能赚上几百元乃至上千元。其实，创意产业的发展是特别离不开优质的生态环境的。丽水市古堰画乡，就是依靠优美优质的生态环境，吸引创意客前来创作。

最后，利用生态优势，打造“接二连三”的生态产业链。生态优势往往在农村农业、在生态保护地。如果生态产业发展仅仅局限于农业本身，尤其是仅仅停留于“种”和“养”，那么农民获取的比较收益是十分有限的。因此，在发展生态农业的同时，必须加强农工旅的结合、农工技的结合、农文旅的结合等。推进工厂化的农产品的生产，如甘肃省兰州新区的大棚种鲜花和香菇、浙江省龙泉县的工厂化生产灵芝、浙江省磐安县的工厂化生产虫草等；加强农产品的深加工，如浙江省常山县的胡柚汁、浙江省临安市的山核桃仁等；推进农产品的现代服务业建设，如农产品区域公共品牌建设、农产品冷链物流建设、农业高新技术推广应用等。

三、经济生态化与生态经济化的逻辑联系

1. 问题指向各有不同

经济生态化针对的是“经济不生态”，也就是长期以来尤其是工业化以来，在经济中心主义影响下，出现了“只要经济增长，不要环境保护”的错误倾向。由此引发了全球性的环境公害事件。历史和实践均已证明，“经济不生态”是一种严重的负外部性问题，不仅会导致效率损失，而且会失去公平公正，必然是难以持续的，是必须摒弃的。只有解决环境污染等负外部性的内部化才能实现经济生态化。

生态经济化针对的是“生态不经济”。具体说有两种情况：一是生态环境资源没有转化为经济资源，没有实现其经济价值，这是生态产品价值实现机制设计的问题；二是发展生态经济由于正外部性的存在，存在收益的外溢，往往是成本大于收益，这是产业经济政策设计需要解决的问题。只有解决生态保护等正外部性的内部化才能实现生态经济化。

2. 前提与结果的关系

经济生态化是生态经济化的必要前提。只有经济生态化，才能减少经济发展对生态环境的损害，才能保护好生态环境，才能做大绿水青山。生态经济化是经济生态化的必然结果。只有生态经济化，让生态环境的价值得到充分实现，才能更有动力把绿水青山转化成金山银山。

习近平同志早在2006年就指出：“破坏生态环境就是破坏生产力，保护生态环境就是保护生产力，改善生态环境就是发展生产力，经济增长是政绩，保护环境也是政绩。”① 这清楚地表明，经济发展千万不可陷入

① 习近平：《干在实处 走在前列——推进浙江新发展的思考与实践》，北京：中共中央党校出版社，2006年12月，第186页。

“越贫穷越破坏，越破坏越贫穷”的恶性循环，而是要努力追求“越保护越发展，越发展越保护”的良性循环。

如果以经济增长的“高”与“低”和环境污染的“重”与“轻”进行排列组合，可以有四种可能的组合：Ⅰ（高增长，重污染）；Ⅱ（低增长，轻污染）；Ⅲ（低增长，重污染）；Ⅳ（高增长，轻污染）。组合Ⅰ就是工业文明时期经常遇到的现象，属于非目标均衡；组合Ⅱ就是农业文明时期经常遇到的现象，属于非目标均衡；组合Ⅲ就是贫穷地区经常遇到的现象，也属于非目标均衡；组合Ⅳ才是生态文明初级阶段的目标均衡，真正进入生态文明阶段的目标均衡应该是“适度增长，没有污染”。以高投入、高消耗、高污染为代价的经济增长方式，破坏了人类社会生存发展的根基，虽然可能取得一段时期的快速增长，但是做不到可持续发展。相反，以成本低投入、资源低消耗、环境低污染或无污染为特色的经济增长方式，才是高质量发展的内在要求，虽然一时会面临阵痛，但是长期则可以实现永续发展。

3. 可逆性与阈值

生态经济化的阈值。绿水青山可以换来金山银山也是存在一定的范围和区间的。水资源的取用、森林资源的砍伐、渔业资源的捕捞，均有“资源阈值”。在“资源阈值”范围内，水资源可以再循环、林木可以再生长、渔业资源种群可以继续繁衍。超越“资源阈值”，不保障足够的生态用水，生态系统就会退化；林木砍伐速率大于再生速率，森林就会退化；渔业资源捕捞速率大于再生速率，渔业资源种群就会减少。所以，生态经济化不能超越特定“阈值”。

经济生态化的阈值。金山银山换不来绿水青山是指经济增长超越“环境阈值”“气候阈值”时，可能导致环境不可逆转的现象。废水、废气、粉尘的排放会导致环境质量的下降，但是处于一定的范围之内还是可以逆转的；温室气体的排放会导致全球气候的变暖，在一定的范围之内还是可以逆转的。但是，一旦超过“环境阈值”和“气候阈值”，就会导致环境质量和全球气候的不可逆转，此时就是金山银山换不来绿水青山。因此，一定要坚持经济生态化。

第二节 绿水青山就是金山银山理念的理论体系

绿水青山就是金山银山理念，是一个严密的理论体系。前提是“生态优先论”，做大绿水青山；重心是“绿色发展论”，做高金山银山；推论是“生态共富论”，促进社会公平。

一、生态优先论：做大绿水青山

在习近平总书记关于绿水青山和金山银山的关系论述中，一个特别引人瞩目的观点是“宁要绿水青山，不要金山银山”。这就表明，在生态保护与经济增长难以兼顾的情况下，坚持生态优先。不仅如此，习近平总书记还反复强调：“生态兴则文明兴，生态衰则文明衰”。这就说明，生态兴衰不仅关系到经济的兴衰，而且关系到文明的兴衰。正是从这一高度看，社会主义生态文明建设是人类文明的新形态。因此，必须从生态自觉、文明自觉、政治自觉的高度认识“生态优先论”。

经济增长是在特定的约束条件下配置各种生产要素所带来的国民产出的增加。技术进步和制度创新可以使得同样的要素投入带来更大的产出。但是，在环境容量、技术条件和制度体系给定的情况下，持续推进经济高速增长，只能是建立在生态破坏和环境污染的基础之上，从而出现“以局部利益损害全局利益，以短期利益损害长远利益，以当代利益损害后代利益”的错误做法。正是针对竭泽而渔、杀鸡取卵的做法，习近平总书记才强调“宁要绿水青山，不要金山银山”。一旦绿水青山被破坏往往是不可逆转的。这就说明，在环境容量给定的情况下，要以此作为约束性的前提条件，再来考虑经济增长的可能速度。除非通过技术进步和制度创新，才可能在同样的环境容量下实现更高的经济增长。可见，在生态环境和资源能源等条件约束下，在无法做到兼顾的特殊情况下，要有所选择，要坚持“生态优先”。因此，要坚决摒弃以生态破坏、环境污染为代价的经济增长模式。

之所以坚持生态优先，就是基于生态系统与经济系统及其相互关系的科学认识。长期以来，人们误以为生态系统是经济系统的子系统，其实，恰恰相反，经济系统是生态系统的子系统。皮之不存，毛将焉附。一段时期，人们以为人类是自然的主宰，自然是人类的奴仆，其实，人类只不过是自然的一个组成部分，自然可以没有人类，人类却离不开自然。只有把人类生存发展的基础和前提保护好了，才有人类的持续繁衍和永续发展。

如何坚持生态优先？首先是提高认识。要清醒认识到人与自然是命运共同体，要尊重自然而不是轻蔑自然，要顺应自然而不是对抗自然，要敬畏自然而不是小觑自然，要保护自然而不是破坏自然。其次是建立规矩。设立自然保护地制度、划定生态红线制度、做好生态功能区规划、完善生态文明制度体系等。再次是狠抓落实。要像长江流域的保护那样，“共抓大保护，不搞大开发”，通过各种各样切实有效的举措，提高生态系统的多样性、稳定性、持续性。

二、绿色发展论：做高金山银山

高质量发展就是符合新发展理念的发展。新发展理念要求创新发展、协调发展、绿色发展、开放发展、共享发展。绿色发展是新发展理念的重要组成部分，目标就是“建立健全绿色低碳循环发展的经济体系”①。显然，这里所指的绿色发展是广义的绿色发展，是包括低碳发展和循环发展在内的绿色发展。绿色发展是针对工业革命以来以生态破坏、环境污染、资源枯竭为代价的“黑色增长”范式的变革。绿色发展又可以分为浅绿色发展和深绿色发展。② 浅绿色发展仅仅关注解决局部环境问题、强调进行污染末端治理、认为环境与经济非此即彼、主张技术决定论。深绿色发展坚持系统观念、强调源头控制、认为环境与经济对立统一、主张生态文明制度决定发展模式。③ 总之，深绿色发展是浅绿色发展的高级形态。新

① 习近平：《决胜全面建成小康社会 夺取新时代中国特色社会主义伟大胜利——在中国共产党第十九次全国代表大会上的报告》，《人民日报》，2017 年 10 月 27 日。

② 〔美〕赫尔曼·E. 戴利：《超越增长——可持续发展的经济学》，诸大建，胡圣，等，译，上海：上海译文出版社，2001 年 9 月，第 1 页。

③ 沈满洪：《绿色发展的中国经验及未来展望》，《治理研究》，2020 年第 4 期，第 20 – 26 页。

发展理念中的绿色发展是深绿色发展。

绿水青山就是金山银山理念强调绿水青山和金山银山的兼顾。该理念认为，绿水青山与金山银山之间、生态保护与经济增长之间并非始终处于不可调和的对立关系，而是对立统一的关系。处理不好，就是单纯的对立关系；处理得好，就是辩证的统一关系。只要坚持人与自然和谐共生的理念，尊重自然、敬畏自然、顺应自然、保护自然，就完全可能兼顾生态保护与经济增长，实现生态经济的协调发展。因此，绿水青山与金山银山的兼顾是可能的。

绿水青山就是金山银山理念强调绿水青山和金山银山的转化。该理念不能仅仅理解为生态经济化，而是生态经济化和经济生态化的有机统一。生态经济化就是将自然资源、环境资源、气候资源视作经济资源加以开发、保护和使用。对于自然资源不仅要考察其经济价值，还要考察其生态价值；对于环境资源和气候资源，要根据其稀缺性赋予其价格信号，进行有偿使用和交易。经济生态化包括产业生态化和消费绿色化两个方面。产业生态化就是产业经济活动从有害于生态环境向无害于甚至有利于生态环境的转变过程，逐步形成环境友好型、气候友好型的产业经济体系。消费绿色化就是妥善处理人与自然的关系，逐步形成环境友好型的消费意识、消费模式和消费习惯。可见，绿水青山就是金山银山理念既要强调生态环境的价值实现，又要强调生态经济的价值实现。这就是绿色发展。

推进绿色发展，就要从“黑色增长”转向绿色发展，并完成从浅绿色发展向深绿色发展的升级；就要从“线性增长”转向循环发展，构建起企业小循环、园区中循环、社会大循环的循环体系；就要从“高碳增长”转向低碳发展，从强度减排转向总量减排直至实现碳中和。很显然，这种转变会遭遇“黑色增长”“线性增长”“高碳增长”的强大阻力。因此，绿色发展是发展观的深刻变革，首先要推进人的自我革命，才能推进产业革命、能源革命、科技革命。这就需要以“先立后破”的态度和“破旧立新”的精神全面推进发展方式的绿色低碳转型。

习近平总书记在中共中央政治局第十一次集体学习时系统阐述了新质生产力。他说：“绿色发展是高质量发展的底色，新质生产力本身就是绿色生产力。”[①] 这一重要论断，深刻阐明了新质生产力与绿色生产力的内

---

① 周人杰：《新质生产力本身就是绿色生产力》，《人民日报》，2024 年 3 月 14 日。

在联系。第一，绿色生产力是新质生产力的基础，新质生产力一定以绿色发展作为底色。第二，绿色生产力未必是新质生产力，有些绿色生产力没有建立在创新发展的基础之上，资源生产率、环境生产率、气候生产率均没有达到一定的高度。第三，新质生产力一定是“绿色 + 高效”的，也就是要大力发展高效生态农业、高效生态工业、高效生态服务业。因此，推动新质生产力加快发展，就要牢固树立和践行绿水青山就是金山银山的理念，坚定不移走生态优先、绿色发展之路，坚定不移走创新驱动、人才强国之路，加快发展方式绿色转型，助力碳达峰碳中和，以绿色发展的新成效不断激发新质生产力。

三、生态共富论：促进社会公平

共同富裕是人类社会的美好理想，也是中国共产党人孜孜不倦的追求。中国式现代化是人与自然和谐共生的现代化，也是全体人民共同富裕的现代化，这两个特征的加总便是生态共富的现代化。

（一）生态环境面前人人平等

生态环境质量和生态环境服务是基本公共服务的重要组成。在收入水平相同的情况下，置身于生态优美的环境下，会感到幸福感满满；置身于生态退化的环境下，会感到忧心忡忡。可见，生态好坏直接影响了福利大小。生态改善就是福利增加，生态退化就是福利下降。从有害于生产生活的生态环境到无害于生产生活的生态环境，再到有利于生产生活的生态环境，就是生态福利的提高过程。由于生态福利是一种公共福利，生态福利的提高就能够加快共同富裕的进程，生态福利的改善可以促进共同富裕程度的提高。因此，走共同富裕之路不仅是收入和财富的再分配，也可以通过公共产品的供给和公共服务的改善实现共同富裕的目标。打赢污染防治攻坚战就是为了减少“负公共产品”的供给，提供优质的生态环境和生态产品、提供高效的生态制度和生态治理就是为了提供更多的“正公共产品”。当今时代的突出任务就是应对气候变暖。这是最大的“正公共产品”。为此，需要全球居民的通力协作，也需要我国的砥砺奋发。没有绿色低碳的公共产品基础就不可能有共同富裕。共同富裕一定要建立在绿色低碳发展基础之上。

习近平总书记指出："良好生态环境是最公平的公共产品，是最普惠的民生福祉。"[①] 公共产品就是具有非竞争性和非排他性的物品。任何人的消费排除不了其他人的消费，因此，是最公平的。"良好生态环境"是正的公共产品，是公共福利；"劣质生态环境"是负的公共产品，是"公地的悲剧"。这就是说，生态面前人人平等。既然生态面前人人平等，良好生态环境是最普惠的民生福祉，就意味着生态福利的提高可以加快共同富裕的进程。如果福利水平 F 是由经济福利 F_1 和生态福利 F_2 两个部分加总而成，即：$F = F_1 + F_2$。做大 F_2 就意味着人均福利就做大了。当然，福利函数可能是：$F = F_1(F_2) + F_2(F_1)$。该函数表明，生态福利会影响经济福利，经济福利也会影响生态福利。在这种情况下，更加说明生态福利的改善可以提高共同富裕程度。

（二）生态产品价值实现

绿水青山就是金山银山理念的直接应用就是生态保护补偿机制，其升级版就是生态产品价值实现机制。生态产品价值实现是需求拉动、供给推动和贸易联动的结果。

1. 生态产品的需求拉动

有效需求是总供给与总需求相等从而处于均衡状态的社会总需求，它包括消费需求和投资需求，并决定社会就业量和国民收入的大小。亦即与社会总供给相等从而处于均衡状态的社会总需求。1820 年，英国经济学家马尔萨斯发表《政治经济学原理》，指出由于社会有效需求不足，存在产生经济危机的可能。1936 年，凯恩斯发表《就业、利息和货币通论》，重提有效需求不足，并建立起比较完整的有效需求不足理论。[②]

凯恩斯认为，决定有效需求的自变量主要有消费倾向、预期的资本边际效率和流动偏好三个基本心理倾向，以及由中央银行所决定的货币数量。从消费的角度看，由于基本心理法则的作用，随着收入的增加，整个社会的消费也将增加，但是，它是以递减的幅度增加，结果消费在收入中的比重随收入的增加而不断递减，这就是边际消费倾向递减规律。

---

① 习近平.《论坚持人与自然和谐共生》，北京：中央文献出版社，2022 年，第 26 页。

② 蒋自强、张旭昆、袁亚春，等：《经济思想通史（第 4 卷）》，杭州：浙江大学出版社，2003 年 4 月，第 23－26 页。

但是，消费者消费的对象——商品是各不相同的。高档货、日用品和低档货随着收入水平的上升，其需求量的变化趋势是不同的。优质的生态环境、生态产品和生态服务是一种高档货。随着收入水平的上升，人们对优质的生态环境、生态产品、生态服务、生态环境民主、生态环境协商等高档货的需求呈现出递增的趋势。

这就说明，虽然社会总的有效需求存在边际消费倾向递减规律，但是生态需求未必递减。这样，只要激活消费者的生态需求，就能够对生态产品形成需求拉动的效应。

2. 生态产品的供给推动

共同富裕的短板在于农民，如何提高农民的收入？关键在于通过科技创新实现产品创新。萨伊定律指出：供给自动创造需求。该定律表明：在一切社会中，生产者越多，产品越多样化，产品的行销便越快、越多和越广泛，而生产者所得的利润也越多。①

供给侧结构性改革就是针对产品的结构性问题。市场化改革以来，我国商品市场不能说不丰富。问题是，发展到一定阶段后，低端产品太多，高端产品生产不了。因此，供给侧结构性改革，就是要解决低端产品的产能过剩，增加高端产品的供给；就是要解决非绿色产品的产能过剩，增加绿色产品的供给；就是要解决技术含量低的产能过剩，增加技术含量高的产品供给。当然，解决“结构性”问题，包括要素结构、技术结构、产品结构、绿色成色结构等多个方面。毫无疑问，生态产品的供给在供给侧结构性改革的范畴之内。生态产品显然属于需要“扩产出”的范畴。

生态供给是生产者对生态产品生产的主观愿望和客观能力的统一。在中国人多地少的国情下，实现农民的共同富裕，主观愿望毫无疑问。绿色农业科技的突飞猛进，不断创造市场所需的优质生态农产品，客观能力也没有问题，农民和新农人都具有无限的创造力。从数百元一个晚上的“农家乐”到数千元一个晚上的“洋家乐”，从1只“红美人”卖到20元到1只草莓卖到10多元，充分表明优质生态农产品的供给可以创造自己的需求，可以实现优质优价，从而实现共同富裕。

---

① 蒋自强、张旭昆、袁亚春，等：《经济思想通史（第2卷）》，杭州：浙江大学出版社，2003年4月，第88页。

不仅科技创新可以创造自己的需求，而且制度创新也可以创造自己的需求。强村公司模式、标准地模式、两山公司模式、定点供货模式、电商直播模式、区域公共品牌打造等把生态资源盘活了，生态产品做大了，生态产品的价格也高了。2008 年，甘肃省南部的酸苹果的销售是“先发货，后付款”模式。由于国内信用不理想，农民宁可低价卖到欧盟——卖到欧盟的产品一发货就收到货款，不愿高价卖在国内——卖到国内的产品每 10 批货中总有几批拖欠款的。15 年后的 2022 年，甘肃省河西走廊的大棚蔬菜的销售是“先付款，后发货”模式。由于品质好了，农民可以选择消费者，当然也可以选择国内信誉好的长三角地区的消费者。由此可见，信用体系建设是营商环境建设中极为重要的一个方面。

生态产品供给创造生态产品需求进而实现超额利润的机理有两个方面：一方面，生产者创造了原本市场上没有的生态产品，使消费者可以获取消费者剩余，这是一种供给创造；另一方面，生产者创造了原本市场上没有的生态产品，显然也是一种产品差别的制造。有产品差别，就有超额利润。这种产品差别的制造可能是通过优质新品种的研发而来的，也可能是生态产品的品牌创新而来的。

3. 生态产品的贸易联动

专业化分工可以实现效率的大幅度提升。基于专业化分工的双边贸易可以实现贸易双方的共赢。生态产品的供给者往往是农民，生态产品的需求者则主要是城市居民。相对而言，城市居民收入水平高，而城市的生态环境质量不如乡村；乡村的生态环境质量好，而乡村居民的收入水平不如城市居民。由于生态产品的价格远高于非生态产品，因此，通过生态产品流向城市，通过市场交易可以促进社会财富从城市居民向农村居民的转移，农村居民通过出售生态产品增加了收入，城市居民通过消费生态产品增加了效用。通过城市居民流向乡村，享受天然氧吧、负氧离子、有机食品、生态旅游，让农村居民增加收入，让城市居民增加效用，同样，通过财富的转移促进了共同富裕。

具体地说，对于有机食品、绿色中药等可移动的生态产品，物质流从乡村到城市，价值流从城市到乡村。城市居民得到的是绿色福利，农村居民得到的是绿色收入。对于天然氧吧、负氧离子等不可移动的生态产品：人口流和信息流从城市到乡村，价值流也是从城市到乡村。城市居民享受到的是绿色福利，农村居民得到的是绿色收入。见图 3－1、图 3－2。

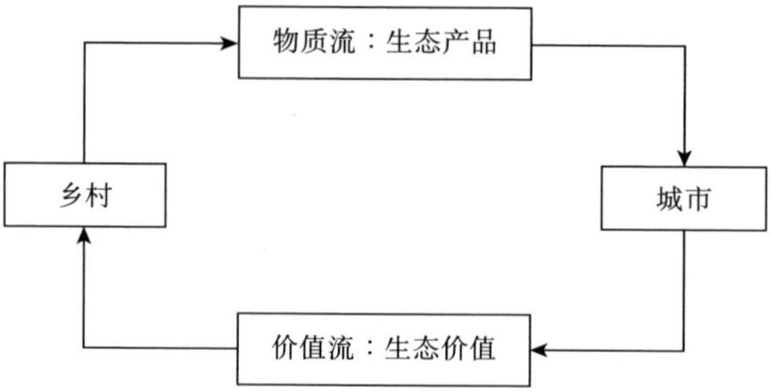

图3-1 可移动生态产品的贸易共赢

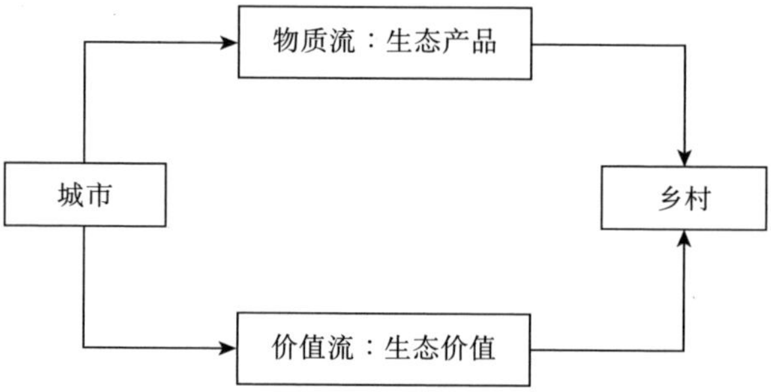

图3-2 不可移动生态产品的贸易共赢

总之，贸易活动通过生态产品的需求和供给连接了双方，通过市场交易的价格机制实现农村居民和城市居民福利的共同提升。这就是贸易联动效应。

（三）生态共富机制构建

生态共富就是建立在生态优先的前提下通过绿色发展而实现的共同富裕。除了生态环境本身就是最普惠的民生福祉外，实现生态共富也是需要机制保障的。

1. 推动一次分配改革

一次分配主要是按要素分配。我国称之为按劳分配与按要素分配相结合。如果把劳动也看作要素，那么就是按要素分配。在推动共同富裕的过程中，通过劳动技能提升、“三农”政策支持提高劳动收益占比，是一个渠道；让生态资产参与收入分配，增加农民的资产性收入，是另一个渠道，可能是更重要的渠道；通过土地资源、森林资源的流转，进行规模化、专业化生产，让农民分包其中的模块，可以获得经营性收入。

农民收入相对偏低的重要原因是农民的资产性收益少。“农民获得的财产性收入很少”[①]。其实，农民可以拥有众多的生态资产，主要包括：一是自然资源资产，包括土地资源、森林资源、水资源、海洋资源等生态资产及其权属。二是环境资源资产，包括天然氧吧等生态资产和排污权等权属。三是气候资源资产，包括碳汇等生态资产和碳排放权、用能权等权属。

新古典经济学的生产函数就是 $Q = F(L, K)$。这一生产函数的前提假设是：自然资源与环境资源是可以无限供给的。随着经济规模的扩张，经济发展越来越面临“自然要素”所带来的“生态阈值”“资源阈值”和“气候阈值”的约束。生态要素的稀缺性越来越超过劳动、资本等生产要素。生态要素包括森林资源、湿地资源、水资源、荒地资源、沙漠资源、冰川资源、海洋资源等狭义的自然资源；生态平衡资源、排污容量资源等环境资源；气候容量资源、碳汇资源等气候资源。生态要素的其背后就是资产及其权属，包括自然资源产权（用水权、用能权、用海权等）、环境资源产权（排污权）、气候资源产权（碳排放权、碳汇权）。

一旦把这些生态要素纳入财富分配体系，农民不仅可以获得劳动收入，而且可以获得要素收入，从而可以大大促进共同富裕。假如仅考察每个人的生存权和发展权，并不考虑区位条件等因素，就乡村而言，农民的四种生态产权收益如下：

乡村环境权收益 =（区域人均排污量 - 某个乡村人均排污量）× 乡村人口数 × 排污权价格

乡村用能权收益 =（区域人均用能量 - 某个乡村人均用能量）× 乡村人口数 × 用能权价格

乡村碳排放权收益 =（区域人均碳排放量 - 某个乡村人均碳排放量）× 乡村人口数 × 碳排放权价格

乡村碳汇权收益 =（某个乡村人均碳汇量 - 区域人均碳汇量）× 乡村人口数 × 碳汇价格

其他的生态产权依此类推。

之所以生态产权可以交易，是因为两个条件发生深刻变化：第一，随

① 魏后凯：《促进农民共富的关键举措》，光明网 - 理论频道（gmw.cn），2022 年 12 月 5 日。

着自然资源稀缺性的增加，界定自然资源产权并开展产权交易可能获得的收益不断递增；第二，随着科学技术的进步，自然资源产权的界定成本不断下降。生态产权稀缺性的增加及其收益的递增和生态产权界定技术的进步及其成本的降低两个方面的共同作用，使通过生态产权交易实现交易双方的共赢成为可能。

为此，必须大力推进生态产权制度改革。从“不控总量”到“总量控制”的转变；从“开放产权”到“封闭产权”的转变；从“无偿使用”到“有偿使用”的转变；从“不可交易”到“鼓励交易”的转变。

绿水青山借助市场这一配置资源和要素的通用机制来转化为金山银山的前提，首先要明确其产权关系，尤其是其所有权权属关系。[①] 党的十八大以来，习近平总书记反复强调并推进生态产权制度改革。2012 年党的十八大报告强调“积极开展节能量、碳排放权、排污权、水权交易试点”；2013 年党的十八届三中全会通过的《中共中央关于全面深化改革若干重大问题的决定》调整为“推行节能量、碳排放权、排污权、水权交易制度”；2015 年《中共中央 国务院关于加快推进生态文明建设的意见》细化指出：“建立节能量、碳排放权交易制度，深化交易试点，推动建立全国碳排放权交易市场。加快水权交易试点，培育和规范水权市场。全面推进矿业权市场建设。扩大排污权有偿使用和交易试点范围，发展排污权交易市场”；2015 年印发的《生态文明体制改革方案》又强调：建立权责明确的自然资源产权体系，完善集体林权制度，完善矿业权出让制度，深化碳排放权交易试点，推行排污权交易制度，推行水权交易制度；2021 年，中办、国办印发的《关于深化生态保护补偿制度改革的意见》进一步强化了“完善市场交易机制”，建立自然资源资产产权制度，建立用水权、排污权、碳排放权初始分配制度，逐步开展市场化环境权交易，加快建设全国用能权、碳排放权交易市场；2021 年，中办、国办印发的《关于建立健全生态产品价值实现机制的意见》再次强调“推动生态资源权益交易”，健全碳排放权交易机制，探索碳汇权益交易试点，健全排污权有偿使用制度，拓展排污权交易的污染物交易种类和交易地区，探索建立用能权交易机制，探索在长江、黄河等重点流域创新完善水权交易机制。

---

① 王爱国，周信智：《“绿水青山转化为金山银山”的理论逻辑和实践路径》，《东岳论丛》，2023 年 第 1 期。

可见，以绿水青山就是金山银山理念为指导，推进生态产权交易制度建设，是中央认准了的事情。

但是，生态产权制度改革的进展并不理想，党的十八届三中全会的顶层设计并未全面落实。突出的问题主要有两个：一是政府的选择性偏好。政府往往偏好财政制度而厌恶产权制度，例如，有的地方水权制度改革试点试了多年，几乎不太有动静，水资源税制度改革则“一试就灵”“全面推开”。二是生态产权制度改革需要自我革命精神。水权交易制度改革需要水利部门的自我革命，排污权交易制度改革需要生态环境部门的自我革命。由于缺乏自我革命精神，导致水权交易制度试点试了20多年、排污权交易制度试点试了30多年，依然既不推进，又不叫停；既不肯定，又不否定。这就意味着自上而下的改革必须要有政治巡视的手段推进职能部门和地方政府的改革创新。

2. 优化二次分配政策

二次分配主要是财政转移支付。从生态环境领域而言，主要是庇古税：一方面，利用环境税、资源税、碳税制度等财政收入政策遏制黑色经济、线性经济、高碳经济；另一方面，利用生态补偿、循环补助、低碳补贴等财政支出政策激励绿色发展、循环发展、低碳发展。在千岛湖生态保护补偿中，2022年淳安县已经可以达到13亿元的补偿资金；新安江跨界流域生态补偿，黄山市和绩溪市可以每年得到10亿元以上的补偿（第四轮）；金磐飞地补偿模式，磐安县可以得到相当于全县税收三分之一以上的税源。

生态保护补偿机制是绿水青山转化为金山银山，也是生态产品价值实现的重要渠道之一，是生态文明制度建设的标志性成果。党中央高度重视生态保护补偿机制建设，但是该机制仍有优化和完善的空间。

我国生态保护补偿机制存在的突出问题：一是补偿主体局限于政府，受益企业和居民参与少。我国自2005年就明确了“谁开发谁保护、谁受益谁补偿”的生态保护补偿原则，但实际一直以各级政府投入为主，以受益企业和居民为补偿主体的极少。以各级政府为补偿主体的方式依赖财政投入，随着补偿标准的提高和补偿范围的扩大会导致财力难以为继。同时，“谁受益，谁补偿”的原则不落实好，会降低受益者对生态产品的珍惜程度。二是补偿方式单一，生态产权交易等市场化机制尚未正常运转。碳排放权交易是最迟开展也是相对最活跃的，但大部分企业尚未被纳入碳市场管辖范围，市场交易主体仅限于重点火电企业，交易指标流动性不足，交易效率低下。三是受偿主体局限于政府，企业和居民受补率极低。除了生态公益林的补偿资金主要补给了林农外，其他生态补偿资金基本上是由上级政府补偿给下级政府，并主要用于生态和环境保护的工程建设，企业和居民获益很少。良好的生态环境是政府、企业和居民共同保护的结果，企业和居民不仅因保护标准提高而承担了更高的环境保护投入，而且付出了很高的机会成本。四是补偿金额远低于理论测算值，生态保护者没有得到合理补偿。我国生态保护补偿标准不是根据科学测算确定，也没有充分反映保护成本和机会成本等的地区差距，实际补偿额度和应补额度之间存在较大差距。有的地方领导还表示，生态保护补偿在乎“有”与“无”，不在乎“多”与“少”。因为，生态保护补偿多了，其他财政转移支付就少了；生态保护补偿少了，其他财政转移支付就多了。这就说明，生态保护补偿制度的完善必须以财政制度的改革为背景。

为此，要进一步完善我国生态保护补偿机制：一是扩大补偿主体，建立多元生态保护补偿机制，解决“谁来补”的问题。要积极探索政府、企业和居民等多元主体参与的补偿机制。在生态受益主体不易确定的时候，需要政府承担补偿主体的角色，对纯公共生态产品，实施政府全额补偿，对混合生态产品，实施政府部分补偿。在生态受益主体容易确定时，可按照“谁受益，谁付费”的补偿原则，在生态效益可计量的场景下，形成以受益者付费为基础的市场化补偿机制。如在全国广泛实施的引水工程中，“谁用水”“用啥水”和“用多少”等信息均十分明确，在水价基础上加上生态补偿价，由用水的企业和居民按照用水的量和质进行付费，是完全可能的。二是完善市场交易，推进生态产权交易制度建设，解决“怎么补”的问题。推动资源与环境市场一体化建设。资源与环境产权市场具有“总量控制”“成本差异”“尊重选择权”等共同特征，完全可以实现不同资源与环境产权市场的一体化，完全可以建成全国资源与环境产权的统一大市场，从而降低交易成本，提高资源配置效率。这样就可以全面开展用水权、用能权、排污权、碳排放权交易。三是扩大受偿主体，充分调动各主体积极性，解决“补给谁”的问题。生态保护是政府、企业和居民的协调保护，企业和居民均应成为受偿主体。在分配来自各级政府及明确受益的企业和居民的生态补偿资金时，要充分考虑政府由于生态保护引致的财政投入和税收损失、企业由于更高的环保标准承受的利润损失、居民尤其是农村居民由于农业活动受限而承担的收入损失，以保护成本为主要依据对参与生态保护的相关主体均给予合理补偿，使“谁保护，谁受益”的原则真正得到贯彻，以激发政府、企业和居民生态保护的积极性。四是完善测算方法，制订科学合理补偿标准，解决“补多少”的问题。基于科学测算确定生态补偿标准是大势所趋。市场价值法、替代市场法、假想市场法等环境价值评估方法，均可成为确立生态补偿标准的依据。只要建立生态监测监管体系、建立生态环境动态数据库、建立生态补偿统计制度，完全可以进行比较科学的生态补偿标准的测算。在此基础上，再根据生态补偿的财力条件确定补偿标准，随着财力的增强不断提高标准。这样，一定比“拍脑袋”确定补偿标准更加合理。而且，与其通过其他途径进行财政转移支付，不如明明白白通过生态保护补偿支付，切实做到“应补尽补”。

3. 探索三次分配制度

生态保护区往往是山区、库区、边区、老区等多区合一的区域。在共同富裕的道路上对这些地区提供特殊帮助是完全必要的。例如，浙江省淳安县，新安江水电站的建设导致29万移民和29万亩农田被淹，人均收入水平倒退20年，到1978年才恢复到1958年的水平；千岛湖引水工程的实施导致46万淳安人民再次付出巨大代价，人均收入水平从浙江省“山区26县”的前列退居后列。据此，千岛湖引水工程的受益地区杭州市和嘉兴市完全可以有组织地开展每年一度的“饮水思源·千岛湖（新安江）慈善捐赠”。生态文明建设本身就是慈善事业的重点领域，绿色社团组织就是社会机制建设的重要组成部分。要大力弘扬生态环境慈善文化，大力加强生态环境慈善事业政策创新。

第三节　绿水青山就是金山银山理念是习近平生态文明思想的核心

习近平生态文明思想是一个博大精深的体系，而且是一个开放性的体系和发展着的体系。为什么在习近平生态文明思想体系中唯独把绿水青山就是金山银山理念写入《中国共产党章程》，缘由在于绿水青山就是金山银山理念是习近平生态文明思想的核心。

一、绿水青山就是金山银山理念的核心地位

2018 年 5 月 18 日的全国生态环境保护大会正式确立了习近平生态文明思想。大会把习近平生态文明思想具体概括为“六个坚持”：坚持人与自然和谐共生、坚持绿水青山就是金山银山、坚持良好生态环境是最普惠的民生福祉、坚持山水林田湖草是生命共同体、坚持用最严格制度最严密法治保护生态环境、坚持共谋全球生态文明建设。自全国生态环境保护大会以来，习近平生态文明思想又有进一步的丰富和发展。中共中央宣传部、生态环境部编写的《习近平生态文明思想学习纲要》（以下简称《纲要》）将习近平生态文明思想的科学内涵由原来的“六个坚持”拓展为“十个坚持”，增加了“四个坚持”，即“坚持党对生态文明建设的全面领导”“坚持生态兴则文明兴”“坚持绿色发展是发展观的深刻革命”“坚持把建设美丽中国转化为全体人民自觉行动”。同时将“坚持山水林田湖草是生命共同体”修改为“坚持统筹山水林田湖草沙系统治理”。

如果对习近平生态文明思想的“十个坚持”做一简明概括，那么，“坚持党对生态文明建设的全面领导”可以概括为“党的领导观”，“坚持生态兴则文明兴”可以概括为“生态优先观”，“坚持人与自然和谐共生”可以概括为“人地和谐观”，“坚持绿水青山就是金山银山”可以概括为“绿色发展观”，“坚持良好生态环境是最普惠的民生福祉”可以概括为“生态惠民观”，“坚持绿色发展是发展观的深刻革命”可以概括为“绿色革命观”，“坚持统筹山水林田湖草沙系统治理”可以概括为“生态系统观”，“坚持用最严格制度最严密法治保护生态环境”可以概括为“生态法治观”，“坚持把建设美丽中国转化为全体人民自觉行动”可以概括为“生态自觉观”，“坚持共谋全球生态文明建设之路”可以概括为“全球治理观”。上述“十个观”的相互关系可以用图 3－3 加以表示。

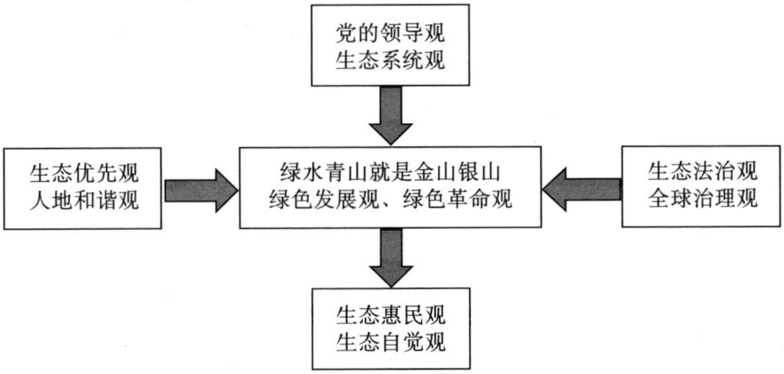

图 3－3 绿水青山就是金山银山理念的核心地位

由图 3－3 可见，绿色发展观、绿色革命观是绿水青山就是金山银山理念的核心要义，而生态优先观、人地和谐观是绿水青山就是金山银山理念的认识基础，生态惠民观、生态自觉观是绿水青山就是金山银山理念的群众基础，党的领导观、生态系统观是绿水青山就是金山银山理念的体制基础，生态法治观、全球治理观是绿水青山就是金山银山理念的制度基础。因此，绿水青山就是金山银山理念是习近平生态文明思想的核心。

二、绿水青山就是金山银山理念的思想精髓

绿水青山就是金山银山理念的核心要义就是坚持绿色发展，坚持绿色发展是发展观的深刻革命。社会主义现代化国家的建设必须建立在发展的基础之上。“发展是党执政兴国的第一要务”。这是改革开放四十多年来的宝贵经验。而且，发展不能满足于低质量发展，而是要立足于高质量发展。诚如党的二十大报告所指出的，“高质量发展是全面建设社会主义现代化国家的首要任务”。

绿水青山就是金山银山理念既是认识论和发展观，又是世界观和方法论。但是，首当其冲的是绿色发展观。2015 年 10 月，在中共十八届五中全会第二次全体会议上，习近平总书记强调“以新的发展理念引领发展”。在《中共中央关于制定国民经济和社会发展第十三个五年规划的建议》中明确提出了“坚持创新、协调、绿色、开放、共享的发展理念”。2016 年 11 月，习近平总书记对生态文明建设工作作出批示，指出：各地区各部门要切实贯彻新发展理念，树立绿水青山就是金山银山的强烈意

识，努力走向社会主义生态文明新时代。2017 年 5 月，习近平总书记在主持中共十八届中央政治局第四十一次集体学习时指出“推动形成绿色发展方式和生活方式是发展观的一场深刻革命”。2019 年 12 月 10—12 日，在中央经济工作会议上，习近平总书记指出：新时代抓发展，必须要更加突出发展理念，坚定不移贯彻创新、协调、绿色、开放、共享的新发展理念。2022 年 10 月 16 日，习近平总书记在党的二十大报告中系统阐述了“推动绿色发展，促进人与自然和谐共生”。报告指出：加快发展方式绿色转型。推动经济社会发展绿色化、低碳化是实现高质量发展的关键环节。强调了“积极稳妥推进碳达峰碳中和”。

绿色发展方式和生活方式，不会自然而然地到来。绿色发展是发展观的深刻革命。这一重要论述表明：第一，发展方式的绿色转型是“黑色生产”转向“绿色生产”，“线性生产”转向“循环生产”，“高碳生产”转向“低碳生产”的变革，因此是“产业革命”。第二，发展方式的绿色转型是“黑色消费”转向“绿色消费”，“线性消费”转向“循环消费”，“高碳消费”转向“低碳消费”的变革，因此是“消费革命”。第三，“产业革命”和“消费革命”的重中之重是“能源革命”。只有坚持能源结构革命——把能源结构从 80% 以上的化石能源转变成 80% 以上的新能源、坚持能源效率革命——把能源效率从低效率转向高效率，才能完成能源革命。第四，发展方式的变革是一个层层递进的，完成了“黑色增长”向“浅绿色发展”的转型后，还需要继续从“浅绿色发展”向“深绿色发展”变革，因此是“递进的革命”。第五，西方发达国家的现代化是工业化、绿色化、低碳化相继推进的，中国式现代化则是工业化、绿色化、低碳化同步推进，是“同步的革命”。因此，必须坚持积极稳妥推进碳达峰碳中和。

三、绿水青山就是金山银山理念的认识基础

绿水青山就是金山银山理念的认识论基础就是正确认识生态与经济的关系，正确认识人类与自然的关系。具体地说就是“坚持生态兴则文明兴”“坚持人与自然的和谐共生”。

习近平总书记在 2013 年 5 月召开的中共十八届中央政治局第六次集体学习会上作了题为《建设美丽中国，努力走向社会主义生态文明新时

代》的重要讲话，他指出："历史地看，生态兴则文明兴，生态衰则文明衰。古今中外，这方面的事例众多。"① 在2018年5月召开的全国生态环境保护大会上，习近平总书记再次强调："生态兴则文明兴，生态衰则文明衰。生态环境是人类生存和发展的根基，生态环境变化直接影响文明兴衰演替。"② 在2019年召开的中国北京世界园艺博览会开幕式上，习近平总书记指出："纵观人类文明发展史，生态兴则文明兴，生态衰则文明衰。工业化进程创造了前所未有的物质财富，也产生了难以弥补的生态创伤。杀鸡取卵、竭泽而渔的发展方式走到了尽头，顺应自然、保护生态的绿色发展昭示着未来。"③ 在2020年9月召开的联合国生物多样性峰会上，习近平总书记指出："生态兴则文明兴。我们要站在对人类文明负责的高度，尊重自然、顺应自然、保护自然，探索人与自然和谐共生之路，促进经济发展与生态保护协调统一，共建繁荣、清洁、美丽的世界。"④

习近平总书记关于生态兴则文明兴的重要论述启示人们：第一，生态环境是人类文明的基础。没有良好的生态环境基础，经济社会的发展必将走向衰落。第二，生态兴衰是衡量执政水平和能力的标志。执政党必须高度重视生态文明建设。这也是党的十八大以来把生态文明建设提到政治高度的原因。第三，生态文明建设是继史前文明、农业文明、工业文明后的人类文明的新形态，人与自然和谐共生是中国式现代化的重要特征之一。这种人类文明的新形态不仅是中国的，而且也是世界的。绿水青山和金山银山之间之所以要把绿水青山放在第一的位置，而且"宁要绿水青山，不要金山银山"，就是因为生态环境不仅是经济发展的基础，而且是人类文明的基础。

2016年1月，习近平总书记在省部级主要领导干部学习贯彻党的十八届五中全会精神专题研讨班上指出："绿色发展，就其要义来讲，是要解决好人与自然和谐共生问题。人类发展活动必须尊重自然、顺应自然、保护自然，否则就会遭到大自然的报复，这个规律谁也无法抗拒。""人

---

① 习近平：《论坚持人与自然和谐共生》，北京：中央文献出版社，2022年1月，第29页。

② 习近平：《论坚持人与自然和谐共生》，北京：中央文献出版社，2022年1月，第2页。

③ 习近平：《论坚持人与自然和谐共生》，北京：中央文献出版社，2022年1月，第230页。

④ 习近平：《论坚持人与自然和谐共生》，北京：中央文献出版社，2022年1月，第261页。

因自然而生，人与自然是一种共生关系，对自然的伤害最终会伤及人类自身。只有尊重自然规律，才能有效防止在开发利用自然上走弯路。”① 2017 年 10 月 18 日，党的十九大报告把“坚持人与自然和谐共生”纳入新时代中国特色社会主义基本方略。在党的十九届五中全会上，习近平总书记强调，我国现代化是人与自然和谐共生的现代化。党的二十大报告则以“推动绿色发展，促进人与自然和谐共生”为题阐述了生态文明建设，把“人与自然和谐共生的现代化”作为中国式现代化的重要特征。习近平总书记关于“坚持人与自然和谐共生”的重要论述，是马克思主义与中国实际相结合的产物，是当代中国的马克思主义与中国传统优秀文化相结合的产物。中国自古以来就有丰富的生态智慧和文化传统，中华民族几千年能够生生不息很大程度上是因为人民尊重自然、热爱自然，并且形成了“天地与我并生，而万物与我为一”这样的“天人合一”思想，成为中华文明独具魅力的体现。习近平生态文明思想根植于中华优秀传统生态文化，深刻阐述了人与自然和谐共生的内在规律和本质要求。坚持人与自然和谐共生，就要尊重自然、敬畏自然、顺应自然、保护自然，而不可轻蔑自然、藐视自然、对抗自然、破坏自然。自然界是人类生存和发展的基础。人类一定要与自然界和谐相处。只有尊重自然规律，谋求人与自然和谐发展，人类社会才能正常存在和发展。反之，人类社会就难以为继。

四、绿水青山就是金山银山理念的体制要求

党是领导一切的。必须坚持党对生态文明建设的全面领导。党如何正确领导生态文明建设是一个重大课题。习近平总书记找到了答案：坚持统筹山水林田湖草沙系统治理。这就意味着必须坚持系统观念、系统思维、系统方法领导生态文明建设。这就是生态系统观。

2020 年 4 月 30 日，在党的十九届中央政治局第二十九次集体学习时，习近平总书记强调：党的十八大以来，我们加强党对生态文明建设的全面领导，把生态文明建设摆在全局工作的突出位置，作出一系列重大战

---

① 习近平：《论坚持人与自然和谐共生》，北京：中央文献出版社，2022 年 1 月，第 133－135 页。

略部署。生态文明建设是中国特色社会主义事业总体布局的重要组成部分，是关系中华民族永续发展的根本大计，是关系党的使命宗旨的重大政治问题。以习近平同志为核心的党中央加强对生态文明建设的全面领导，把生态文明建设摆在全局工作的突出位置，把生态文明建设纳入中国特色社会主义事业“五位一体”总体布局，把绿色发展纳入新发展理念，把污染防治纳入“三大攻坚战”，把美丽中国建设纳入现代化强国的基本要求，把坚持人与自然和谐共生纳入新时代中国特色社会主义基本方略。坚持党对生态文明建设的全面领导，是由生态文明建设的重要性、系统性、艰巨性所决定的。第一，生态文明建设的重要性。生态文明建设不仅事关生态环境问题，而且事关经济发展问题，事关政治安全和社会稳定问题。第二，生态文明建设的系统性。生态文明建设是一项系统性工程，不是一时一地的问题，而是长期性全局性的问题。第三，生态文明建设的艰巨性。生态文明建设不仅是攻坚战，而且是持久战；不是简单工作，而是复杂工作。

2013 年 11 月 9 日，习近平总书记在党的十八届三中全会上作关于《中共中央关于全面深化改革若干重大问题的决定》的说明时指出：“山水林田湖是一个生命共同体，人的命脉在田，田的命脉在水，水的命脉在山，山的命脉在土，土的命脉在树。用途管制和生态修复必须遵循自然规律，如果种树的只管种树、治水的只管治水、护田的单纯护田，很容易顾此失彼，最终造成生态的系统性破坏。”① 2017 年 7 月，习近平总书记主持召开中央全面深化改革领导小组第三十七次会议时强调，坚持山水林田湖草是一个生命共同体。在 2018 年 5 月召开的全国生态环境保护大会上，习近平总书记强调：“山水林田湖草是生命共同体。生态是统一的自然系统，是相互依存、紧密联系的有机链条。”② 习近平总书记在党的二十大报告中指出：“坚持山水林田湖草沙一体化保护和系统治理，统筹产业结构调整、污染治理、生态保护、应对气候变化，协同推进降碳、减污、扩绿、增长，推进生态优先、节约集约、绿色低碳发展。”③ 习近平总书记用“命脉”把人与山水林田湖草连在一起，生动形象地阐述了人与自然

① 习近平：《论坚持人与自然和谐共生》，北京：中央文献出版社，2022 年 1 月，第 42 页。

② 习近平：《论坚持人与自然和谐共生》，北京：中央文献出版社，2022 年 1 月，第 12 页。

③ 本书编写组：《党的二十大报告辅导读本》，北京：人民出版社，2022 年 10 月，第 45 页。

之间唇齿相依、唇亡齿寒的一体性关系。习近平总书记关于“坚持山水林田湖草沙系统治理”的重要论述表明：一方面，生态系统内在的相互关联性，深刻阐释了自然生态各要素之间、生态子系统和子系统之间、生态系统与环境之间相互联系、相互影响、相互制约的依存关系，揭示了生态环境的整体性、系统性及其内在发展规律，为推进生态文明建设和生态环境保护提供了基本遵循。另一方面，生态环境治理的系统性，治理生态环境要坚持系统观念、系统思维、系统方法，统筹兼顾地上与地下、山上和山下、岸上和水下、陆地和海洋的系统性治理、全局性治理。

五、绿水青山就是金山银山理念的群众基础

生态文明建设必须服务于人民，也必须依靠人民。因此，必须坚持良好生态环境是最普惠的民生福祉，坚持把建设美丽中国转化为全体人民自觉行动。这就是生态惠民观、生态自觉观。生态惠民是由党的根本宗旨所决定的，生态自觉是由生态文明建设的复杂性、长期性、艰巨性所决定的。

2013 年，习近平总书记在海南考察时强调：良好生态环境是最公平的公共产品，是最普惠的民生福祉。2016 年 1 月，习近平总书记在省部级主要领导干部学习贯彻党的十八届五中全会精神专题研讨班上指出：让良好生态环境成为人民生活的增长点、成为展现我国良好形象的发力点，让老百姓呼吸上新鲜的空气、喝上干净的水、吃上放心的食物、生活在宜居的环境中、切实感受到经济发展带来的实实在在的环境效益。2018 年 5 月，习近平总书记在全国生态环境保护大会上特别强调“良好生态环境是最普惠的民生福祉”，“环境就是民生，青山就是美丽，蓝天也是幸福。发展经济是为了民生，保护生态环境同样也是为了民生。既要创造更多的物质财富和精神财富以满足人民日益增长的美好生活需要，也要提供更多优质生态产品以满足人民日益增长的优美生态环境需要。要坚持生态惠民、生态利民、生态为民，重点解决损害群众健康的突出环境问题，加快改善生态环境质量，提供更多优质生态产品，努力实现社会公平正义，不断满足人民日益增长的优美生态环境需要。”[①] 从习近平总书记关于“良

---

① 习近平：《论坚持人与自然和谐共生》，北京：中央文献出版社，2022 年 1 月，第 11 页。

好生态环境是最普惠的民生福祉”的重要论述中可以解读出三层学理思想：第一，生态福祉论。良好的生态环境是事关民生的一种福祉，保护生态环境就是保护生产力。第二，生态为民论。中国共产党领导下的社会主义国家必须坚持以人民为中心的保护观，努力改善生态环境质量，提高生态环境福祉。第三，生态普惠论。生态环境是最普惠的民生福祉，这为生态共富理论和政策提供了重要依据。

2017 年，习近平总书记对河北省塞罕坝林场建设者事迹作出批示，对“牢记使命、艰苦创业、绿色发展”的塞罕坝精神予以充分肯定。2018 年 5 月 18 日，习近平总书记在全国生态环境保护大会上指出：“生态文明是人民群众共同参与共同建设共同享有的事业，要把建设美丽中国转化为全体人民自觉行动。每个人都是生态环境的保护者、建设者、受益者，没有哪个人是旁观者、局外人、批评家，谁也不能只说不做，置身事外。”① 习近平总书记关于“把建设美丽中国转化为全体人民自觉行动”的重要论述表明：一是美丽中国共同事业观。美丽中国是我国人民的共同理想，人民群众可共享生态文明成果，建设美丽中国应成为全体人民共同的事业，形成人人、事事、时时崇尚生态文明的社会氛围。二是社会主义生态文明观。生态文化是中国特色社会主义文化的重要组成部分，生态文化能否根植于全社会，取决于其行为准则与价值观是否自发地体现在整个社会的各个层面和生产生活的方方面面，要建立健全以生态价值观念为准则的生态文化体系，让生态文化成为全社会的共同价值理念。三是全民践行生态文明的行为观。要构建起全社会共同参与的环境治理体系，形成人人崇尚、人人向往的美丽生态社会氛围。强化党委领导，齐抓共管筑牢生态文明观念；确保政府主导，保驾护航推进自然良性发展；突出企业主体，勇扛使命践行低碳环保担当；覆盖社会公众，共建共治打造主人翁意识。

六、绿水青山就是金山银山理念的治理结构

绿水青山就是金山银山理念的治理基础就是生态法治观、全球治理观。要坚持用最严格制度最严密法治保护生态环境，坚持共谋全球生态文

① 习近平：《论坚持人与自然和谐共生》，北京：中央文献出版社，2022 年 1 月，第 12 页。

明建设之路。就国内生态文明建设而言，必须坚持以生态文明法律制度为核心的治理体系建设；就国际生态文明建设而言，必须各国携手同行，构建全球生态文明治理体系。

党的十八大以来，习近平总书记多次强调“用最严格制度最严密法治保护生态环境”。2018 年 5 月 18 日，习近平总书记在全国生态环境保护大会上再次重申“用最严格制度最严密法治保护生态环境”，“要加快制度创新，增加制度供给，完善制度配套，强化制度执行，让制度成为刚性的约束和不可触碰的高压线。”① 习近平总书记关于“坚持用最严格制度最严密法治保护生态环境”的重要论述表明：一是必然选择。保护生态环境必须依靠制度、依靠法治。党的十八大召开之前，正是我国生态环境质量急剧恶化的时期，由此出现了一系列生态环境问题引发的群体性事件。重典治乱、重典治污，是环境形势十分严峻时期的必然选择。二是坚强决心。建设生态文明，是一场涉及生产方式、生活方式、思维方式和价值观念的革命性变革。正是党的十八大以来，中央采取了强有力的铁腕手段，才使得我国生态环境质量实现历史性、转折性、全局性的变革。最严格的制度、最严密的法治足以体现我国真抓、严管方面的坚强决心。三是狠抓落实。要解决体制不健全、制度不严格、法治不严密、执行不到位、惩处不得力的突出问题，在制度创新、制度供给、制度配套、制度执行上下工夫，保证党中央关于生态文明建设决策部署落地生根见效。

保护生态环境，应对气候变化，维护能源资源安全，是全球面临的共同挑战。党的十八大以来，习近平总书记着眼于人类可持续发展，提出一系列重要倡议和主张。指出“保持良好生态环境是各国人民的共同心愿”，强调“面对生态环境挑战，人类是一荣俱荣、一损俱损的命运共同体，没有哪个国家能独善其身”，主张“国际社会应该携手同行，共谋全球生态文明建设之路”……习近平生态文明思想就共同构建地球生命共同体、清洁美丽世界提出中国方案、贡献中国智慧，彰显中国特色、战略眼光和世界价值。② 习近平总书记关于“坚持共谋全球生态文明建设之路”的重要论述表明：一是生态文明建设是全球事业。世界正处于百年

① 习近平：《论坚持人与自然和谐共生》，北京：中央文献出版社，2022 年 1 月，第 13 页。

② 本报评论部：《共谋全球生态文明建设之路——新时代推进美丽中国建设的根本遵循》，《人民日报》，2022 年 10 月 10 日。

未有之大变局，但建设绿色家园是人类的共同追求，也是全球公民要为之奋斗的共同事业。生态文明是不同文化、不同地区、不同国家的最大公约数。地球上区域和区域之间、国家和国家之间是一个命运共同体，都生活在同一个地球村上，是“一损俱损，一荣俱荣”的相互依存关系。任何一个地区、任何一个国家都不可能独善其身。二是生态文明建设的大国担当。一方面，中国会努力谋求生态文明建设的互利共赢，防止零和博弈；另一方面，中国会主动承担大国责任、展现大国担当，强化公民生态文明意识，把建设美丽中国内化于心、外化于行，提升公民参与全球环境治理的深度和广度，推动构建保护自然、绿色发展的生态体系，为发展中国家绿色转型提供中国经验，为全球可持续发展提供中国智慧，为全球生态环境治理提供中国方案，为保护人类赖以生存的地球家园贡献中国力量。

第四章

绿水青山就是金山银山理念的学科逻辑[①]

绿水青山就是金山银山理念既有坚实的学科支撑，又能科学指导相关学科建设。学科的基础是基本范畴，学科的核心是基本规律，学科的全貌是学科体系。本章以生态经济学为主体，生态学、生态哲学、生态管理学、生态治理学等多学科交叉融合的角度阐述绿水青山就是金山银山理念的学科逻辑。

第一节　绿水青山就是金山银山理念蕴含的基本范畴

学科是由基本规律构成的，基本规律是由基本范畴构成的。因此，研究学科逻辑首先需要研究范畴逻辑。绿水青山就是金山银山理念蕴含了一系列学科的基本范畴。在这里基本范畴有下列四对。

① 沈满洪：《中国特色生态经济学学科体系构建》，《浙江社会科学》，2025 年第 5 期，第 4—15 页。

一、"生态系统"与"经济系统"

绿水青山就是金山银山理念蕴含了深刻的系统论思维。简单地说，"绿水青山"指向生态系统，是指具有多样性、稳定性、持续性的生态系统，而不是单一性、飘忽性、不可持续性的生态系统；"金山银山"指向经济系统，是指效率与公平兼顾、质量与数量并举、短期与长期均衡的经济系统。

生态系统是一个生态学基本范畴，是指地球生物圈内的一个具有物质循环、能量转化和信息传递功能的生物及其环境结构单元。生态系统概念的诞生，标志着人类对自然界的认识进入了一个崭新的阶段。1989 年英国生态学会 75 周年纪念大会指出，向生态学界函调的结果表明"生态系统"是生态学中最重要的一个概念。至此，生态系统的概念和理论得到了深化和丰富。①

经济系统是经济学的基本范畴，是指社会再生产有机体中的物质资料再生产、人口再生产和精神品再生产的地域分布、部门分布及其体制层次构成的国民经济结构和功能单元。经济系统是生产、分配、交换、消费的全过程。经济系统不是孤立的系统。这就决定了经济系统往往受制于其他系统。

长期以来，人们误以为生态系统是经济系统的子系统，其实，经济系统是生态系统的子系统。诚如赫尔曼·E. 戴利所说："经济是环境的子系统，它依赖于环境一方面作为原材料的输入源，另一方面作为废弃物的'垃圾箱'。"② 经济系统是生态系统内部运行的一个生命系统。作为生态系统的一部分，经济系统其实也是生命系统，表现在：经济系统始终依赖于并影响着局部的、区域的和全球的生态系统；输入经济系统中的物质最终来源于生态系统；作为能源主体的化石能源也来自生命体；大气来自全球尺度上的生物循环；设计、管理、运行、监督、消费都是靠人来完成的，而人本身就是生物。③ 总之，生态系统是一个生命系统，经济系统也

---

① 沈满洪，谢慧明，王颖，等：《生态经济学》（第三版），北京：中国环境出版集团，2022 年 7 月，第 29 页。

② 〔美〕赫尔曼·E. 戴利：《超越增长——可持续发展的经济学》，诸大建，胡圣，等，译，上海：上海译文出版社，2001 年 9 月，第 8 页。

③ Graedel T E, Allenby B. R. Industrial ecology. englewood cliffs [M]. NJ: Prentice - Hall, 1995.

是一个生命系统，经济系统受制于生态系统。

二、“生态保护”与“经济增长”

“生态系统”和“经济系统”是从系统角度进行分类的范畴。“生态保护”和“经济增长”是从人类行为角度进行分类的一组范畴。

在人类社会产生以前，生态系统是一个自然演化的过程。人类社会产生以来，生态系统既要受到自然发展规律的影响，又要受到人类社会的经济发展规律和社会发展规律的影响。总体来看，人类只能适应和顺应自然发展规律，而无法改变和抗拒自然发展规律。但是，人类社会的经济发展规律和社会发展规律是可以掌握、遵循和调控的。

人类社会（简称“人”）与自然生态（简称“天”）之间经历了“人不敌天”“天人失衡”“人定胜天”等不同阶段后，人们越来越认识到，人类是大自然的最大敌人，是人类破坏了大自然的平衡。本来，人是大自然的组成部分，但是，人类却要扮演大自然的主宰。当人类认识到自己做不了大自然的主宰后，自然就要想到如何尊重自然、敬畏自然、顺应自然、保护自然。生态保护就是人类社会遵循自然发展规律，尽可能减少人类对自然的干扰，尽可能让自然按照自身的逻辑运行的行为。

“生态保护”与“经济增长”密不可分。因为经济活动过程中两端均连接着自然：一端是人们的生产资料和生活资料来自于大自然，保护性取用还是掠夺性取用、适度取用还是过度取用，取用方式的不同会严重影响自然自身的演化；另一端是人们的生产废弃物和生活废弃物的最终归宿也是大自然，如果不顾及自然的吸收、消纳和净化能力肆意排放，必然导致大自然的退化。

生态保护是经济增长的前提。如果只顾及经济系统的需要，不顾及生态系统的需要，很可能会导致生态系统的退化，导致经济增长的不可持续乃至人类社会的毁灭。经济增长又可以实现更好的生态保护。如果经济停滞，贫困潦倒，有可能会陷入“越贫穷，越破坏；越破坏，越贫穷”的恶性循环。因此，如何让生态系统服务于经济增长，也是必须考虑的重大问题。

因此，人类社会要努力形成“在保护中增长，在增长中保护”的良性循环的局面。

三、“生态优先”与“绿色发展”

坚持“生态优先，绿色发展”是根据绿水青山就是金山银山理念提出的一对重要范畴和基本原则。

“生态优先”就是基于生态保护和经济增长不可兼顾的情况下的取舍原则。这是“宁要绿水青山，不要金山银山”的学理化表述。这是基于生态系统是人类赖以生存和发展的基础，生态系统具有不可逆性。如何做到生态优先？总体原则就是人类的经济社会活动至少不可触碰生态系统稳定运行的“底线”。这个底线就是“自然阈值”——保障自然资源再生产的最低限度、“环境阈值”——保障环境资源可修复可持续的最低限度、“气候阈值”——保障气候资源可修复可持续的最低限度。这是最低要求，立足于长远目标则是努力做到自然资源、环境资源、气候资源状况的持续改善，以更好地满足人类的需要。

“绿色发展”是与“黑色增长”相对应的一个概念。绿色发展是针对工业革命以来以生态破坏、环境污染、资源枯竭为代价的“黑色增长”范式的变革。绿色发展就是低成本投入、低资源消耗、低污染排放的可持续发展模式。因此，绿色发展是对“黑色增长”的扬弃，“抛弃”的是“黑色”，反对超越极限的增长；“发扬”的是“增长”，反对“零增长”。

绿色发展可以区分为“深绿色发展”与“浅绿色发展”。[①] 可以从局部和全局、从末端和源头、从环境与经济、从技术和制度的关系角度识别浅绿色发展观和深绿色发展观。[②] 总之，深绿色发展是浅绿色发展的高级形态。新发展理念所强调的“绿色发展”显然是深绿色发展，当然从“浅绿色发展”到“深绿色发展”需要有一个过程，但是这个阵痛的过程是必须经历的。

与“绿色发展”密不可分的还有“循环发展”和“低碳发展”。从各有侧重角度看，“绿色发展”针对生态危机和环境危机，旨在建设环境友好型社会；“循环发展”针对资源危机，旨在建设资源节约型社会；

---

① 〔美〕赫尔曼·E. 戴利：《超越增长——可持续发展的经济学》，诸大建、胡圣，等，译，上海：上海译文出版社，2001 年 9 月，第 1 页。

② 沈满洪：《绿色发展的中国经验及未来展望》，《治理研究》，2020 年第 4 期，第 20－26 页。

“低碳发展”针对气候危机和能源危机，旨在建设气候适宜型社会。因此，这三个概念可以并列，如“着力推进绿色发展、循环发展、低碳发展”的表述就是从各有侧重角度阐述的。从含义广狭角度看，三个概念之间具有包容关系：“绿色发展”含义最广，“循环发展”其次，“低碳发展”最窄。“绿色发展”既要求生态建设和环境保护，又要求资源节约和高效利用。“循环发展”的基本原则是减量化、再使用和再资源化，这三个原则也正是“绿色发展”所追求的。“低碳发展”要针对碳减排和碳循环利用，它仅仅是循环发展的一个组成部分。① 党的十八届五中全会从包容关系阐述绿色发展，把循环发展和低碳发展的内容纳入其中。

四、“经济生态化”与“生态经济化”

人类社会的经济活动存在着严重生态非资源化现象。长期以来，人们将物品分为经济物品和自由物品。经济物品就是要付费才能使用的物品，自由物品是指不需要付费就可以使用的物品。经济物品之所以要付费才能使用，是因为经济学假设经济物品是稀缺资源，所付的“费”就是用来衡量该物品稀缺程度的标志。自由物品之所以不需要付费就可以使用，是因为经济学假设自由物品取之不尽、用之不竭。现在看来，经济学对经济物品和自由物品的分类已经不能完全成立，不存在绝对的自由物品，反而出现了自由物品的“经济物品化”。洁净的水需要付费才能使用，对此人们已经习以为常。清新的空气日益变为稀缺资源，消费者也需要付费才能使用。因此，长期以来将“生态”看作“非资源”的观点已经难以立足。将生态资源当作自由物品是生态非资源化的一个表现。更普遍的问题在于，没有使生态资源的价格充分体现出其稀缺性程度。过低的水价导致水资源的过度使用和浪费使用，未体现生态价值的木材价格导致森林资源的掠夺性砍伐，不考虑生态代价的矿产资源的开采导致矿山“从摇篮到坟墓”。循环经济的理念则是要完成“从摇篮到坟墓”转向“从摇篮到摇篮”。

人类社会的经济活动也存在严重的经济非生态化的现象。人类社会与生态系统的发展演化大致可以分为 4 个阶段：史前文明阶段、农业文明阶

① 沈满洪：《“绿色发展”及相关概念辨析》，《文汇报》，2017 年 6 月 9 日，第 W15 版。

段、工业文明阶段、生态文明阶段。经济逆生态化发端于农业文明阶段，而在工业文明阶段达到了登峰造极的程度。工业文明阶段占统治地位的发展观总体上属于“驾驭自然，做自然的主人”“对自然的否定，就是通往幸福之路”等机械主义增长观。这些观点引领人们去改造自然、征服自然乃至破坏自然。尽管人类沿袭这种发展模式取得了伟大的经济成就，却由此导致了严重的人口爆炸、生态灾难、资源枯竭、环境危机等问题。这就是经济非生态化。

因此，必须把“生态非资源化”转向“生态经济化”，把“经济非生态化”转向“经济生态化”。所谓生态经济化，就是自然界的所有物品不能仅仅考察其常规的经济价值，还要考虑其生态价值，不能将它们当作免费使用的自由物品，而是宝贵的生态资源。因此，需要把环境容量、碳汇价值等生态价值转化为经济价值。在生态经济化的背景下，保护生态就是保护生产力。所谓经济生态化，就是要求任何经济活动既要遵循经济规律和社会规律，又要遵循生态规律，使经济活动建立在不损害生态环境的基础之上，把经济活动排放的废弃物控制在环境容量范围之内，不超过“资源阈值”“环境阈值”和“气候阈值”。

第二节　绿水青山就是金山银山理念蕴含的基本规律

我国老一辈生态经济学家提炼了“生态经济协调规律”，沈满洪主编《生态经济学》时提炼了生态产业链接规律、生态需求递增规律、生态价值增值规律等，本节进一步补充了“生态经济转化规律”和“生态共建共享规律”。这些规律全部与绿水青山就是金山银山理念密切关联，甚至直接源自绿水青山就是金山银山理念。

一、生态经济协调规律

生态经济协调规律是我国生态经济学的创始人许涤新先生在其主编的《生态经济学》中首先提炼出来的一条规律。其原始表述是“生态经济平衡”：“实现生态经济平衡，必须实现生态系统与经济系统之间的结构、机制和功能的相互平衡，协调生态结构与经济结构、生态机制和经济机制、生态功能和经济功能之间的一致性，是实现生态经济平衡的最基本内容”。[①] 当时强调的是“平衡性”，包括系统的平衡、结构的平衡、机制的平衡、功能的平衡。

随着我国生态经济学的发展，“生态经济平衡规律”逐渐演变成“生态经济协调规律”。生态经济协调规律是指：经济系统是生态系统的子系统，经济系统是以生态系统为基础的，人类的经济活动要受到生态系统容量的限制。生态系统和经济系统所构成的生态经济系统是一对矛盾的统一体，如果两个系统彼此适应，那么就能达到生态经济平衡的结果。如果两个系统彼此冲突，那么就可能出现生态经济失衡的状态。人类社会有可能通过认识生态经济系统，使自身的经济活动水平保持在“生态阈值”范围之内，以实现生态经济系统的协调发展。[②] 这一规律是支配作为生态经济有机体的现代经济发展规律全局的基本规律。这个规律具有下列三个特点：

（一）生态经济系统的联系性

生态经济系统的联系性特点既是指生态系统与经济系统之间存在广泛的联系，又是指生态系统内部、经济系统内部、生态经济系统内部各要素之间的广泛联系。人类社会不能简单地割裂这种联系，更不能将自己凌驾于生态系统之上。绿水青山就是金山银山理念正是把生态系统和经济系统联系起来考察其运行规律，发现了“绿水青山”可以转化为“金山银山”，“金山银山”未必可以转化为“绿水青山”。

（二）生态经济系统的矛盾性

生态经济系统中存在两大突出矛盾：一是经济系统对生态系统中自然资源需求的无限增长与生态系统中自然资源供给的有限性之间的矛盾；二是经济系统中日益增长的废弃物数量与生态系统中环境容量的有限性之间

---

① 许涤新：《生态经济学》，杭州：浙江人民出版社，1987 年 9 月，第 145 页。

② 沈满洪，谢慧明，王颖，等：《生态经济学》（第三版），北京：中国环境出版集团，2022 年 7 月，第 18－19 页。

的矛盾。这两对矛盾具有普遍性。因此，人类必须正视它并采取必要的措施，如在开采和使用不可再生资源时要充分考虑其替代资源的开发，在开采和使用可再生资源时必须保持资源的开采速率和资源再生速率之间的平衡，经济系统排放的废弃物要尽可能做到无害化和资源化。在外部条件具备的情况下，要坚持“既要绿水青山，又要金山银山”；在外部条件不具备的情况下，要选择“宁要绿水青山，不要金山银山”。

（三）人类经济社会的适应性

虽然人类不能创造规律，但由于有规律可循，人类可以顺应规律。其实，即使是生态系统也不是一成不变的，而是可以不断进化的。纯自然的生态系统几乎不存在，在人工的干预下生态系统也在不断动态演替。因此，人类可以按照生态规律创新生态系统，可以按照生态经济规律增强人与自然的协调性。例如，在生态退化尚未到达“生态阈值”之前，环境污染尚未到达“环境阈值”之前，资源开发尚未到达“资源阈值”之前，通过生态修复、环境治理、资源休养等途径可以实现生态系统功能的恢复和提升。

二、生态经济转化规律

生态经济转化规律是指在一定条件下，生态优势可以转化为经济优势，经济优势可以转化为生态优势。但是，这种转化有一个“度”的限制。生态优势转化为经济优势的过程中，必须以确保“生态阈值”为前提。只有确保自然资源的可再生及生态平衡的前提下，自然资源才是可以开发利用的。否则就会导致生态系统的退化。经济优势转化为生态优势的过程中，必须在“环境容量”范围之内。只有环境污染尚未超越“环境容量”时，“经济优势”是可以实现环境质量的改善的；如果环境污染已经超越“环境容量”，“经济优势”也是难以实现环境质量的改善的。生态经济转化规律具有下列特征：

（一）绿水青山的生态价值实现

绿水青山既有生态价值，又有经济价值。在经济价值没有实现的情况下，生态价值的实现也是“无价之宝”。绿水青山的生态价值类型多样，水土涵养的价值、吸收粉尘的价值、天然氧吧的价值、生态碳汇的价值、生态道义的价值等。这些价值虽然没有与经济价值之间关联，但都是人类不可或缺的。

绿水青山的生态价值的实现，取决于生态环境系统的质量状况。劣质的生态环境，生态价值的实现程度就低甚至为负；优质的生态环境，生态价值的实现程度就高。因此，深入推进污染防治攻坚战，提升生态系统的多样性、稳定性和持续性，都是有助于做大绿水青山，在更高程度上实现其生态价值。

（二）绿水青山的经济价值实现

绿水青山的经济价值实现，首先是初级生态产品的价值实现。这是比较狭义的生态产品价值实现。例如，通过生态产权交易，可以按照市场价格实现其经济价值；通过生态补偿制度，可以部分程度上实现其经济价值。

绿水青山的经济价值实现，更重要的是把它作为“自然资本”进行投资。把生态资源转变成生态资产，把生态资产转变成生态资本，以生态资本吸引优质的人造资本和人力资本，实现优质要素的组合，从而生产出优质生态产品。这正是习近平总书记特别强调的：“如果能够把这些生态优势转化为生态农业、生态工业、生态旅游等生态经济的优势，那么绿水青山也就变成了金山银山。”[①] 将生态资源优势转变成生态经济优势，这是生态产品价值实现的主渠道。狭义的生态产品价值实现只是部分价值或乘数为 1，广义的生态产品价值实现则是倍数效应和远远大于 1 的乘数效应。因此，在绿水青山价值转化过程中要扩大视野，立足长远。

（三）提升金山银山的绿色成色

提升金山银山的绿色成色具有两层含义：一方面，提高发展质量，在绿色化上实现高质量发展；另一方面，减少环境污染，促进生态平衡，降低对绿水青山的损害，就是做大绿水青山，就是高水平保护。生态经济转化绝不仅是绿水青山转变成金山银山，也是金山银山转变成绿水青山；有了更美的绿水青山，可以把金山银山做得更高。这就是良性循环。因此，

① 习近平：《之江新语》，杭州：浙江人民出版社，2007 年 8 月，第 153 页。

实现发展观的变革，坚持绿色革命，坚持低碳革命，将是我国未来相当长一段时期的艰巨任务。

（四）金山银山反哺绿水青山

金山银山在一定范围内也可以转变成绿水青山。其边界就是“生态阈值”“环境阈值”“资源阈值”“气候阈值”。因此，在生态环境已经到达不可逆的情况下，金山银山换不来绿水青山；在生态环境尚未到达不可逆转的情况下，还是要想方设法修复生态、治理环境、保护资源，以金山银山换取绿水青山。按照热力学第二定律，熵值是无限增加的，经济活动的开展加剧了有序到无序的程度。即使知道生态环境是不可逆的，为了自身的延续，人类也要努力争取延长延续的时间，延迟生态系统毁灭的时间。全球协作应对气候变化可能就是属于这种类型。

三、生态产业链接规律

生态系统的一个重要特征是存在生物链或生物网，又称食物链或食物网，是指由植物、动物和微生物互相提供食物而形成的相互依存的链状或网状关系。[①] 生物链把生物与非生物、生产者与消费者、消费者与消费者联结成一个整体。能量和物质沿着生物链从一个生物体转移到另一个生物体。生物链建立了自然界物质的健康循环。

将生态系统中的生物链理论引入生态经济系统便产生生态产业链接规律。生态产业链是指某一区域范围内的企业模仿自然生态系统中发掘者、生产者、消费者和分解者的生物链关系，以资源（原料、副产品、信息、资金、人才）为纽带形成的具有产业衔接关系的企业联盟。生态产业链的形成可以减少废弃物排放甚至达到零排放，减轻环境压力和解决资源短缺问题。[②] 创造生态产业链的系统耗散结构，使整个生态产业链表现出系统整体性、有序性、多样性和结构功能可控性，从而达到优化产出、服务社会和经济的目标。生态产业连接规律具有下列特点：

---

① 〔美〕托马斯·E. 斯瓦尼、〔美〕帕特丽夏·巴尼斯－斯瓦尼：《海洋中的生命》，曹蕾，侯新鹏，译，上海：上海科学技术文献出版社，2017 年 3 月，第 52 页、第 54 页。

② 沈满洪，谢慧明，王颖，等：《生态经济学》（第三版），北京：中国环境出版集团，2022 年 7 月，第 19－20 页。

（一）生态产业链接的实质是体现循环经济的“3R原则”

循环经济的基本原则是：资源输入端的减量化（Reduce）、产品生产过程的再利用（Reuse）、产品报废后的再资源化（Reresource），即“3R原则”。这些原则不仅适用于企业内循环，还适用于企业间循环、产业间循环和全社会大循环。

（二）生态产业连接必须降低交易成本

生态产业链接是要支付成本的，这个成本就是交易成本。生态产业链的规划和运行必须利用成本—收益的分析工具，减少生态产业链中的交易费用，使整个生态产业链运行畅通，从而使生态产业的发展具有市场吸引力和广阔发展前景。按照这一规律设计企业内部的分工、设计企业之间的分工和布局、设计产业之间的分工与协作，就有可能达到生态经济效益最大化的目的。

（三）生态产业链接规律必须依靠科技创新驱动

有技术保障就能够做到既循环又经济，没有技术保障就可能出现“循环不经济”。在绿水青山就是金山银山理念提出前不久，习近平同志就强调：“要深入研究发展循环经济的技术支撑和保障，开发生产清洁化、环境无害化、能耗节约化的科学技术，开展这方面的信息咨询、技术推广好而培训服务等。要抓试点示范和不同层面的有序推进，围绕减量化、再利用、资源化的基本原则，积极倡导清洁生产和绿色消费，形成企业间生产代谢和共生关系的生态产业链，在典型示范中引导公众参与建立循环型社会。”① 这就说明，创新驱动产业链接，创新驱动循环发展。

四、生态需求递增规律

生态需求是指人们对生态环境、生态产品、生态服务的需求。生态需求递增规律是指：随着收入水平的上升，消费者对优质的生态环境、优质

① 习近平：《之江新语》，杭州：浙江出版联合集团、浙江人民出版社，2007年8月，第140页。

的生态产品和优秀的生态服务等高档货的需求呈现递增的趋势。①

生态需求递增规律可以用图 4－1 说明。该图表明，生态需求递增是整条需求曲线的移动：在任何价格下（如 P_2），消费者愿意购买更多的生态产品（从 Q_1 增加到 Q_2）；或者购买任何数量的生态产品（如 Q_2），消费者愿意出更高的价格（从 P_1 增加到 P_2）。

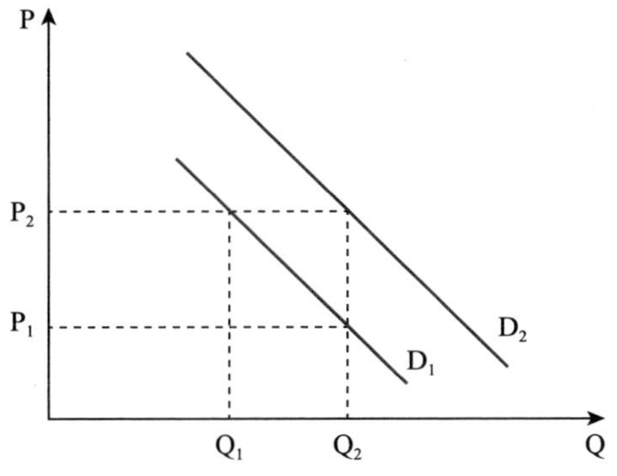

图 4－1　生态产品的需求递增示意图

生态需求递增规律是由消费者的主观愿望和客观能力共同决定的。从主观愿望而言，随着消费者的低级需要逐渐得到满足，高级需要就提上了议事日程。这是由需要层次理论所决定的。同时，随着消费者收入水平的上升，消费者购买同一数量的产品有能力出更高的价格，或者消费者在同一价格下能够购买更多数量的高级需要关联的产品。

生态需求递增规律具有下列几个特点：

（一）生态需求递增是需求曲线的整体向上移动

需求理论指出，需求是消费者在一定时间内在每一价格下对一种商品或劳务愿意而且能够购买的数量。这就说明，需求是消费者的主观愿望与客观能力的统一。从客观能力来看，随着经济社会的迅速发展，人们的收入水平也相应地迅速增长，因此，其支付能力也迅速增长。从主观愿望来看，随着生活水平的提高，人们对生活质量、生命质量的要求日益提高。这两个因素的共同作用，使人们对优质生态环境、优质生态产品和优质生

① 沈满洪，谢慧明，王颖，等：《生态经济学》（第三版），北京：中国环境出版集团，2022 年 7 月，第 20－21 页。

态服务的需求呈现出递增的趋势。

（二）生态需求递增是一种结构性递增

只有金山银山，可以满足衣食住行等基本需求，但是，难以满足优质的生态环境和生态产品的高档需求。有了绿水青山，不仅可以保障基本需求的满足，而且可以保障生态产品等高档需求的满足。在奋力迈进人与自然和谐共生的现代化背景下，根据生态需求递增规律，理当大力推进优质的生态环境、生态产品、生态服务的供给以满足人民群众日益增长的生态需求。这是党和政府义不容辞的职责。生态供给的不断推进去满足日益递增的生态需求，就可能实现生态供求平衡。

（三）以供给侧结构性改革满足人们日益增长的生态需求

随着市场化改革的深入推进，商品和劳务越来越丰富。但是，优质的生态产品、优质的生态环境、优质的生态服务仍然满足不了人们日益增长的生态需求。因此，要努力通过科技创新和制度创新激励企业提供更多的优质生态产品和生态服务，激励政府提供更多的优质生态环境。

五、生态价值增值规律

生态价值增值规律是指：生态不是无价的自由物品，而是有价的经济资源；随着经济社会的发展，生态资源呈现出日益稀缺的趋势，因此，生态价值呈现增值趋势；既然生态价值呈现增值趋势，那么人类可以像进行经济投资一样进行生态投资，实现生态资本的增值；由于生态资本具有公共性和外部性特征，只有建立绿色财政制度和绿色产权制度等才能激励人们从事生态投资活动。① 生态价值增值规律是绿水青山就是金山银山理念的具体体现。践行绿水青山就是金山银山理念就是要努力谋求生态产品的价值实现，做到经济生态化和生态经济化。为此，必须依靠绿色财政制度和绿色产权制度的改革和完善。这个规律包括以下几个要点：

---

① 沈满洪，谢慧明，王颖，等：《生态经济学》（第三版），北京：中国环境出版集团，2022 年 7 月，第 21－22 页。

（一）生态资源是有价的稀缺资源

要牢固树立生态有价论，要进行生态经济化。诚如帕屈克·卡森和朱莉亚·莫顿的著作名所称的“绿就是金”[①]。这里，至少包括两层含义：绿水青山的生态价值是“金不换”的，事关生态福利；绿水青山的经济价值是“可以变现的”，事关经济福利。绿水青山就是金山银山就是揭示了这个道理。

（二）生态资源的稀缺性呈现递增趋势

人们对自然资源的需求的无限性和生态系统能够供给的自然资源的有限性之间的矛盾，导致自然资源的稀缺性程度不断提高。亚当·斯密1776年出版的《国富论》中阐述“水－钻石之谜”时说：水是如此重要，人们离不开水，但价格如此之低甚至零价格；钻石几乎可有可无，人们可以没有钻石，但其价格如此之高。[②] 让亚当·斯密没有想到的是，250多年后出现了“水比油贵”的现象。这反映出来的就是生态要素相对于劳动、资本等要素，相对稀缺性发生了根本变化。

（三）生态投资是实现生态资本增值的必要途径

在生态有价和生态经济化的前提下，从事生态投资与从事经济投资具有同等重要的意义。在产权可以界定的前提下，生态投资一定能够获得其他投资一样的经济回报。当然，不同领域不同性质的投资的模式是不同的，有的是市场主导型、有的是政府主导型、有的则是市场政府混合型。

（四）依靠制度创新激励生态投资

生态资源、生态产品的外部性、公共性等特殊属性，要求通过制度创新激励人们的生态投资积极性，以保证生态资源和生态产品的足额供给。

生态价值增值规律是绿水青山就是金山银山理念的具体体现。践行绿

---

① 帕屈克·卡森，朱莉亚·莫顿：《绿就是金》，董真，黄志成，劳炯基，译，广州：广东人民出版社，1998年。

② 〔英〕亚当·斯密：《国民财富的性质和原因的研究（上卷）》，郭大力，王亚南，译，北京：商务印书馆，1972年12月，第25页。

水青山就是金山银山理念就是要努力谋求生态产品的价值实现，做到经济生态化和生态经济化。为此，必须依靠绿色财政制度和绿色产权制度的改革和完善。

各地的实践表明，遵循生态价值递增规律，不仅有利于生态保护，而且有利于经济发展。例如，通过初始排污权有偿使用制度，实现环境容量资源的经济化；通过水权交易制度，实现水资源配置的最优化；通过生态保护投资激励，促进自然资本的保值和增值。正因此，党的十八届三中全会《决定》专条阐述了“实行资源有偿使用制度和生态补偿制度”①。这是生态价值实现和生态价值增值规律的具体政策，涉及自然资源价格机制改革、绿色财政制度改革和生态产权制度改革等主要的领域。

六、生态共建共享规律

绿水青山就是金山银山理念蕴含了极为重要的生态共建共享规律。绿水青山无处不在，“冰天雪地”和“碧海银滩”也是广义的绿水青山。任何一个单一的主体都不可能承担生态建设和环境保护的所有责任，因此必须树立生态共建理念。绿水青山的生态价值属于典型的公共物品，一个人的消费无法排除另一个人的消费。因此，良好的生态环境是最普惠的民生福祉。绿水青山的经济价值的实现可以实现交易双方的共赢：供给者获得绿色收入，消费者获得绿色效用，各取所需，相得益彰。这就是生态共建共享规律。生态共建共享规律需要强化三个观念：

（一）牢固树立生态群众观念

生态文明建设，人人都是参与者。生态建设，人人有责；环境保护，人人参与。因此，习近平总书记强调“要健全党委领导、政府主导、企业主体、社会组织和公众共同参与的现代环境治理体系”②。全国人大常委会决定设立“全国生态日”，就是为了加强生态文化、生态道德、生态法治理念的宣传教育，让每个个体形成生态自觉和生态自律。

---

① 中共中央：《中共中央关于全面深化改革若干重大问题的决定》，《人民日报》，2013 年 11 月 12 日。

② 习近平：《论坚持人与自然和谐共生》，北京：中央文献出版社，2022 年 1 月，第 299 页。

（二）牢固树立生态宗旨观念

以美丽中国为目标的生态文明建设是全局和长远上的全心全意为人民服务。以人民为中心的发展观不仅仅是口号和姿态，而是要转化为具体行动的。绿水青山就是金山银山理念正好可以很好地体现和落实宗旨观念，通过党的路线、方针和政策不断满足人民日益增长的生态需求。

（三）牢固树立生态共富观念

生态文明建设，不是惠及部分人，而是惠及每个人。共同富裕不仅是经济上的共同富裕，而且是生态和经济的共同富裕。做大绿水青山，做高金山银山，有利于促进共同富裕。早在 2003 年，时任浙江省委书记习近平同志到磐安县考察时就指出："磐安生态富县的路子是对的。生态是可以富县的，生态好不仅可以富县，而且可以让老百姓很富，是很高境界的富。"① 该论述的基本要义是："生态优先，绿色发展，生态共富"。"生态优先"事关全局的和长远的生态公共福利，是很高境界；"绿色发展"事关高质量发展和可持续发展，是很高境界；"生态共富"事关人的全面发展和全体人民健康发展，是很高境界。

第三节　绿水青山就是金山银山理念的学科体系

绿水青山就是金山银山理念蕴含的学科逻辑可以包括三个层次：一是生态经济学在经济学学科中的地位；二是生态经济学与相关学科的关系；三是生态经济学自身的内在逻辑关系。绿水青山就是金山银山理念蕴含的学科体系主要是生态经济学。这里聚焦生态经济学进行例举式阐述。

---

① 盛世豪：《很高境界的富：引领磐安实现共同富裕的重要理念（序）》，载陈新森主编《很高境界的富——绿色发展看磐安》，北京：红旗出版社，2021 年 9 月，第 1 页。

一、生态经济学在经济学学科体系中的地位

经济学是研究稀缺资源配置问题的科学。人的自利性决定着资源的稀缺性，正因为资源稀缺性的存在，才有经济学研究的必要。所谓稀缺性，并不是指资源在绝对数量上的多少，而是指相对于人们无限多样、不断上升的欲望来说，用以满足这些欲望的物品和劳务是相对不足的。简单地说，稀缺性是指欲望总是超过了能用以满足欲望的资源的现象。

经济学要回答的是一系列的经济问题。经济问题就是指人的需要的无限性与资源的有限性之间的矛盾。资源配置就是怎样分配使用可有多种用途但数量有限的资源来满足轻重缓急各不相同的需要。在经济学中，人们始终被要求作出各种各样的选择。消费者在既定的收入下不仅要在消费和储蓄间作出选择，而且要在不同商品的消费中进行选择；一个社会在既定的资源条件下，不仅要在消费和投资中进行选择，而且要在不同商品的生产中进行选择。

遗憾的是，绝大多数教科书、绝大多数老师并没有解释“资源”的确切内涵。其实，只要对“资源”的含义及类型作出具体阐释，就可以知道经济学所指的“资源”和生态经济学所指的“资源”的内涵，并可以知道生态经济学在经济学科的方位。

一般认为，广义的资源是指自然界及人类社会中一切对人类有用的资财，它包括自然资源和社会资源。自然资源又可以分为自然经济资源和自然生态资源，前者是指自然资源中能够用市场价格信号直接显示其稀缺性的实物资源，例如，树木所具有的木材功能、土地所具有的种植粮食功能等；后者是指自然资源中难以用市场价格信号直接显示其稀缺性，但又对生态平衡、环境保护、气候调节发挥重要作用的环境资源，如树木所具有的吸收二氧化碳和粉尘的功能、土壤可以涵养水分和吸收二氧化碳的功能等。自然经济资源包括生物资源、土地资源、水资源、矿产资源、海洋资源等；自然生态资源包括环境容量资源、环境景观资源、生态平衡资源、气候调节资源等。社会资源包括人力资源和非人力资源，其中非人力资源包括资本资源、科技资源和信息资源等。[①] 资源的分类如图 4－2 所示。

---

① 沈满洪：《资源与环境经济学》（第三版），北京：中国环境出版集团，2020 年 12 月，第 3 页。

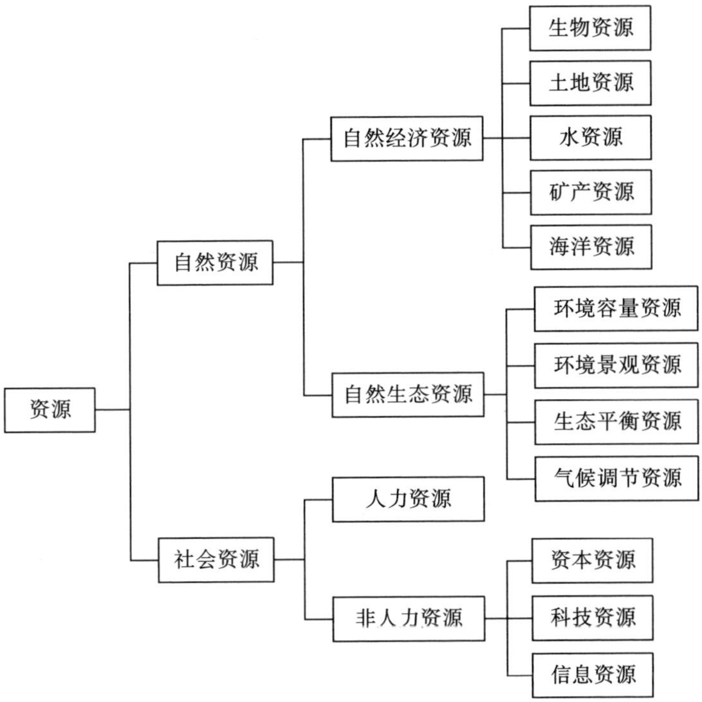

图 4－2 资源的分类

因此，在“经济学是研究稀缺资源配置问题的科学”这一定义中所指的“资源”是最广义的，在“自然资源经济学”中所指的“资源”是“自然经济资源”，在“环境经济学”“生态经济学”“气候经济学”中所指的“资源”是指“自然生态资源”。传统的主流经济学关注的是“社会资源”，所以劳动经济学、货币银行学等均成为主干课程。随着自然经济资源和自然生态资源的稀缺性的不断加剧，生态经济学、资源经济学、环境经济学、气候经济学也逐渐成为主流经济学家关注的对象。

随着经济社会的发展，“自然资源”相对于“社会资源”的稀缺性日益加剧，“自然资源”中“自然生态资源”相对于“自然经济资源”的稀缺性也日益加剧，由此使得资源能源经济学、生态环境经济学的地位日益提升。生态经济学已经从冷门变成热门、从旁支变成主流、从隐学变成显学。

由于自然经济资源和自然生态资源的关系是“你中有我，我中有你”，因此，很多情况下生态经济学与资源经济学、环境经济学也是难以区分的，有的称资源与环境经济学，有的称生态与环境经济学。

二、生态经济学与相关学科之间的关系①

生态经济学与众多学科存在千丝万缕的联系。下面着重分析这几个学科与生态经济学的区别。

（一）生态经济学与政治经济学的关系

政治经济学是以历史的生产关系或一定的社会生产关系为研究对象的经济学，即是对社会生产关系及其发展规律生产和再生产中人和人的关系作为自己研究对象的学科。政治经济学作为一门研究人类社会各个发展阶段上支配物质生活资料的生产、交换、分配、消费规律的科学，为其他各学科提供了理论基础。习近平总书记指出：马克思主义政治经济学揭示了人类社会特别是资本主义社会经济运动规律，政治经济学的根本只能是马克思主义政治经济学，而不能是别的什么经济理论。马克思主义政治经济学要有生命力，就必须与时俱进。要立足我国国情和我们的发展实践，深入研究世界经济和我国经济面临的新情况新问题，揭示新特点新规律，提炼和总结我国经济发展实践的规律性成果，把实践经验上升为系统化的经济学说，不断开拓当代中国马克思主义政治经济学新境界。② 习近平总书记的重要论述表明：第一，政治经济学就是指马克思主义政治经济学，马克思主义政治经济学揭示了资本主义社会经济运行规律。第二，马克思主义政治经济学要与时俱进，开拓当代中国马克思主义政治经济学。第三，习近平经济思想是当代中国的马克思主义政治经济学，是 21 世纪的马克思主义政治经济学。

由此可见，政治经济学与生态经济学的相互关系：一是领导与被领导的关系。政治经济学处于领导的地位，生态经济学处于被领导的地位。二是包容与被包容的关系，政治经济学包括了生态经济学，生态经济学为政治经济学增添了鲜明特色。三是一般性与特殊性的关系。政治经济学研究

① 沈满洪，谢慧明，王颖，等：《生态经济学》（第三版），北京：中国环境出版集团，2022 年 7 月，第 4 - 8 页。

② 习近平：《不断开拓当代中国马克思主义政治经济学新境界》，《求是》，2020 年第 16 期。

生产、分配、交换、消费各个环节的一般规律，生态经济学主要研究生态资源的配置。四是研究对象上的各有侧重。政治经济学主要研究人与人之间的关系，以及与此关联的人与物之间的关系。生态经济学主要研究人与自然之间的关系，以及与此关联的人与人之间的关系。

（二）生态经济学与环境经济学的关系

“生态”与“环境”这两个词往往混用，甚至干脆用组合词“生态环境”。可见，区分“生态”与“环境”是十分困难的。同样，区分生态经济学与环境经济学也是十分困难的。但是，对生态经济学与环境经济学作一深入剖析，其实还是存在差异的，主要有：

第一，环境经济学侧重于负外部性问题的研究，解决负外部性的内部化。生态经济学侧重于正外部性问题的研究，解决正外部性的内部化。平时讲“环境问题”时总是带有贬义的味道，而用“生态经济”一词时总是带有褒义的色彩。

第二，环境经济学侧重于局部均衡的分析，往往分析在给定条件下的最优解。生态经济学侧重于一般均衡的分析，往往采用系统分析方法寻求生态系统、经济系统及生态经济系统的综合最优解。

第三，环境经济学起源于工业革命以来的企业环境污染，比较多地集中在企业污染的治理问题上。生态经济学起源于人类活动对自然生态的破坏，涉及范围更加宽泛，包括自然界和人类社会的各个领域。

第四，环境经济学中讨论的“环保产业”针对的是环保设备和环保技术，生态经济学中讨论的“生态产业”则涉及生态农业、生态工业和生态服务业等所有产业，生态经济既指经济的生态化，也指生态的经济化。

第五，环境经济学基本上建立在传统的“经济人”假设基础上，而生态经济学已经对“经济人”假设提出了修正，提出了“生态经济人”假设。前者更近似于个人主义的分析方法，后者更接近于整体主义的分析方法。

第六，环境经济学认为环境系统是经济系统的子系统，或者环境系统与经济系统是并列的系统。生态经济学认为经济系统是生态系统的子系统，属于从属的关系。

上述比较可以用表 4－1 进行概括。

表 4-1 环境经济学与生态经济学的比较

序号	比较内容	环境经济学	生态经济学
1	针对问题	负外部性的内部化	正外部性的内部化
2	均衡状态	局部均衡分析	一般均衡分析
3	涉及领域	污染治理	生态修复及环境治理
4	涉及产业	面较窄的环保产业	面广泛的生态产业
5	分析方法	个人主义分析方法	整体主义分析方法
6	系统主次	环境系统与经济系统并列	经济系统是生态系统的子系统

（三）生态经济学与循环经济学的关系

生态经济学与循环经济学的区别可以从生态经济与循环经济的区别入手。

生态经济和循环经济的区别主要有：第一，生态经济强调的是经济与生态的协调，经济系统与生态系统的有机结合，侧重的是生态效率和经济效率；循环经济强调的是自然资源的循环利用，注重生产、交换、流通、消费全过程的资源节约，侧重的是资源效率与经济效益。第二，生态经济未必是循环的，符合生态原则的经济活动，未必有显性的资源循环；但循环经济一定是生态的，资源的循环利用总是符合生态原则的。也就是说，生态经济具有更为宽泛的含义，而循环经济具有特定的含义。

从学科发展的角度来看，生态经济学总体上已经具备学科发展的基本条件。因此，国内外已经有多个版本的生态经济学专著和教材。而循环经济学则尚未具备学科发展所需要的基本范畴、基本规律、基本理论等。换言之，循环经济学尚未建立起它的理论平台。国内虽然已经出版了几个版本的《循环经济学》，但究其内容，至今尚无一个规范的循环经济学的定义，实际上仅仅是“资源循环的经济”，基本不具备“学”的特征。

（四）生态经济学与低碳经济学的关系

生态经济学与低碳经济学的区别可以从生态经济与低碳经济的区别入手。气候经济学、碳中和经济学等概念与低碳经济学具有相似之处，只是侧重角度有所差别。

生态经济和低碳经济的区别主要有：第一，生态经济强调的是经济与生态的协调，经济系统与生态系统的有机结合，侧重的是生态效率和经济效率；低碳经济强调的高碳经济的低碳化和低碳经济的产业化，是气候资源的高效利用，侧重的是碳效率与经济效益。第二，生态经济具有更为宽泛的含义，往往可以用绿色经济替代，而低碳经济具有特定的含义，主要指向碳的减排和碳汇的增加，直至实现碳中和。如果从含义广狭的角度来看，生态经济最宽泛，循环经济其次，低碳经济最窄。

虽然低碳经济学的概念已经被提出，但是真正作为独立的学科尚不完整。然而由于气候变暖的问题十分严峻，亟须创建低碳经济学。总的来看，低碳经济学的发展可以丰富生态经济学，生态经济学的发展可以为低碳经济学的发展开辟道路。

习近平主席在“领导人气候峰会”上的讲话中代表中国政府作出了庄严承诺：“中国将力争于二零三零年前实现碳达峰、二零六零年前实现碳中和。”① 履行这一承诺将大大推进具有中国特色的低碳经济学、减碳经济学、碳汇经济学、碳中和经济学的发展。

（五）生态经济学与资源经济学的关系

经济学是研究稀缺资源配置问题的科学。这个定义中的“资源”是最为一般意义上的资源概念，既包括自然资源，又包括社会资源。“资源经济学”中的“资源”一般是指自然资源。

如果将自然资源作为研究对象，那么“资源经济学”就是既包括实物资源又包括生态资源的经济学，如兰德尔的《资源经济学》② 实际上就是“资源与环境经济学”或“资源与生态经济学”。在这种情况下，“资源经济学”包括“生态经济学”。

如果将自然资源的实物资源作为研究对象，那么“资源经济学”就是最狭义的自然资源经济学，如曲福田主编的《资源经济学》③。在这种情况下，资源经济学与生态经济学就是并列的两个经济学分支学科。

当然，不论是包容关系，还是并列关系，生态问题与资源问题往往是你中有我、我中有你，难以完全区分。将“生态”视作资源时，生态经济学就是资源经济学的一部分；当资源的保护、开发和使用均纳入生态问题分析时，资源经济学就是生态经济学。

---

① 习近平：《论坚持人与自然和谐共生》，北京：中央文献出版社，2022 年 1 月，第 277 页。

② 〔美〕阿兰·兰德尔：《资源经济学》，施以正，译，北京：商务印书馆，1989 年 7 月。

③ 曲福田：《资源经济学》，北京：中国农业出版社，2001 年 8 月。

三、生态经济学自身的学科体系①

作为经济学的分支学科，生态经济学同样要按照成本—收益、需求—供给的分析范式来构建自己的学科理论体系。这样，生态经济学大致上可以构建为生态系统篇、生态价值篇、生态产业篇、生态消费篇、生态科技篇、生态制度篇六个篇章。

（一）生态系统篇

从认识生态系统与经济系统的关系入手，坚持经济系统是生态系统的子系统这一基本观点，据此，来认识生态经济系统运行过程中的物质流（按照物质不灭定律）、能量流（按照热力学第一、第二定律）和信息流。这部分内容具有坚实的自然科学理论基础，是生态经济学的优势之一。本篇可以包括“生态经济系统理论”和“生态经济功能理论”两章。前者着力分析生态系统与经济系统的各自特点及其相互关系，后者着力研究生态经济系统的物质流、能量流和信息流及其交互关系。

（二）生态价值篇

生态经济学只有采取成本—收益分析方法，才能真正成为经济学。成本—收益分析必须解决生态效益——生态的经济化、生态经济效益的量化问题。为此，必须有生态价值评估理论这一基石，从而可以确立生态补偿机制理论、生态资本增殖理论、生态经济核算理论等。本篇可以包括“生态经济价值理论”和“生态经济核算理论”等。前者属于微观经济问题，着力评析市场价值法、替代市场法和假想市场法等各种已有评估方法，指出各种方法的适用范围及适用条件。后者属于宏观经济问题，着力构建绿色国民收入核算体系及其投入产出关系分析。

（三）生态产业篇

生态产业的发展实际上是从供给角度解决经济的生态化问题。为此，必须回答生态农业、生态工业、生态服务业等的发展模式问题。生态经济

① 沈满洪：《生态经济学的发展与创新——纪念许涤新先生主编的〈生态经济学〉出版 20 周年》，《内蒙古财经学院学报》，2006 年第 6 期。

不是一个独立的产业形态，而是渗透于各大产业之中、实现产业的生态化。本篇可以包括“生态产业理论”“生态生产理论”和“生态产品理论”。要着力解决“生态不经济”问题——由于发展生态经济存在外部经济效果而出现的经济主体“吃亏”现象，实现“生态且经济”的目的——通过科技创新和制度创新保障生态经济的发展主体有利可图。

（四）生态消费篇

生态消费实际上是从需求角度研究人们的消费行为。高质量的生态系统是一种奢侈品。这种产品随着收入水平的上升是按照递增的速度上升的。因此，就要引导这种消费需求。生态产业篇所要解决的是生态经济的供给问题，本篇所要解决的是生态经济的需求问题。本篇可以包括“生态经济消费理论”和“生态经济市场理论”等。前者从人的需要层次理论及其效用理论，来揭示生态经济需求的演变规律。后者从消费者的市场行为角度，来规范生态经济市场秩序，根据生态经济产品的特殊性采取产品标志制度和信息披露制度等，例如通过绿色标志，推行绿色消费。

（五）生态科技篇

创新驱动是绿色发展的第一动力。没有绿色科技创新，就难以做到既生态又经济，也就难以做到绿色转型。生态经济学必须从生态环境角度关注科技经济学、创新经济学。需要重点关注的是两个方面：一是如何以最小的成本推进绿色科技创新、循环科技创新、低碳科技创新；二是如何让绿色科技创新成果通过市场机制转化为现实的绿色生产力。因此，本篇可以包括“绿色科技创新理论”和“绿色科技推广理论”。前者主要探究绿色科技成果“怎么来”——如何涌现，后者主要探究绿色科技成果“怎么去”——如何使用。

（六）生态制度篇

实现经济的生态化和生态的经济化，关键靠制度。这种制度既包括正式制度，又包括非正式制度，还包括实施机制。为此，需要研究生态环境的管制性制度、选择性制度和引导性制度，重点是关注选择性制度中的绿色财税制度和生态产权制度。本篇可以包括“生态经济制度理论”“绿色财政制度理论”和“绿色产权制度理论”等，分别阐述生态经济制度概论、绿色财政收入和支出理论、自然资源环境资源和气候资源产权交易理论等。

总之，绿水青山就是金山银山理念不仅彰显了当代中国的政治经济学学科的鲜明特色，而且为当代中国的生态经济学学科提供了重要遵循。

四、生态经济学的子学科体系

生态经济学的发展历史并不长，然而，生态经济学的学科发展十分迅猛。生态经济学已经形成了颇具特色的学科群。生态经济学首先可以区分为理论生态经济学和应用生态经济学。理论生态经济学又可以区分为市场生态经济学、价值生态经济学、技术生态经济学、制度生态经济学等。应用生态经济学又可以区分为专门性生态经济学、部门性生态经济学和区域性生态经济学。其中，专门性生态经济学可以区分为人口生态经济学、资源生态经济学、环境生态经济学等；部门性生态经济学可以区分为农业生态经济学、林业生态经济学、渔业生态经济学、畜牧业生态经济学、工业生态经济学、服务业生态经济学等；区域性生态经济学可以区分为城市生态经济学、乡村生态经济学、海洋生态经济学、流域生态经济学、区域生态经济学等。

当然上述划分只是粗略的，各个子学科之间还存在相互交叉或相互包容的问题。上述生态经济学的学科分类可以用枝叶图加以表示，如图 4－3 所示。当然，图 4－3 中只是列举了部分学科，并未予以穷尽。

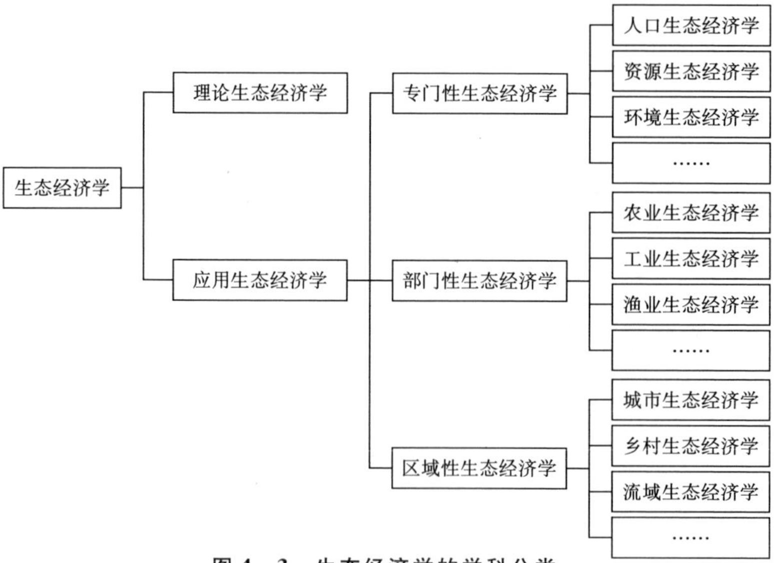

图 4－3 生态经济学的学科分类

从图 4－3 中可见，生态经济学自然包括理论生态经济学，但应用生态经济学是其主体。正因为如此，教育部更新后的学科目录中在“应用经济学”一级学科之下增列了“能源与生态经济学”二级学科。

总之，绿水青山就是金山银山理念不仅彰显了当代中国的政治经济学的鲜明特色，而且为当代中国的生态经济学提供了重要遵循。一是立场观点的遵循，坚持人民立场，坚持生态为民、生态利民、生态惠民。二是方式方法的遵循，坚持与绿水青山就是金山银山理念相关的唯物辩证法、系统论方法及其他统筹兼顾方法的运用。

第五章

绿水青山就是金山银山理念的实践逻辑[①]

绿水青山就是金山银山理念来源于实践，又要接受实践的检验，经过实践检验后再用于指导实践。党的十八大以来，通过一系列“组合拳”把绿水青山就是金山银山理念转化为生态文明建设战略、转化为生态文明制度体系、转化为生态文明建设实践，得到了很好的实践检验。生态环境显著改善，说明绿水青山做大了；生态经济蓬勃发展，说明金山银山做高了；城乡收入差距明显缩小，说明更接近生态共富了。

第一节 践行绿水青山就是金山银山理念的“组合拳”

践行绿水青山就是金山银山理念不是一招一式就可以的，而是需要一系列的“组合拳”。习近平总书记在2023年全国生态环境保护大会上的讲话强调，美丽中国建设要“统筹各领域资源，汇聚各方面力量，打好

① 沈满洪：《绿水青山就是金山银山理念的实践逻辑》，《世界农业》，2025年第8期。

法治、市场、科技、政策‘组合拳’。”① 践行绿水青山就是金山银山理念同样也需要“组合拳”。

一、运用“法治拳”推进生态环境保护

“用最严格制度最严密法治保护生态环境”是习近平生态文明思想的鲜明特色和风格。在生态环境形势十分严峻的情况下，必须坚持“重典治乱，重典治污”。党的十八大以来，我国统筹推进生态环境、资源能源等领域相关法律制度的修订，实施最严格的地上地下、陆海统筹、区域联动的生态环境治理制度，全面实行排污许可制，完善自然资源资产管理制度体系，健全国土空间用途管制制度。正是“法治拳”的“精准狠”，才实现了高质量发展和高水平保护的“绿美富”。

（一）规划先行，明确生态环境保护“应该如何”

规划明确了应该达到怎么样的蓝图及什么可以做、什么不可以做的规定。这是生态环境保护的先决性条件。

1. 适时出台生态文明规划指导性文件

2015 年出台的《中共中央 国务院关于加快推进生态文明建设的意见》和 2024 年出台的《中共中央 国务院关于全面推进美丽中国建设的意见》是我国生态文明建设的纲领性、综合性、指导性文件。这两个文件关于“强化主体功能定位，优化国土空间开发格局”“加大自然生态系统和环境保护力度，切实改善生态环境质量”“加强生态文明建设统计监测和执法监督”“提升生态系统多样性稳定性持续性”“守牢美丽中国建设安全底线”等内容均是直接针对生态环境保护的。

2. 及时制定国家层面的生态文明规划

党的十八大以来，我国还出台了一系列不同层级的规划或规划类文件。中共中央、国务院联合印发的有：《中共中央 国务院关于全面加强生态环境保护坚决打好污染防治攻坚战的意见》（2018 年 6 月）、《中国落实 2030 年可持续发展议程国别方案》（2016 年 9 月）等；中办国办联合

① 《习近平在全国生态环境保护大会上强调：全面推进美丽中国建设 加快推进人与自然和谐共生的现代化》，《人民日报》，2023 年 7 月 19 日。

印发的有：《中共中央办公厅 国务院办公厅关于加强生态环境分区管控的意见》（2024年3月）等；国家部委印发的有：国家发展改革委等八部门联合印发的《生态保护和修复支撑体系重大工程建设规划（2021—2035年）》（2021年12月）、国家发展改革委和自然资源部联合印发的《全国重要生态系统保护和修复重大工程总体规划（2021—2035年）》（2020年5月）、生态环境部印发的《中国生物多样性保护战略与行动计划（2023—2030年）》（2024年1月）等。

3. 大力推进重点经济区或生态区的规划

党的十八大以来，中央高度重视重要区域和重要流域的生态文明建设，出台了一系列规划和文件。如中共中央和国务院印发的《黄河流域生态保护和高质量发展规划纲要》（2021年10月）；国务院批复的《长三角生态绿色一体化发展示范区国土空间总体规划（2021—2035年）》（2023年2月）；国家发展改革委印发的《京津冀协同发展生态环境保护规划》（2015年12月）；环境保护部、发展改革委、水利部联合印发的《长江经济带生态环境保护规划》（2017年7月）；生态环境部、国家发展改革委、自然资源部、水利部联合印发的《黄河流域生态环境保护规划》（2022年6月）。

（二）巡视监督，明晰生态环境保护“实际如何”

巡视督察是明确生态环境保护存在什么问题、为何存在这些问题、这些问题谁来承担责任的重要机制。我国已经构建起了生态环境保护巡视监督的一整套体系。

1. 中央的生态环境保护督察

中央生态环境保护督察制度试点启动于2016年，到2018年完成第一轮督察；第二轮督察实施于2019—2022年；第三轮督察启动于2023年底。中央设立生态环境保护督察工作领导小组及其办公室，办公室挂靠生态环境部。中央生态环境保护督察组是部际间联合工作组，由生态环境部牵头成立，中纪委、中组部的相关领导参加，是代表党中央、国务院对各省（自治区、直辖市）党委和政府及其有关部门开展的环境保护督察。通过环保督察巡视，督查地方政府的组织领导、规划编制、责任落实、任务完成、考核奖惩、政府整改情况，体现中央生态环境保护督察的意志，落实环境保护“党政同责”和“一岗双责”。重大问题向中央报告，督察结果移交移送上级组织人事部门，作为被督察对象领导班子和领导干部考核评价任免的重要依据。对于环境问题十分突出、环境质量明显恶化、国家下达的任务没有完成、领导干部在环境保护方面不作为和乱作为、失职渎职、滥用权力等情形，需要追究党纪政纪责任的，应移送纪检监察部门。中央生态环境保护督察工作以《中央生态环境保护督察工作规定》（2019 年 9 月）为依据开展工作。中央生态环境保护督察组拥有“尚方宝剑”，号称中央派出的“利剑”。该制度敢于动真格，不怕得罪人，咬住问题不放松，成为推动地方党委和政府及其相关部门落实生态环境保护责任的硬招实招。

2. 人大的生态环境执法监督

人大不仅要推动立法，而且要开展执法监督。法律制度只有付诸实施才能有威慑力，才能有实际效果。十三届全国人大常委会全面贯彻落实党中央决策部署，聚焦生态环保领域的突出问题，在 2018—2022 年，连续五年开展执法检查，先后开展大气污染防治法、水污染防治法、土壤污染防治法、固体废物污染环境防治法、环境保护法等 10 部生态环保法律和相关决定的执法检查，让法律制度的牙齿“咬合”，充分发挥好法治威力，充分彰显出求真务实、坚持问题导向的作风。为依法打好污染防治攻坚战、推进生态文明建设作出了人大贡献。

3. 政府的生态环境审计监督

2017 年 6 月，中央全面深化改革领导小组会议审议通过了《领导干部自然资源资产离任审计暂行规定》（以下简称《规定》）。当月，中共中央办公厅、国务院办公厅印发了《领导干部自然资源资产离任审计规定（试行）》。《规定》明确，开展领导干部自然资源资产离任审计，坚持依法审计、问题导向、客观求实、鼓励创新、推动改革的原则，主要审计领导干部贯彻执行中央生态文明建设方针政策和决策部署情况，遵守自然资源资产管理和生态环境保护法律法规情况，自然资源资产管理和生态环境保护重大决策情况，完成自然资源资产管理和生态环境保护目标情况，履行自然资源资产管理和生态环境保护监督责任情况，组织自然资源资产和生态环境保护相关资金征管用和项目建设运行情况，以及履行其他相关责任情况。领导干部自然资源资产离任审计属于国家审计，是我国的首创，是守护绿水青山极为重要的自我监督机制。

人民政协及其各民主党派在生态环境保护的协商监督方面也发挥了重

要作用。

（三）制度保障，明晰生态环境保护“权责如何”

我国已经成为生态文明制度体系最为完整的国家。中共中央办公厅、国务院办公厅印发了《关于全面推行河长制的意见》（2016 年 12 月）、《关于划定并严守生态保护红线的若干意见》（2017 年 2 月）、《关于建立健全生态产品价值实现机制的意见》（2021 年 4 月）、《关于深化生态保护补偿制度改革的意见》（2021 年 9 月）等一系列制度性规定，明确了谁保护、保护啥、谁监督等基本问题，也明确了保护得好如何激励、保护不好如何惩戒等规则。这样，使得生态文明建设有章可循。

二、运用“市场拳”推进生态经济发展

（一）市场机制在资源配置中发挥决定性作用

1993 年 11 月，党的十四届三中全会通过的《中共中央关于建立社会主义市场经济体制若干问题的决定》明确提出“建立社会主义市场经济体制，就是要使市场在国家宏观调控下对资源配置起基础性作用”。2003 年 10 月，党的十六届三中全会通过的《中共中央关于完善社会主义市场经济体制若干问题的决定》进一步强调“更大程度地发挥市场在资源配置中的基础性作用”。2013 年 11 月，党的十八届三中全会通过的《中共中央关于全面深化改革若干重大问题的决定》进一步强调“使市场在资源配置中起决定性作用和更好发挥政府作用”。可见，我党的市场化改革坚定不移。传统经济学认为，市场机制在自然资源和生态环境领域往往是失效的，原因是产权难以界定。随着生态环境要素稀缺性的与日俱增及其收益的快速递增，生态环境产权界定技术的进步及其成本的不断下降，生态环境要素市场化配置成为可能。正因此，党的十八大以来，中央不断强调资源与环境市场的建设。

（二）市场失灵也可以利用市场机制予以矫正

新古典经济学认为，自然资源和环境资源在资源配置中存在外部性等因素，导致市场的扭曲。存在正外部性时，会导致企业的最优产出小于社会的最优产出；存在负外部性时，会导致企业的最优产出大于社会的最优

产出。基于此，著名福利经济学家庇古提出了“庇古税”理论：当存在正外部性时，给予企业补贴，补贴率就是边际外部收益；当存在负外部性时，给企业征税，税率就是企业的边际外部损害成本。[①] 这样，外部性就内部化了。这是利用市场机制矫正市场失灵。著名新制度经济学家科斯认为，解决市场失灵未必需要补贴和征税等政府强干预手段，只要交易成本为零或足够低就可以创造市场机制矫正市场失灵。具体方案是：通过自然资源和环境资源的产权界定，允许微观主体之间的协商和交易，就可以实现外部性的内部化。[②] 用水权、用林权、用海权等自然资源产权交易制度，排污权等环境产权交易制度，碳排放权、用能权、碳汇权等气候资源产权交易制度，就是科斯方案的具体运用。基于“科斯定理”的生态产权制度是以尽可能低的成本实现尽可能好的生态文明绩效的基本手段。因此，我国积极推动有效市场和有为政府的结合，将碳排放权、用能权、用水权、排污权等资源环境要素一体纳入要素市场化配置改革总盘子，支持出让、转让、抵押、入股等市场交易行为。环境要素市场化改革让企业可以在“创新驱动发展，减少污染排放”“实施污染治理，减少污染排放”“购买环境产权，实现更好发展”等不同方案之间进行选择，从而提高资源配置的效率和效益。

（三）打造良好的营商环境推进生态经济发展

发展生态经济面临着一系列的壁垒。主要包括：体制性壁垒——重视国有企业特别是央企轻视民营企业；区域壁垒——搞地方保护主义而不是开放市场；利益壁垒——对我有利的就改革对我不利的就不改；技术壁垒——存在绿色不经济、循环不经济和低碳不经济等问题。党的十八大以来，我国采取了一系列的措施扫除这些壁垒，大力促进生态经济发展。中共甘肃省委、省人民政府于 2018 年印发《关于构建生态产业体系推动绿色发展崛起的决定》和《甘肃省推进绿色生态产业发展规划》。同时，在全省以及各市州层面建立了十大生态产业的统计、考核和激励办法。各市州还建立了“一业一策”的发展规划。十大生态产业既包括国家大力倡

---

① 〔英〕庇古：《福利经济学》，金镝，译，北京：华夏出版社，2007 年 7 月，第 102 - 164 页。

② 〔美〕罗纳德·哈里·科斯：《论生产的制度结构》，盛洪，陈郁，译校，上海：上海三联书店出版社，1994 年 3 月，第 141 - 196 页。

导和优先发展的节能环保、清洁生产、清洁能源等产业，也包括突出甘肃特色的循环农业、中医中药、文化旅游、通道物流、军民融合等产业，还包括紧盯发展趋势、培育新动能相关的数据信息、先进制造等战略性新兴产业。自2018年发展规划颁布以来，甘肃省十大生态产业发展势头迅猛，生态经济产业经济增长速度显著高于其他产业，新能源装机容量占比已经超过50%。

三、运用“政策拳”推进生态环境公平

绿色财政政策是激励企业绿色转型、循环转型、低碳转型的法宝。基本手段就是财政收入政策和财政补贴政策。

（一）以绿色财政收入政策遏制企业非绿发展

当企业存在资源过度消耗、污染物及温室气体过度排放的情况下，就存在负外部性。负外部性的存在不仅导致自然资源和环境资源配置的扭曲，降低资源配置效率，而且导致资源配置的不公平，部分企业占用了过多的自然资源和环境资源而损害了其他企业和居民。按照“谁排放，谁缴税”的原则征收资源税和环境税，不会像竞争性产品那样导致社会福利的损失，既能够促进资源配置达到帕累托最佳状态，又能够有效解决不同微观经济主体之间的不公平。党的十八大以来，我国成功地运用了资源税、环境税等绿色税收政策，促进了绿色低碳转型。

（二）以绿色财政补贴政策激励企业绿色发展

当微观经济主体在推进绿色发展、循环发展、低碳发展时，收益不是自己独享的，而存在外溢现象，这时就存在正外部性。正外部性的存在，同样会导致资源配置的扭曲——没有动力提供具有正外部性的足够多的产品，以及福利分配的不公平——上游地区保护生态环境而下游地区免费享受生态福利。通过生态补偿、循环补助、低碳补贴等绿色支出政策，既能够实现资源配置的帕累托最优，又能够做到生态福利配置的责权利统一。党的十八大以来，我国不断优化的绿色财政支出政策，实现了财政资金“四两拨千斤”的效应，大大促进了生态系统的全面改善。

四、运用“科技拳”推进绿色低碳转型

创新驱动是推进绿色发展的重要推动力。从“黑色增长”到“绿色发展”，从“线性增长”到“循环发展”，从“高碳增长”到“低碳发展”，都离不开科技创新。只有科技创新，才能使得企业从“绿色不经济”转向“绿色经济”，从“循环不经济”转向“循环经济”，从“低碳不经济”转向“低碳经济”，从而完成绿色转型、循环转型和低碳转型。因此，我国不断推进绿色低碳科技自立自强，把应对气候变化、新污染物治理等作为国家基础研究和科技创新重点领域，狠抓关键核心技术攻关，实施生态环境科技创新重大行动，深化人工智能等数字技术应用，构建美丽中国数字化治理体系，建设绿色智慧的数字生态文明。自从我国提出自主创新战略以来，我国科技进步对经济增长的贡献率从 2005 年的 45% 提高到 2023 年的 60% 以上，我国的太阳能光伏发电技术、电动汽车技术均已走在世界最前列。

由法治拳、政策拳、市场拳、科技拳组成的践行绿水青山就是金山银山理念、推进经济社会全面绿色低碳转型的“组合拳”既是不同拳法和套路的组合，也是每一种拳的不同拳法和套路的组合。这是典型的“中国功夫”。

第二节　大力推进生态环境保护：做大绿水青山

20 世纪 90 年代至 21 世纪前 10 多年，我国处于“经济满意度一路上扬，环境满意度一路下滑”的状况。党的十八大以来，党中央、国务院敢于出手、敢于碰硬，采取了生态环境保护的“组合拳”，实现了生态环境质量的显著改善，保障了绿水青山更美更大。

一、污染防治攻坚战全面展开，环境质量明显改善

党的十八大以来，我国从“坚决向污染宣战”到全面部署“坚决打好污染防治攻坚战”，再到“深入打好污染防治攻坚战”，先后颁布实施大气、水、土壤污染防治行动计划，提出坚决打好污染防治攻坚战的决策部署，污染治理成效不断显现，环境质量明显改善，“绿水青山”越做越大。

（一）深入推进蓝天保卫战，空气质量不断提升

国务院印发实施《大气污染防治行动计划》及《打赢蓝天保卫战三年行动计划》，持续实施重点区域秋冬季攻坚行动，推进产业结构、能源结构、运输结构、用地结构优化调整，不断完善重点区域大气污染防治协作机制。由此，空气质量发生了历史性的变化。全国空气质量指标PM2.5平均浓度从2015年的46微克/立方米降到了2020年的33微克/立方米，进一步降到了2022年的29微克/立方米，历史性达到了世卫组织第一阶段过渡值。全国339个地级及以上城市空气质量平均优良天数比率2022年达到了86.5%，比2015年增长了5.3个百分点，我国已成为世界上空气质量改善最快的国家。根据美国彭博新闻社的报道，2013—2020年这7年，中国空气质量改善的幅度相当于美国《清洁空气法案》启动实施以来30多年的改善幅度。大气污染防治重点区域改善明显，京津冀地区优良天数比例比2015年提高13.0%，改善幅度高于全国平均水平。①

（二）扎实推进碧水保卫战，水环境质量持续向好

深入实施水污染防治行动计划，推动打好水源地保护、城市黑臭水体治理、农业农村污染治理、长江保护修复、渤海综合治理等标志性战役，碧水保卫战取得重大进展。地表水水质大幅提升，2023年，全国地表水水质优良（Ⅰ—Ⅲ类）断面比例为89.4%，比2012年提高20.5个百分点，已经接近发达国家水平；劣Ⅴ类断面比例为0.7%，比2012年下降9.5个百分点。见图5-1。其中，全国重点流域、湖库水质稳步向好。长

① 《2015年中国环境状况公报》和《2022年中国生态环境状况公报》。

江、黄河、珠江、松花江、淮河、海河、辽河、浙闽片河流、西北诸河和西南诸河等十大流域的国控断面中，Ⅰ—Ⅲ类水质断面从 2002 年的 29.1%提高到 2012 年的 68.9%，再提升到 2023 年的 91.7%；Ⅳ—Ⅴ类水质断面从 2002 年的 30%下降到 2012 年的 20.9%，再下降到 2023 年的 7.9%；劣Ⅴ类水质断面从 2002 年的 40.9%下降到 2012 年的 10.2%，再下降到 2023 年的 0.4%。重点湖库中水质优良（Ⅰ—Ⅲ类）湖库占比为 73.8%，比 2012 年提高 13.3 个百分点。近岸海域水质持续改善，优良（一、二类）水质海域面积占比为 85.0%，比 2016 年提高 11.6 个百分点。地级及以上城市黑臭水体基本得到了消除，人民群众的饮用水安全也得到了有效的保障。①

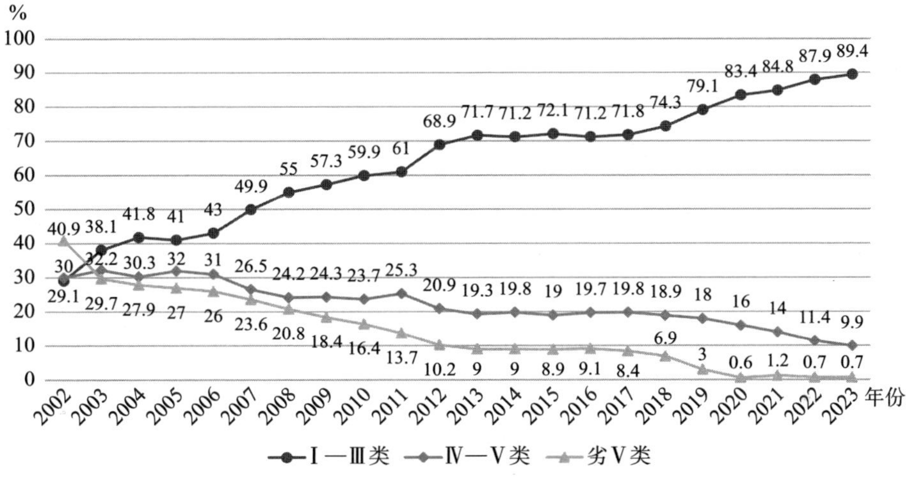

图 5-1　2002—2023 年中国地表水不同水质占比变化

数据来源：《中国环境状况公报（2002—2017 年）》和《中国生态环境状况公报（2018—2023 年）》。

代表优质水的Ⅰ—Ⅲ类水质断面占比持续上升，代表较差水的Ⅳ—Ⅴ类水质断面占比持续下降，代表劣质水的劣Ⅴ类水质断面占比持续下降并趋近于零。这充分说明水环境治理的巨大成就。

① 《2012 年中国环境状况公报》和《2023 年中国生态环境状况公报》。

（三）稳步推进净土保卫战，土壤污染加重趋势得到遏制

农用地土壤污染状况详查和重点行业企业用地土壤污染状况调查顺利完成，2783个涉农县级单位全部完成耕地土壤环境质量类别划分工作。“无废城市”建设试点稳步推进，全面实现洋垃圾零进口。土壤环境质量发生了基础性变化。我国出台了第一部土壤污染防治的基础性法律《土壤污染防治法》，开展了全国农用地和建设用地的土壤污染详查，实施了土壤污染风险管控，土壤污染加重的趋势得到了有效遏制。2022年，全国农用地安全利用率保持在90%以上。根据农用地土壤污染状况详查结果，全国农用地土壤环境状况总体稳定。

二、生态保护力度不断加大，生态修复成效显现

党的十八大以来，各地区各部门坚持保护优先、自然恢复为主，统筹山水林田湖草沙系统治理，推动开展重大生态保护和修复工程，推进大规模国土绿化行动，我国生态保护修复取得开创性进展，初步形成生态修复新格局。2022年，全国生态质量指数（EQI）值为59.6，生态质量为二类，基本保持稳定。生态质量为一类的县域面积占国土面积的27.8%，二类的县域面积占国土面积的31.5%。

（一）森林生态系统得到有效保护

持续加强森林、草原、湿地等重要生态系统的保护与修复，完善相关法律法规和政策制度，森林草原湿地的数量和质量得到有效提升。党的十八大以来，全国累计造林10.2亿亩，贡献了全球新增绿化面积的1/4。从森林资源看，第九次全国森林资源清查（2014—2018年）资料显示，全国森林覆盖率为22.96%，森林面积22045万公顷，森林蓄积量175.6亿立方米。与第八次清查（2009—2013年）相比，森林覆盖率提高了1.33个百分点，森林面积净增1276万公顷，森林蓄积量净增24.23亿立方米，森林面积、森林蓄积量连续30年保持“双增长”。统计资料显示，我国森林覆盖率从20世纪80年代的12%提高到2012年的16.55%，再提高到2022年的22.96%；森林蓄积量由20世纪80年代的90.28亿立方米提高到2012年的112.6亿立方米，再提高到2022年的175.6亿立方

米，人工林面积居全球第一位。见图 5－2。

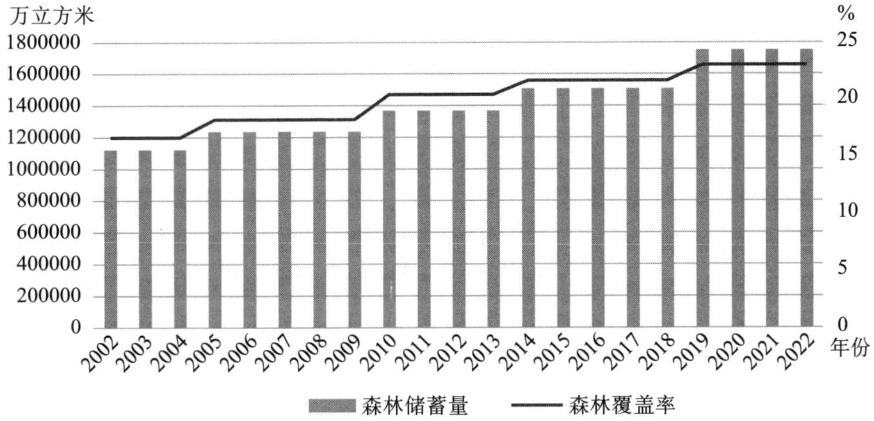

图 5－2 2002—2022 年中国森林覆盖率和林木蓄积量

数据来源：《中国统计年鉴》（2003—2023 年）。

（二）自然保护地体系不断健全

先后开展 10 个国家公园体制试点、首批国家公园建设及自然保护地整合优化工作，以国家公园为主体的自然保护地体系逐步构建形成。自然保护地总面积约占全国陆域面积的 18%，已建成国家公园数量 5 处、世界地质公园数量 41 处，世界地质公园数量稳居世界之首。

（三）持续推进山水林田湖草沙一体化保护和修复

2016 年以来，累计实施 25 个山水林田湖草生态保护修复工程试点。截至 2021 年，中央财政合计下达奖补资金 500 亿元，工程试点累计完成生态保护和修复面积约 200 万公顷，包括土地综合整治、矿山生态修复、流域水环境治理、污染与退化土地修复、森林、草原植被恢复等多个方面，有效提升了重点生态区及重要生态节点的生态系统质量。2021 年，将涉及“三区四带”等重点生态地区的 10 个项目纳入“十四五”第一批山水林田湖草沙一体化保护和修复工程中央财政支持范围，累计下达中央奖补资金 125 亿元。

（四）积极推进国土绿化行动

启动大规模国土绿化行动，坚持大工程带动大发展，三北防护林、天然林保护、退耕还林还草、退牧还草、京津风沙源治理等重点工程深入实施。2013—2022 年累计完成造林面积约 6327 万公顷，其中人工造林面积约 3342 万公顷，占全部造林面积的 52.8%，国土绿化成效显著。义务植树广泛开展，各地区各部门以多种形式参与义务植树。森林质量精准提升，年均完成森林抚育 1.24 亿亩。统筹推进城乡绿化，建成国家森林城市 152 个，建设一批国家森林乡村和森林村庄。

三、城乡人居环境日益改善，绿色低碳生活渐成风尚

绿色、优美的人居环境是新时代人民对美好生活的期盼。党的十八大以来，城乡环境建设不断加强，绿色低碳的生活方式日益盛行，美丽人居环境、绿色生活方式正在逐步形成。

（一）城乡人居环境建设持续开展

1. 城市环境基础设施更加完善

2020 年，全国城市环境基础设施建设投资 5236 亿元，比 2012 年增长 36.2%；其中污水处理及其再生利用和垃圾处理投资快速增长，分别增长 2.7 倍和 5.4 倍。城市污水处理厂日处理能力达 19267 万立方米，比 2012 年增长 64.2%；污水处理率为 97.5%，提高 10.2 个百分点；生活垃圾无害化日处理能力达 96.3 万吨，提高 115.9%；生活垃圾无害化处理率为 99.7%，提高 14.9 个百分点；燃气普及率 97.9%，提高 4.7 个百分点。

2. 城市环境更加优美宜居

全国城市建成区绿化覆盖率由 20 世纪 80 年代的 10.1% 提高到 2012 年的 39.22%，再提高到 2021 年的 42.06%，人均公园绿地面积由 20 世纪 80 年代的 3.45 平方米提高到 2012 年的 11.80 平方米，再提高到 2021 年的 14.8 平方米，城乡人居环境明显改善。中华大地上的绿色越来越多，城乡环境越来越美。2021 年，地级及以上城市集中式饮用水水源水质达到或优于Ⅲ类比例为 94.2%，比 2013 年提高 2.9 个百分点。

3. 农村人居环境整治全面推开

牢牢守住农村饮水安全底线。2021 年，农村自来水普及率达到 84%，比 2015 年提高 8 个百分点。推进农村厕所革命，2018 年以来累计改造农村户厕 4000 多万户；2021 年，卫生厕所普及率超过 70%。加强农村生活

垃圾污水治理，2021 年，生活垃圾进行收运处理的自然村占比稳定保持在 90% 以上，农村生活污水治理率达到 28% 左右，比 2020 年提高约 3.5 个百分点。

（二）绿色生活方式正在形成

1. 低碳出行方式更加便捷

公共交通服务体系不断完善，2021 年，城市轨道交通运营里程约为 8736 千米，比 2012 年末增长约 3.2 倍；新能源城市公交车占比超过 66%；318 个地级以上城市实现交通一卡通互联互通；共享单车在营车辆 1900 余万辆，日均订单量 4500 余万单。新能源汽车呈现爆发式增长，2021 年末，新能源汽车保有量达 784 万辆，比 2016 年末增长约 5.6 倍；新能源汽车占比达 2.6%，提高 2.0 个百分点；新能源汽车销量达 352 万辆，增长约 5.9 倍。

2. 绿色生活氛围愈加浓厚

垃圾分类工作有序推进，地级城市生活垃圾分类全面启动。截至 2021 年末，297 个地级及以上城市共 26.39 万个居民小区开展了生活垃圾分类工作。光盘行动掀起热潮，自 2013 年全国开展光盘行动以来，厉行节约、反对浪费的氛围逐步形成，《反食品浪费法》的出台更是为其提供了法律保障。一次性用品逐渐减少，“最严限塑令”实施以来，环保布袋、可降解塑料袋等替代品得到广泛使用。无纸化办公、关灯一小时、少开一天车、空调调高一度等绿色低碳行为逐渐从宣传标语变成全民行动。

诚如习近平总书记在 2023 年全国生态环境保护大会上所说的。我国实现了由重点整治到系统治理的重大转变、由被动应对到主动作为的重大转变、由全球环境治理参与者到引领者的重大转变、由实践探索到科学理论指导的重大转变。

第三节　大力推进生态经济发展：做高金山银山

新时代以来，我国经济增长进入新常态，开始从高速度增长转向高质量发展。而且，在发展方式转向绿色低碳的同时，仍然保持经济的较高速度增长，金山银山越做越高。

一、在经济持续增长的情况下实现经济结构的优化

在 1978—2023 年我国经济实现持续增长。在相当长的一段时期我国实现了以递增的速度递增，党的十八大以来开始从高速度增长转向高质量发展，国内生产总值（GDP）从 2012 年的 53 万亿元人民币增加到 2023 年的 126 万亿元人民币（见图 5 – 3）。

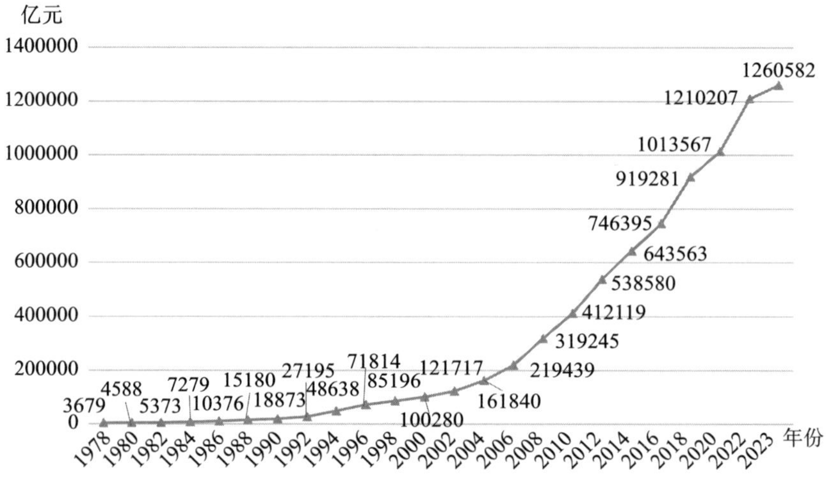

图 5 – 3　1978—2023 年中国 GDP 增长趋势

数据来源：《中国统计年鉴》（1979—2023 年）、《中华人民共和国 2023 年国民经济和社会发展统计公报》。

与 GDP 的快速递增相对应，人均 GDP 也保持快速递增。1978 年人均 GDP 只有 385 元人民币，2012 年达到 39771 元人民币，2023 年进一步上升到 89358 元人民币。见图 5 – 4。

在经济持续增长的同时，我国三大产业结构不断优化调整。根据 2003—2023 年的《中国统计年鉴》和《中华人民共和国 2023 年国民经济和社会发展统计公报》，我国第一、第二、第三产业的产值比重从 2002 年的 13. 3∶44. 5∶42. 2（为“二三一”顺序）转变为 2012 年的 9. 1∶45. 4∶45. 5（为“三二一”顺序），再转变为 2023 年的 7. 1∶38. 3∶54. 6（三产占比进

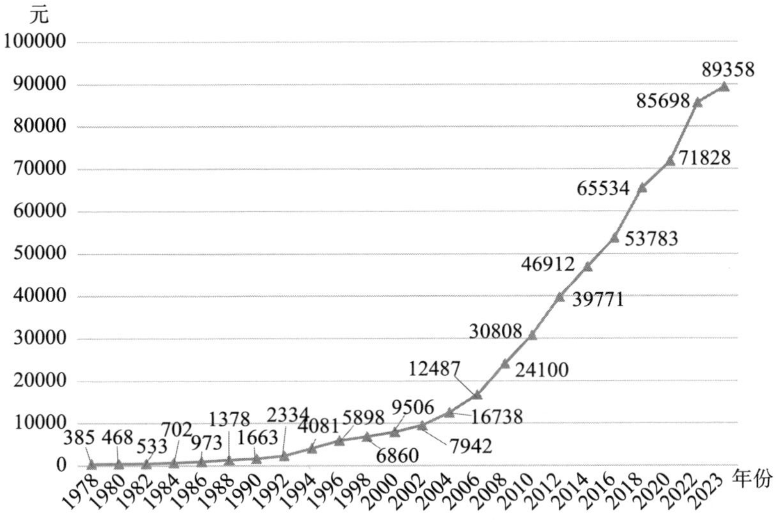

图 5－4　1978—2023 年中国人均 GDP 变化趋势

数据来源：《中国统计年鉴》（1979—2023 年）、《中华人民共和国 2023 年国民经济和社会发展统计公报》。

一步提高后的“三二一”顺序）。见图 5－5。

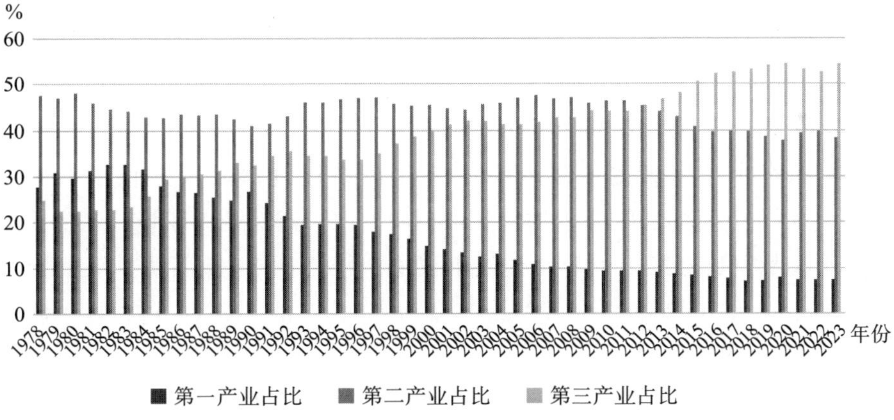

图 5－5　1978—2023 年中国三大产业增加值占比变化趋势

数据来源：《中国统计年鉴》（1979—2023 年）、《中华人民共和国 2023 年国民经济和社会发展统计公报》。

可见，我国产业经济已经完成了从逐渐“重型化”向日益“轻型化”的转型。产业结构的轻型化为经济发展的高质量发挥了重大作用。由图

5－5进一步可见，我国产业结构从“二一三”转向“二三一”的时间节点是1984—1985年，从“二三一”转向“三二一”的时间节点是2013—2014年。由此说明，党的十八大以来，先是实现产业结构的“二三一”向“三二一”的转变，进而是三产占比持续提升。这是产业结构优化的一个重要指标。

二、发展方式的绿色低碳转型成效显著

经济增长方式从高投入、高消耗、高排放转向低投入、低消耗、低排放是一个艰苦的过程，是一种绿色革命。我国正是以绿色革命的精神推进经济增长方式的绿色低碳转型，产业结构持续优化。深入推进供给侧结构性改革，坚决遏制高耗能、高排放、低水平项目盲目发展，累计退出过剩钢铁产能1.5亿吨以上。大力发展战略性新兴产业，2022年高技术制造业增加值占规上工业增加值比重达到15.5%，比2012年提高6.1个百分点。

（一）资源节约成效显著

党的十八大以来，深入推进节能、节水、节地、节材和综合利用“四节一利用”工作，节约型社会建设成效显著。我国单位国内生产总值能耗、水耗、地耗2022年比2012年分别下降45.8%、56.5%、38.6%，主要资源产出率累计提高近60%，为经济持续健康发展提供了重要保障。[①]《关于全面加强资源节约工作的意见》于2022年9月6日经中央全面深化改革委员会第二十七次会议审议通过。由图5－6可见，我国万元GDP的水耗从2002年的547.3吨下降到2012年的113.84吨，再下降到2023年的46.86吨。

由图5－7可见，我国万元GDP能耗从2002年的1.43吨标准煤，到2004年达到峰值1.6吨标准煤，然后一路下降，到2012年达到0.83吨标准煤，再下降到2020年的0.49吨标准煤，直至下降到2023年的0.45吨标准煤。2012年，中国经济总量约占全球的11.5%，单位GDP能耗却是

① 中共国家发展改革委党组：《奋力谱写新时代美丽中国建设新篇章》，《人民日报》，2023年8月17日。

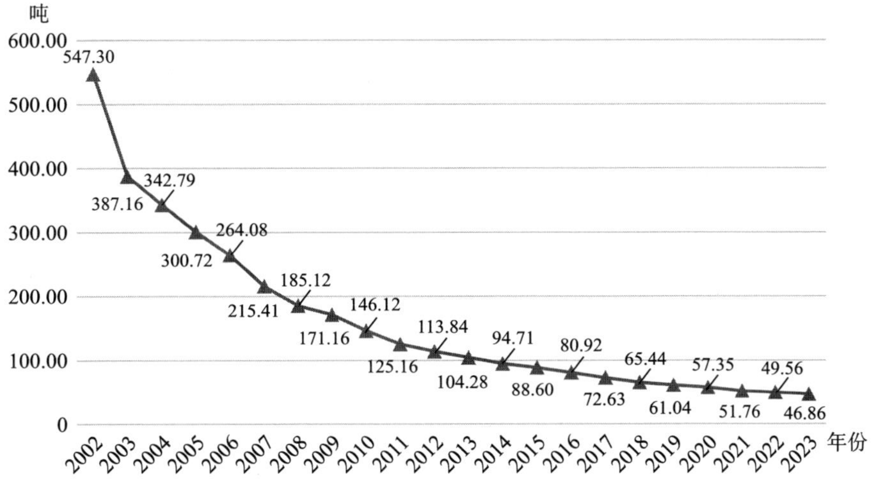

图 5-6　2002—2023 年全国万元 GDP 水耗

数据来源：《中国统计年鉴》（2003—2022 年）、《2023 年中国水资源公报》。

世界平均水平的 2.5 倍。2022 年，中国经济总量约占全球的 18%，单位 GDP 能耗却是世界平均水平的 1.4 倍。可见，既要看到节能的巨大成效，又要看到能耗水平与发达国家的差距。

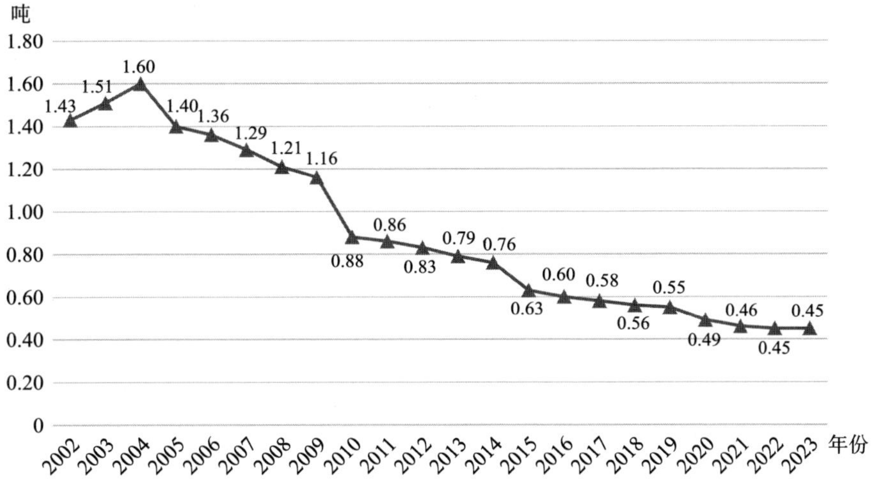

图 5-7　2002—2023 年全国万元 GDP 能耗

数据来源：《中国统计年鉴》（2003—2023 年）、《中华人民共和国 2023 年国民经济和社会发展统计公报》。

（二）污染减排成效显著

由图 5 -8 可见，我国万元 GDP 的水污染物排放量从 2002 年的 11.23 千克下降 2012 年的 4.50 千克，再下降到 2022 年的 2.13 千克。虽然 2010—2011 年有反弹，但是，水污染排放的总体趋势是递减的。

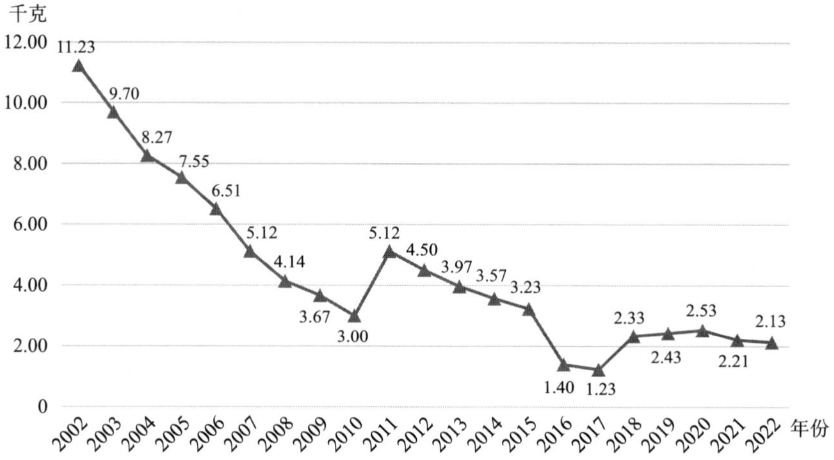

图 5 -8　2002—2022 年全国万元 GDP 水污染物排放量

数据来源：《中国统计年鉴》（2003—2023 年）。

由图 5 -9 可见，我国万元 GDP 的大气污染物排放量从 2002 年的 15.83 千克下降 2012 年的 3.93 千克，再下降到 2022 年的 0.20 千克。

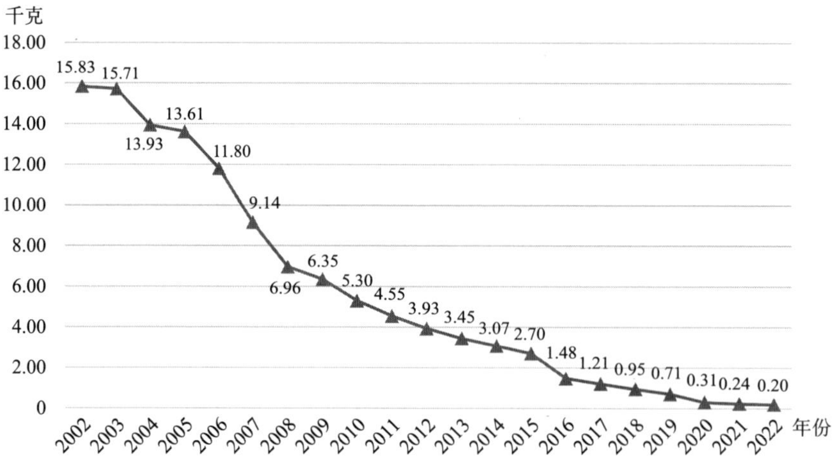

图 5 -9　2002—2022 年全国万元 GDP 大气污染物排放量

数据来源：《中国统计年鉴》（2003—2023 年）。

（三）温室气体排放强度稳定递减

我国积极稳妥地推进碳达峰碳中和工作。中共中央、国务院印发《关于完整准确全面贯彻新发展理念做好碳达峰碳中和工作的意见》，国务院发布《2030 年前碳达峰行动方案》，各部门出台 12 份重点领域实施方案和 11 份支撑保障方案，31 个省（区、市）全部制定本地区碳达峰实施方案，碳达峰碳中和“1 + N”政策体系构建完成并持续落实。由图 5 – 10 可见，我国万元 GDP 的碳排放量从 2002 年的 2.85 吨下降 2012 年的 1.69 吨，再下降到 2021 年的 0.91 吨。

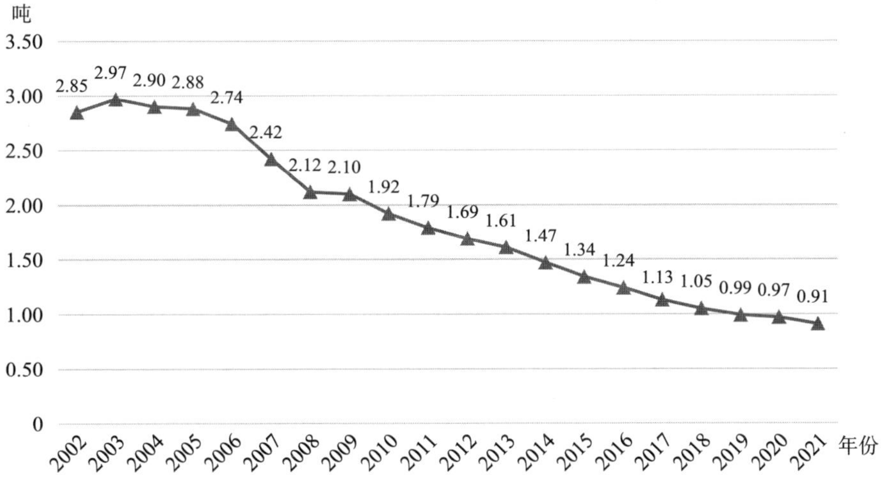

图 5 – 10 2002—2021 年全国万元 GDP 碳排放量

数据来源：《中国统计年鉴》（2003—2022 年）、中国碳核算数据库。

（四）生态经济发展呈现蓬勃势头

能源效率革命和能源结构革命是能源革命的两大方面。图 5 – 7 表明，我国万元 GDP 能耗呈现持续下降趋势，这说明我国能源效率持续提升，与此同时，能源结构加速绿色转型。完成煤电节能降碳改造、灵活性改造、供热改造“三改联动”超过 5.2 亿千瓦。在沙漠、戈壁、荒漠地区规划建设 4.5 亿千瓦大型风电光伏基地。

大力发展风电光伏。加大力度规划建设以大型风光基地为基础、以其周边清洁高效先进节能的煤电为支撑、以稳定安全可靠的特高压输变电线路为载体的新能源供给消纳体系。优化近海风电布局，开展深远海风电建设示范，稳妥推动海上风电基地建设。积极推进水风光互补基地建设。继续实施整县屋顶分布式光伏开发建设，加强实施情况监管。因地制宜组织开展“千乡万村驭风行动”和“千家万户沐光行动”。充分利用油气矿区、工矿场区、工业园区的土地、屋顶资源开发分布式风电、光伏。健全可再生能源电力消纳保障机制，完善可再生能源发电绿色电力证书制度。

有序推进水电核电重大工程建设。推动雅鲁藏布江下游水电开发前期工作，建成投产白鹤滩、两河口水电站全部机组，加快推动雅砻江孟底沟、黄河羊曲水电站建设，推进旭龙水电站核准，水电装机达到4.1亿千瓦。建成投运福清6号、红沿河6号、防城港3号和高温气冷堆示范工程等核电机组，在确保安全的前提下，积极有序推动新的沿海核电项目核准建设。

积极发展能源新产业新模式。加快“互联网+”充电设施建设，优化充电网络布局。组织实施《核能集中供热及综合利用试点方案》，推进核能综合利用。因地制宜开展可再生能源制氢示范，探索氢能技术发展路线和商业化应用路径。开展地热能发电示范，支持中高温地热能发电和干热岩发电，积极探索作为支撑、调节性电源的光热发电示范。加快推进纤维素等非粮生物燃料乙醇产业示范。稳步推进生物质能多元化开发利用。大力发展综合能源服务，推动节能提效、降本降碳。

国务院总理李强向十四届全国人大二次会议作《政府工作报告》时指出：可再生能源发电装机规模历史性超过火电，全年新增装机超过全球一半。[①] 这意味着：就我国而言，新增发电装机中，可再生能源超过50%，说明能源结构越来越好；就国际而言，可再生能源新增装机超过全球的50%，说明中国对全球应对气候变暖的贡献越来越大！

另外，绿色发展动能不断涌现。国务院印发《关于加快建立健全绿色低碳循环发展经济体系的指导意见》，绿色发展法规政策和技术创新体系加快构建，绿色低碳产业加快培育。我国新能源汽车产销量连续8年位居全球第一，保有量超过全球一半。

---

① 国务院总理李强：《可再生能源发电装机规模历史性超过火电 全年新增装机超过全球一半》，国际电力网（in-en.com），2024年3月5日。

三、经济增长越来越依靠科技进步

与此同时，我国的经济增长已经由主要依靠要素投入转向主要依靠科技进步。长期以来，我国的经济增长依赖于廉价劳动力和资本、土地、自然资源、环境资源等要素的投入。由于科技进步贡献率低，依靠成本高投入、资源高消耗、污染高排放实现经济高增长。2006 年召开的全国科技大会，解决了科技创新的模式问题，提出了自主创新战略，实现了从核心技术的“国外引进模式”到“自主创新模式”的转变。从此以后，我国科技进步对经济增长的贡献率年均上升 1% 左右，从 2005 年的 45% 提高到 2023 年的 60% 以上。

图 5 - 11 表明，中国每万人口的发明专利数量从 2002 年的 0.9 件增加到 2022 年的 29.8 件，其中，浙江省每万人口的发明专利数量从 2002 年的 2.2 件增加到 2022 年的 67.5 件，增速超过全国水平。

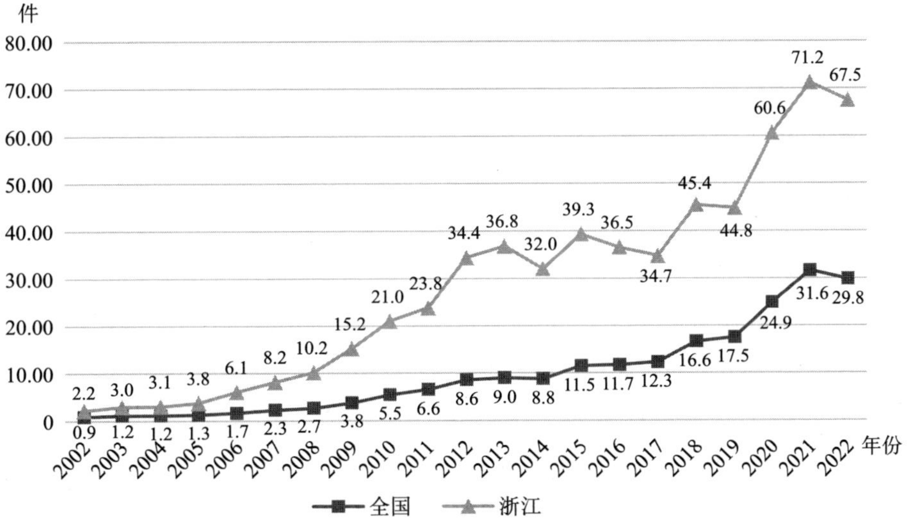

图 5 - 11　中国及浙江省 2002—2022 年每万人口发明专利数

数据来源：《中国统计年鉴》（2003—2023 年）。

第四节　大力推进生态社会建设：促进生态共富

生态文明建设不仅体现在生态环境、生态经济等可量化的指标上，而且也体现在生态文化繁荣、生态社会建设等方方面面。绿水青山就是金山银山理念在指导生态共富上已经产生了重要影响。

一、生态文化理念已经深入人心

党的十九大通过的党章把绿水青山就是金山银山理念、生态文明、新发展理念、建设美丽中国及尊重自然、顺应自然、保护自然等均纳入其中。在绿水青山就是金山银山理念指引下，生态文学、生态音乐、生态绘画、生态摄影、生态道德、生态习俗等生态文化成为生态文明和精神文明建设不可或缺的组成部分。有一个生态文化标志性的内容是“生态日”的设立。除了“世界水日”“世界环保日”“世界海洋日”等国际性生态日之外，我国各地的生态日逐渐诞生且活动丰富。例如，3 月 25 日是《中国 21 世纪议程》通过十周年纪念日。在大力实施“八八战略”及生态省建设的进程中，2003 年 9 月 13 日安吉县第十三届人大常委会第六次会议全票通过决议，把每年的 3 月 25 日定为“生态日”。这是我国设立的首个“生态日”。2010 年 6 月 30 日，中共浙江省委十二届七次全会审议通过的《中共浙江省委关于推进生态文明建设的决定》，提出了设立“浙江生态日”的要求，同年 9 月 30 日，浙江省第十一届人民代表大会常务委员会第二十次会议决定，每年 6 月 30 日为浙江“生态日”。2020 年 5 月 21 日在十三届全国人大三次会议浙江代表团全体会议上，以浙江代表团名义提出的《关于设立 8 · 15“国家生态文明日”的议案》经全体代表讨论同意，向全国人民代表大会提交。这是浙江代表团首次以代表团名义提出的议案。2023 年 6 月 28 日，十四届全国人大常委会第三次会议决定：将 8 月 15 日设立为“全国生态日”。设立全国生态日具有三大意义：一是有利于学懂弄通做实习近平生态文明思想。习近平生态文明思想博大精深。全面准确理解习近平生态文明思想需要一定的载体。通过生态日可以让生态文明理念被广大民众所理解和接受，做到内化于心并外化于行。二是有利于深入推进以美丽中国为目标的生态文明建设。我国生态文明建设处于生态环境安全需要与生态环境审美需要并存、环境污染减排与节能降碳增长并存、陆域环境保护与海洋环境保护并存的特殊阶段，必须以正确的思想推进美丽的事业，确保在 2035 年基本建成美丽中国、到 21 世纪中叶全面建成美丽中国。三是有利于推动全球生态文明建设，促进美丽世界的建设。中国的生态文明建设拥有中国理念、中国方案、中国模式、中国经验。设立全国生态日可以让中国走向世界、让世界了解中国，便于世界各国借鉴中国生态文明建设的做法和经验。2023 年 8 月 15 日首个全国生态日的成功举办充分说明：全国生态日对于增强生态意识、弘扬生态文化、强化生态道德、普及生态法制、传播生态知识、推广生态科技等方面均发挥了重要作用。

二、城乡居民收入差距逐渐缩小

图 5－12 显示，我国城镇居民人均可支配收入从 2002 年的 7703 元增加到 2012 年的 24565 元，再增加到 2023 年的 51821 元，农村居民人均可支配收入从 2002 年的 2476 元增加到 2012 年的 7917 元，再增加到 2023 年的 21691 元。城乡居民收入倍差从 2002 年的 3.11，缩小到 2012 年的 3.10，再缩小到 2023 年的 2.39。可见，虽然城乡居民的收入差距的绝对值在增加，但是，收入倍差在缩小，尤其是党的十八大以来收入倍差缩小的速度明显加快。说明共同富裕的政策导向发挥了作用。

浙江省是中央支持的高质量发展建设共同富裕示范区，城乡收入倍差缩小的成效更加显著。图 5－13 显示，浙江省城镇居民的人均可支配收入从 2002 年的 11716 元增加到 2012 年的 34550 元，再进一步增加到 2023 年的 74997 元，农村居民的人均可支配收入从 2002 年的 4940 元增加到 2012 年的 14552 元，再进一步增加到 2023 年的 40311 元，收入倍差从 2002 年的 2.37 缩小到 2012 年的 2.37，再进一步缩小到 2023 年的 1.86。

以浙江的收入倍差与全国的收入倍差作比较可见：2002 年，全国是 3.11，浙江省是 2.37；2012 年，全国是 3.10，浙江省是 2.37；2023 年，全国是 2.39，浙江省是 1.86。由此可以充分说明中央支持浙江高质量发

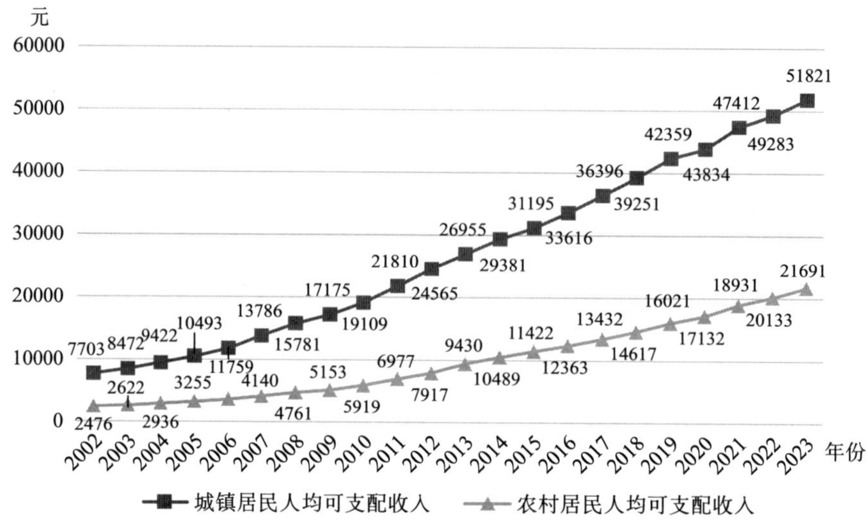

图 5－12　2002—2023 年中国城乡居民人均可支配收入

数据来源：《中国统计年鉴》（2003—2023 年）、《中华人民共和国 2023 年国民经济和社会发展统计公报》。

展建设共同富裕示范区的缘由了。

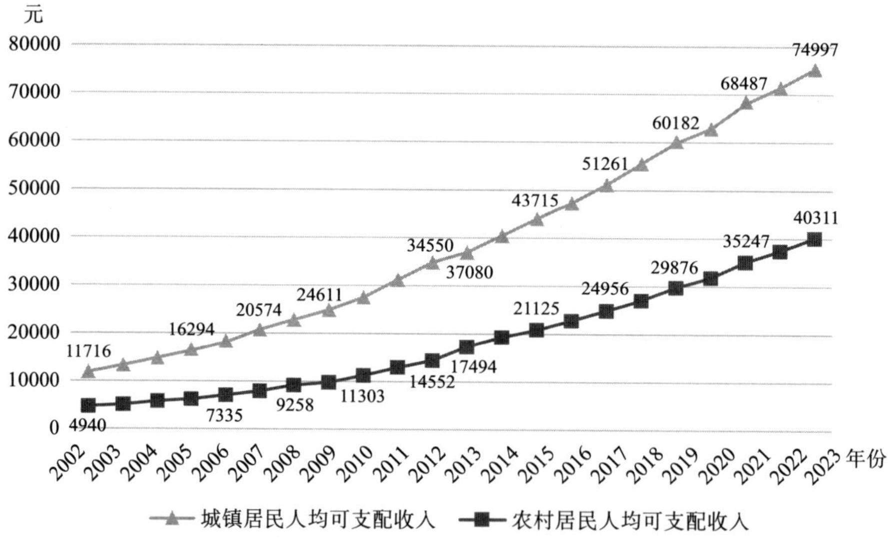

图 5－13　2002—2023 年浙江省城乡居民人均可支配收入

数据来源：《浙江统计年鉴》（2003—2023 年）、《2023 年浙江省国民经济和社会发展统计公报》。

城乡收入差距的缩小是城乡融合发展、收入分配政策、乡村振兴战略等一系列“组合拳”作用的结果，其中也包括了生态共富效应。由于绿水青山越做越大以及生态产品价值实现程度不断提高，由于利用生态优势大力发展生态产业使得绿色蛋糕越做越大，均促进了城乡之间的生态福利及经济福利的均等化，从而达到了生态优势助推共同富裕的效果。

三、生态环境公众满意度稳步提升

生态环境公众满意度是人民群众对生态文明建设的主观评价，也是生态文明建设成效接受人民监督和评价的重要指标。由浙江省美丽办委托省统计局民生民意调查中心组织开展生态环境公众满意度调查，采用 CATI（计算机辅助电话调查系统）方式，共获取成功样本 3.6 万个，并通过“浙江民调在线”收集网络民意 42.4 万余份，样本覆盖全省 90 个县（市、区）。调查从公众对生态环境质量的获得感、满意度、认知度、参与度和信心度等五方面展开。结果表明：2011—2023 年，浙江省生态环境公众满意度分别是 56.19%、57.26%、57.65%、60.20%、69.45%、76.73%、78.54%、82.85%、84.09%、84.68%、85.81%、86.02%、87.76%。见图 5－14。[①] 可见，连续保持十二年递增。

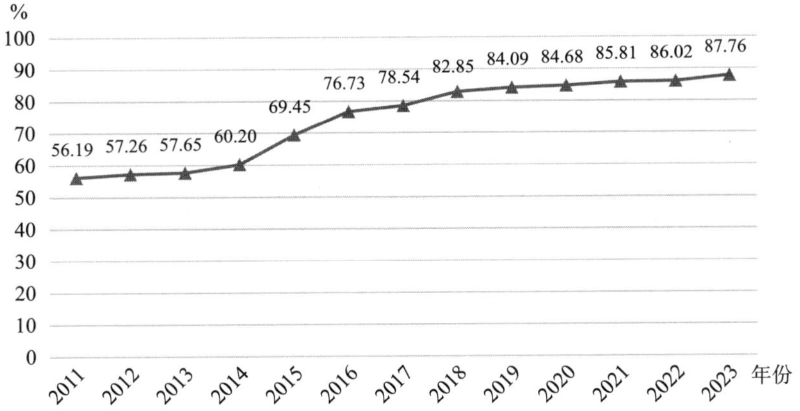

图 5－14　2011—2023 年浙江省生态环境质量公众满意度

① 浙江省生态环境厅：《连续 12 年提升！2023 年度全省生态环境公众满意度调查结果公布》，浙江省生态环境厅环保新闻（sthjt. zj. gov. cn），2023 年 12 月 6 日。

根据生态环境监测展示的生态环境质量改善是一个客观评价结果，生态环境质量公众问卷调查所得的满意度评价是一个主观结果。可见，党的十八大以来，生态环境质量改善的主客观评价结果是高度一致的。

生态环境部部长黄润秋在新闻发布会上说："这些年，我们身边的蓝天白云渐成常态、绿水青山随处可见，老百姓生态环境的幸福感、获得感和安全感都显著增强。根据国家统计局去年的调查统计，人民群众对生态环境的满意度超过了 90%。"①

需要说明的是：第一，浙江省生态文明建设走在全国前列，生态环境质量公众满意度反而低于全国。这是因为满意度调查的问卷的范围和对象是不同的。不可简单比较。第二，浙江省生态环境质量公众满意度连续十二年递增，全国生态环境质量公众满意度未必十二年都是递增的。从雾霾天气的加剧等经验观察可以判断，2011 年以来经历了先是下降再是上升的过程。

不管怎么说，随着生态文明建设的深入推进，无论是浙江省还是全国，生态环境质量公众满意度在边际上都表现为递增的趋势。这是值得充分肯定的。

第五节 践行绿水青山就是金山银山理念的基本经验

绿水青山就是金山银山理念是推进绿色低碳转型、走绿色发展治理的指导思想，我国在践行绿水青山就是金山银山理念的过程中已经形成丰富的经验。主要经验启示有：

一、坚持党的领导，依靠绿色革命精神推进绿色低碳转型

践行绿水青山就是金山银山理念，必须推动绿色低碳转型。绿色低碳

---

① 杨秀峰：《这十年，人民群众对生态环境的满意度超 90%》，中国经济网，2022 年 9 月 15 日。

转型不会一帆风顺。从“黑色增长”转向绿色发展，从“线性增长”转向循环发展，从“高碳增长”转向低碳发展，必然面临既得利益者的顽强抵抗，也必然面临各种各样的风险考验，没有一种绿色革命精神是难以转变的。将绿水青山从生态资源转变为生态资产再转变为生态资本并且实现盈利，并非轻轻松松的事情，而是创新性和创造性的事业。越是艰难的事情越需要党的领导。通过党的教育活动推进绿色自我革命，通过党的制度建设推进绿色外部革命，通过党的引领带动群众绿色转型，通过党的治理铲除绿色发展障碍。

在党的坚强领导下，我国积极推进经济生态化，提高产业革命、能源革命、资源革命、科技革命，开辟了经济转型升级的新路子。加大对传统产业、重化工业的改造，走清洁化、循环化的路子，以此带动传统优势产业的改造提升。加快推进产业园区、集聚区的生态化建设，实现环境治理从点源治理向集中治理转变。经济生态化是一个“壮士断腕”的痛苦抉择。相对于以生态破坏、环境污染、资源耗竭为代价的传统发展模式，必须做到“敢于放弃 GDP，敢于牺牲 GDP”，坚决贯彻“宁要绿水青山，不要金山银山”的思想。

在党的坚强领导下，我国积极推进生态经济化，努力将“生态资产”转变成“生态资本”进而转变成“富民资本”，实现生态产品的价值转化。以《生态文明体制改革方案》为统领，中央接连出台推进生态产品价值实现、生态保护补偿制度等相关文件，想方设法把绿水青山转化为金山银山。“不能坐在绿水青山上没钱数”。通过生态资产经营公司，把生态资产转变成生态资本，做大绿水青山；通过“公司 + 农户”的模式把生态资本变成富民资本，做高金山银山。随着自然资源、环境资源、气候资源总量控制制度的日趋严格，附着在自然资源上的生态资源、碳汇资源等的货币化转化也将成为现实，绿水青山必将成为老百姓的“绿色富矿”。

党的十八大以来，仅仅经过十年左右的时间，生态环境保护发生了历史性、转折性、全局性变化。党的领导是根本保证。没有党的领导，发挥党的领导的思想优势、政治优势、组织优势，这是不可想象的。有了党的领导，绿水青山就是金山银山理念才能入脑入心；有了党的领导，主体功能区规划、“三线一单”制度才能落地生根；有了党的领导，绿色低碳转型的体制改革、机制创新、制度建设才能推动；有了党的领导，以中央生态环境保护督察制度为引领的一系列监督机制才能雷厉风行。

二、坚持市场主导，鼓励企业家弘扬绿色创新创业精神

践行绿水青山就是金山银山理念，本质上就是走绿色发展之路。谁来走绿色发展之路，一靠生产者，二靠消费者，首先是生产者，首先是企业家。

企业是生态文明建设的主力军。绿色发展还是“黑色增长”、循环发展还是“线性增长”、低碳发展还是“高碳增长”？决策主体是企业。只有广大企业在激励性政策和约束性政策的引领下，越来越讲究绿色社会责任，越来越追求绿色产品红利，绿色发展才能成为主流。

企业家在推动企业绿色发展的过程中，既要有创新精神——生产“人无我有、人有我优、人有我特”的绿色产品，又要有冒险精神——按照高风险高收益的原则“无中生有、创造市场、开天辟地”。如果说军人是战争年代“最可爱的人”，那么企业家便是建设时代“最可爱的人”。

只有尊重企业家、保护企业家、支持企业家，绿色低碳转型和绿色低碳发展才有可能。对企业家最好的“尊重”“保护”“支持”就是营造良好的营商环境，打破体制壁垒、打破区域壁垒、打破行业壁垒、打破技术壁垒，营造充分竞争环境，让市场机制充分发挥作用，让企业家在大海中自由游泳。

当然面对市场机制在自然资源与环境资源配置中出现的扭曲现象，政府也不是不可作为，而是顺势而为。对于具有正外部性的生态产品，可以给予生态补偿、循环补助、低碳补贴；对于具有负外部性的产品生产，可以征收环境税、资源税乃至碳税。同时，在市场机制渐趋完善的背景下，可以大力推进自然资源产权、环境资源产权、气候资源产权交易制度。

党的十八大以来，我国在利用市场机制促进绿色发展方面做了大量的工作，出台了大量的政策，取得了显著的成效。在绿色财税政策方面，除了碳税外，资源税、环境税、生态补偿、循环补助、低碳补贴等各种政策均实施了；在生态产权交易方面，用水权、用海权、林权、排污权、碳排放权、用能权、碳汇等各种权属的交易制度均已开展，至少开展了试点。

可以相信，党的二十届三中全会以后，改革将进一步深化，开放将进一步扩大，创新将进一步加强。市场机制在推动绿色发展方面将发挥越来

越重要的作用。

三、坚持人民行动，引导全体人民创造绿色发展福利

践行绿水青山就是金山银山理念，既需要党的带领，更需要全体人民的行动。党的十八大结束后的中央政治局常委记者见面会上，习近平总书记旗帜鲜明地提出："人民对美好生活的向往，就是我们的奋斗目标"。这充分表达了"以人民为中心"的发展观。坚持生态惠民、生态利民、生态为民，就是坚持以人民为中心的发展观的生动体现。

绿色发展为人民，绿色发展靠人民。绿色发展关系各行各业、千家万户，既需要政府自上而下的制度设计，也需要群众自下而上的全民行动。全民行动是人民在生态文明建设领域当家作主的重要体现，是我国生态文明建设的显著优势，是经济社会全面绿色转型的长期基础。人人都是生态文明的局内人、参与者、建设者，不允许有生态文明的局外人、旁观者、评论员。

建设美丽中国是人民群众的共同事业，要营造人人、事事、时时崇尚生态文明的社会氛围，从生产到生活、从儿童到老人都必须树立生态文明理念、养成生态文明习惯、参与生态文明实践。作为消费者的公众，以货币购买商品实际就是用货币投票。如果把货币选票投给绿色产品，那么，"黑色产品"就没有市场；如果把货币选票投给"黑色产品"，那么，绿色产品就会市场冷清。具有绿色意识的公众及绿色社团组织已经成为生态文明建设的"第三种力量"。

在践行绿水青山就是金山银山的进程中，一定要充分尊重人民的创造，千万不要对人民大众指手画脚。"高手在民间"。推动绿色发展事业的"高手"也必然在民间。绿色材料的创新、绿色生产的创新、绿色产品的创新、绿色模式的创新、绿色机制的创新，都离不开人民的创新。党的十八大以来，凡是尊重人民创造的地方，绿色发展之路都是走得比较扎实的。反之，则必然是表面文章。

四、坚持创新驱动，促进绿色创新提高收益降低成本

践行绿水青山就是金山银山理念，必须扫除绿色发展的技术障碍。最

主要的技术障碍是“绿色不经济”“循环不经济”“低碳不经济”。只要存在这“三个不经济”，企业就没有发展的动力。企业就是追求利润最大化的经济组织。只有把“绿色不经济”转变为“绿色且经济”，把“循环不经济”转变为“循环且经济”，把“低碳不经济”转变为“低碳且经济”，企业才有发展的动力。

如何完成这“三个转变”？关键靠绿色科技创新。通过绿色科技创新降低绿色发展、循环发展、低碳发展的成本，提高绿色发展、循环发展、低碳发展的收入，让企业有利可图。

绿色科技创新具有双重外部性：一是绿色科技创新技术扩散中的“技术外部性”；二是绿色科技治理环境污染中的“环境外部性”。① 正因为如此，各国均在绿色科技创新方面通过设立创新基金、提供创新补贴等手段激励企业创新。

党的十八大以来，我国对于绿色科技创新给予了前所未有的重视。无论是绿色科研项目的资助还是绿色科技创新的补贴以及绿色创新基金的设立等方面，均做了大量的工作。科技创新年年有进步，而且年年有重大进步。

五、坚持系统联动，统筹生态环境保护和经济社会发展

绿水青山就是金山银山理念蕴含了丰富的系统观念、系统思维和系统方法。系统与系统之间、系统与环境之间、系统内的要素与要素之间都是高度关联的。践行绿水青山就是金山银山理念，不能抓住一点，不及其余，而要用系统思维、系统方法，推进山水林田湖草沙一体化治理，推进节能、减排、降碳、增长的系统性。

从自然生态系统看，山水林田湖草沙是一个系统，必须进行整体保护、系统修复和综合治理。我国建立了上游下游、左岸右岸、地上地下、岸上岸下、陆地海洋生态环境一体化治理机制，按照生态系统的整体性、系统性及内在规律，全方位、全地域、全过程开展生态文明建设。实践证明，一个流域、一个区域的整体性治理比各管一块、各管一段的分治，成

---

① 吴应龙，沈满洪，王迪：《生态科技创新的双重外部性及矫正机制研》，《浙江社会科学》，2023 年第 1 期，第 15－27 页。

效更加显著。

从生态环境治理组织看，推进党和政府机构改革，形成协同创新的治理格局。山水林田湖草沙一体化治理，必然要求治理机构、治理主体的一体化推进，以此解决“条”与“条”、“块”与“块”、“条”与“块”之间的矛盾与冲突，以此解决“只顾自家门前雪、不管人家瓦上霜”的做派。长三角生态绿色一体化发展示范区处于上海市青浦区、江苏省吴江区、浙江省嘉善县三县交界处。该区域曾经是水环境保护矛盾十分尖锐的区域，根子出在规划上。对于青浦区而言，这是水源保护区；对于嘉善县而言，这是水源涵养区；对于吴江区而言，这是污水排放区。正因为矛盾纠纷具有代表性，加之该区域又是长三角的中心点，长三角生态绿色一体化发展示范区就选择该区域。所以，《长三角生态绿色一体化发展示范区水乡客厅国土空间详细规划（2021—2035 年）》的发布具有两大意义：一是推进跨区域规划的编制，从规划源头上防止“上游的污水排放区成为下游的水源保护区”现象的再度发生。二是推进跨区域水生态水环境水资源的一体化保护，努力追求生态环境保护的一体化规划、一体化标准、一体化执法等，全面提升生态文明建设水平。

从城乡融合发展的角度看，形成美丽乡村、美丽城镇、美丽城市建设各具特色、齐头并进的格局。绿色发展的空间特征就是要实现美丽乡村、美丽城镇、美丽城市建设的联动，形成各具特色的生态美。始于 2003 年的“千村示范、万村整治”美丽乡村建设活动为“美丽中国”建设提供了实践基础。二十年来，美丽乡村建设已经开始从“一处美”迈向“一片美”，从“一时美”迈向“持久美”，从“外在美”迈向“内在美”，从“环境美”迈向“发展美”，从“形态美”迈向“制度美”，逐渐形成美丽乡村升级版。

第六章

绿水青山就是金山银山理念的时代逻辑

绿水青山就是金山银山理念既是时代实践的理论总结，又是符合时代发展潮流的理论抽象。运用绿水青山就是金山银山理念既能解释经济社会发展的阶段性特征，又能指导经济社会发展的长远性趋势。

第一节　绿水青山就是金山银山理念代表时代潮流[①]

顺潮流者昌，逆潮流者亡。这是亘古不变的道理。在处理人与人的关系问题上，是如此；在处理人与自然的关系、生态保护与经济增长的关系问题上，也是如此。绿水青山就是金山银山理念就是顺应了时代潮流。

一、绿水青山就是金山银山理念反映了人民需要变化

“需要”是一个心理学概念，是指人体组织系统中的一种缺乏、不平

① 沈满洪：《绿水青山就是金山银山理念的时代逻辑》，《治理研究》，2025 年第 4 期。

衡的状态。需要是可以分层次的，从低到高依次是：生理的需要（衣食住行性的需要）、安全的需要（生命安全的需要、财产安全的需要、心理安全的需要、职业安全的需要等）、社交的需要（相属关系的需要、爱人的需要、被爱的需要）、尊重的需要（尊重人的需要、被人尊重的需要）、自我实现的需要。[①] 见图 6－1。其中，生理的需要和安全的需要是低级需要或基本需要，其他需要是高级需要。低级需要得不到满足，就不会有高级需要；低级需要得到一定程度的满足，就会上升到高级需要。

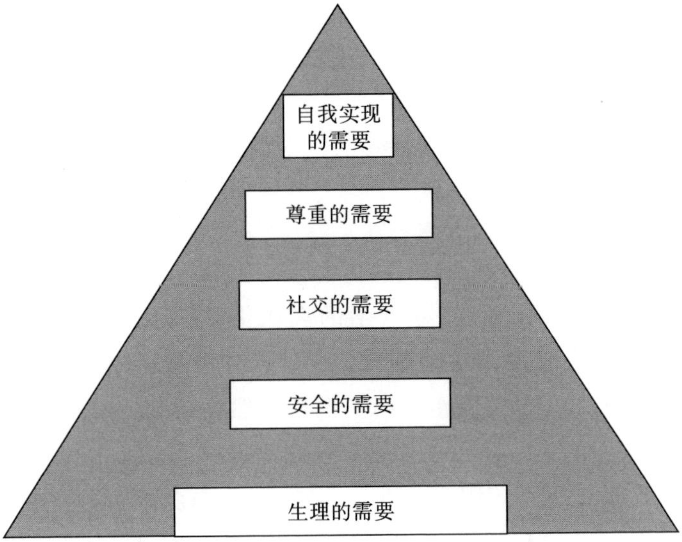

图 6－1　需要层次理论示意图

那么对生态环境、生态服务、生态产品的需要属于什么需要？这要看是什么样的生态环境、生态服务、生态产品。优质的生态环境、生态服务、生态产品就是高档货，可以满足人们审美的需要、享乐的需要、尊重的需要（如环境协商、环境民主等），因此，是高级需要。一般质量的生态环境、生态服务、生态产品就是普通品，只能满足人们生存的需要、安全的需要，属于低级需要。而劣质的生态环境、劣质的生态服务就是厌恶品，会损害人们生产活动，会降低人们的生活质量，会给人们带来负效用。

从经济社会发展的角度看，“需要”具有阶段性特征。在生理需要得

① ［美］马斯洛著：《马斯洛人本哲学》，成明，编译，北京：九州出版社，2003 年 8 月，第 426 页。

不到满足的情况下，“活下去”是第一需要，“活得好不好”“活到多久”等都不重要。正是在这种背景下出现了“只要金山银山，不要绿水青山”的现象。乡镇企业刚刚起步的时候，“办了一个工厂，毁了一条河流”的现象比比皆是。但是，没有群众出来反对。原因是，“办了一家工厂，儿女可以打工，养活一家人口”。当生理需要得不到满足时，连安全需要都顾及不了。

随着收入水平的上升，温饱问题的解决，人们对生态环境安全的需要提上了议事日程。老百姓发现以“高投入、高消耗、高排放”实现“高增长”的模式，虽然“钱袋鼓起来”，但是“身子垮下去”了。“既要金山银山，又要绿水青山”的需要诞生了。但这时对绿水青山的需要主要还是停留于生态安全需要的层面。于是，面对污染型的增长方式，老百姓纷纷起来抗议和抵制，环境维权行动不断产生，甚至出现因环境问题引发的群体性事件。

随着小康目标的实现，全面小康和现代化目标成为中心议题。现代化具有经济的现代化（富裕化）、政治的现代化（民主化）、文化的现代化（多元化）、科技的现代化（高新化）等共性特征，又有人口众多、共同富裕、和平发展、物质精神相协调、人与自然和谐共生等中国式特征。这就意味着，生态审美的需要、生态文化的需要、生态民主的需要等高级需要全面提上议事日程。正因为如此，习近平同志在主持起草党的十八大报告时，适时提出了“建设美丽中国”的目标，并把美丽中国纳入现代化强国的目标，纳入中华民族伟大复兴的中国梦。

人民创造历史。时代是人民的时代。政党和领袖都要顺应人民的需要。绿水青山就是金山银山理念顺应了人民的需要，顺应了人民日益增长的生态需要，因此，也顺应了时代发展的潮流。

二、绿水青山就是金山银山理念反映了社会主要矛盾

需要的多样性、层次性、阶段性特征自然而然就反映在社会主要矛盾上。社会主义改造以后，我国社会主要矛盾经历了三个阶段：①

---

① 门小军：《中国共产党对各个历史时期社会主要矛盾的科学分析及其经验启示》，党建网，2021年08月09日。

第一个阶段：社会主义建设时期。1956 年，我国社会主义改造基本完成，社会主义制度建立起来，我国社会主要矛盾发生了根本性变化。1956 年 9 月召开的党的八大指出：国内的主要矛盾，已经是人民对于建立先进的工业国的要求同落后的农业国的现实之间的矛盾，已经是人民对于经济文化迅速发展的需要同当前经济文化不能满足人民需要的状况之间的矛盾。这是我党作出的正确判断。需要的是工业国，现状却是农业国，工业化成为时代趋势；需要的是经济文化迅速发展，现状却是经济文化相当落后，现代化成为时代趋势。很显然，当时需要解决的突出问题是"生理需要"。如果把"需要"转化为经济学术语，就是"需求"——人们的主观愿望（需要）与客观能力（收入）的统一。供给满足不了需求，加强供给保障就是党的主要任务。可惜我党后来偏离了这一判断，导致巨大的损失。

第二个阶段：改革开放和社会主义现代化建设新时期。1978 年，党的十一届三中全会果断停止"以阶级斗争为纲"，开始重新探讨社会主要矛盾问题。1981 年 6 月，党的十一届六中全会通过的《关于建国以来党的若干历史问题的决议》，将社会主要矛盾表述为"人民日益增长的物质文化需要同落后的社会生产之间的矛盾"。这一论断提出后，得到以后历次党的全国代表大会的确认和发展完善。这一主要矛盾的概括总体保留了党的八大的精神，但是语言上更加精炼和明确。这个阶段，从主要矛盾的表述上是把"物质产品"和"文化产品"是并举的，但是，实践中还是强调以经济建设为中心，其目的就是满足衣食住行等最基本的需要，解决基本需要产品的供求平衡。在这个阶段，物质产品的供求在总量上已经从"不能满足"转向"能够满足"甚至"供过于求"；在结构上则是优质产品"供不应求"而一般产品"供过于求"。从文化产品的供求上看，思想文化产品供给相对充分，精神文化产品供给相对不足，缺乏对"高级需要"的满足的关注。

第三个阶段：中国特色社会主义新时代。党的十八大以来，我国取得了改革开放和社会主义现代化建设的历史性成就，党和国家事业全面开创新局面，中国特色社会主义进入新时代。2017 年 10 月召开的党的十九大提出了社会主要矛盾的最新论断，即"人民日益增长的美好生活需要和不平衡不充分的发展之间的矛盾”[①]。这是一个典型的与时俱进的科学判断。从需求端看：人们对美好生活的需要已经日益增长；从供给端看：满足美好生活需要的物质产品、精神产品、生态产品的生产不平衡不充分。新时代社会主要矛盾充分考虑了人们对优质生态环境、优质生态服务、优质生态产品的需要。

时代总是在矛盾运动中不断前进的。每个时代有每个时代的矛盾，每个时代有每个时代的主要矛盾。谁能识别、把握并解决社会主要矛盾，谁就能推动历史的进步。绿水青山就是金山银山理念准确把握了时代脉搏，因此，也深刻把握了时代方向。

三、绿水青山就是金山银山理念反映了惠民宗旨观念

中国共产党的根本宗旨是“全心全意为人民服务”。从社会主要矛盾的表述可见：社会主义建设时期是为了“人民对于建立先进的工业国的要求”和“人民对于经济文化迅速发展的需要”；改革开放和社会主义现代化建设新时期是为了“人民日益增长的物质文化需要”；中国特色社会主义新时代是为了“人民日益增长的美好生活需要”。可见，不管什么时期，我党始终不忘初心、牢记使命，始终坚持全心全意为人民服务的根本宗旨。

2018 年 5 月 18 日，习近平总书记在全国生态环境保护大会上的讲话指出：“人心是最大的政治。我们要积极回应人民群众所想、所盼、所急，大力推进生态文明建设，提供更多优质生态产品，不断满足人民日益增长的优美生态环境需要。”[②] 在同一个讲话中，习近平总书记系统阐述了“良好的生态环境是最普惠的民生福祉”的重要原则。强调“要坚持生态惠民、生态利民、生态为民”[③]。字里行间充满着以人民为中心的发展观、以人民为中心的保护观。坚持生态优先做大绿水青山为了人民，坚持绿色发展做高金山银山也是为了人民，坚持生态共富促进社会公平还是为了人民。

---

① ［美］马斯洛：《马斯洛人本哲学》，成明，编译，北京：九州出版社，2003 年 8 月，第 426 页。

② 习近平：《论坚持人与自然和谐共生》，北京：中央文献出版社，2022 年 1 月，第 8 页。

③ 习近平：《论坚持人与自然和谐共生》，北京：中央文献出版社，2022 年 1 月，第 11 页。

历史是人民创造的。践行绿水青山就是金山银山理念必须坚持依靠人民。习近平总书记在2018年的全国生态环境保护大会上还强调："生态文明是人民群众共同参与共同建设共同享有的事业，要把建设美丽中国转化为全体人民自觉行动。每个人都是生态环境的保护者、建设者、受益者，没有哪个人是旁观者、局外人、批评家，谁也不能只说不做，置身事外。"[①] 这一重要论述表明：美丽中国是全国人民的共同理想，是全体人民共同的事业。众人拾柴火焰高。只有人人参与生态文明建设，美丽中国的目标才能够实现。这是我党的群众路线的具体运用。绿水青山就是金山银山理念事关生态文明建设的方方面面。仅仅靠几个人的奋斗是无济于事的。只有发动"人民战争"，才能取得绿色发展、污染防治、生物多样性、碳达峰碳中和的全面胜利。

坚持生态文明建设为人民，坚持生态文明建设靠人民。这是时代的永恒主题。什么时候抓住这个主题，什么时候就能够成功；什么时候偏离或放弃这个主题，什么时候就一定失败。人民性是绿水青山就是金山银山理念的核心价值。只有人民共同创造的绿水青山，才是人民的金山银山；只有人民共同创造的金山银山，才能最终转化成绿水青山为人民所有。[②] 绿水青山就是金山银山理念正是抓住了"一切为了人民，一切依靠人民"的时代主题，完全符合时代潮流。

第二节　践行绿水青山就是金山银山理念反映时代趋势

绿水青山就是金山银山理念蕴含了生态文化、生态产业、生态消费、生态资源、生态环境、生态科技、生态制度等一系列要素。这些要素放到空间当中就是生态城乡。绿水青山就是金山银山理念就蕴含了八个方面的时代趋势，践行绿水青山就是金山银山理念也必须把握八个方面的时代

---

① 习近平：《论坚持人与自然和谐共生》，北京：中央文献出版社，2022年1月，第11－12页。

② 杨煌辉：《"绿水青山就是金山银山"的三重逻辑》，《石河子大学学报（哲学社会科学版）》，2021年第5期。

趋势。

一、生态文化普及化趋势

生态文化是生态理念、生态价值、生态道德、生态习俗等的总称，既反映了一个社会的人生观和道德观，又反映了一个社会的价值观和世界观。生态文化普及化就是指，生态文化的养成不是针对个别人的，而是针对全民的，因此，必须把握生态文化普及化趋势，让生态价值、生态道德、生态习俗内化于心并外化于行。

生态文化普及化是一个过程。早期，生态文化往往被社会精英所掌握，被少数人发现了生态文明建设的自然发展规律、经济发展规律和社会发展规律。随着科学技术和文化知识的推广，生态文明被越来越多的人所了解，生态文化进入引领生态文明建设的时期。随着生态文化理念被越来越多的人所掌握，就提出了生态文化普及化的要求。没有生态文明武装的人必将被时代所唾弃。可见，生态文化经历了“精英化——推广化——普及化”。“精英化”阶段，生态文化只是被少数人掌握；“推广化”阶段，生态文化被相当一部分所掌握；“普及化”阶段，生态文化则是被人们普遍掌握。

顺应生态文化普及化趋势，必须“坚持四个观念”：

一是坚持树立生态生命观。“像对待生命一样对待生态环境”。“人与自然是生命共同体，人类必须尊重自然、顺应自然、保护自然。”① 敬畏生态就是敬畏生命，敬畏自然就是敬畏生命，敬畏生命才能发现善心，敬畏生命才能发现德性。

二是坚持树立生态价值观。生态是有生命的，生态是有价值的，生态价值是可以转化的。生态价值观不仅是生态学意义上的，而且是经济学意义上的；不仅是经济学意义上的，而且是伦理学意义上的。有价值才会珍惜，有价值才会谋求价值的增值，努力追求绿水青山价值的最大化。

三是坚持树立生态道德观。伦理道德不仅是处理人与人之间的关系（包括当代人之间和代际之间），也要处理人与自然之间的关系。坚持人

---

① 习近平：《决胜全面建成小康社会 夺取新时代中国特色社会主义伟大胜利——在中国共产党第十九次全国代表大会上的报告》，北京：人民出版社，2017 年 10 月，第 24 页、第 50 页。

与自然和谐共生，就必然要求实现当代人与当代人之间的和谐共生，也必然要求实现当代人与后代人之间的和谐共生，从而形成当代人与当代人、当代人与后代人、人类与自然之间的和谐共生。

四是坚持树立生态文化观。只有以文化人，才能形成生态自觉、做到生态自律、养成生态习俗。文化是人类文明的结晶。生态文化是生态文明成果的结晶。树立生态文化观，就既要传承和弘扬人类生态文明成果，又要创新和创造人类生态文明成果，产生生态文明成果的“滚雪球”效应，这种效应就是做大绿水青山，做高金山银山。

二、生态产业主导化趋势

人类产业经济的发展过程大致上经历了三次转变：第一次，从产业原生态到产业黑色化的转变，也就是产业小型化到产业大型化的转变。第二次是从产业黑色化到产业绿色化的转变，也就是从黑色经济到浅绿经济的转变。第三次是从产业绿色化到生态产业主导化的转变，也就是从浅绿色经济到深绿色经济的转变。

“生态产业主导化”是相对于“产业生态化”的，“产业生态化”是针对“产业黑色化”的。“产业生态化”只要求有生态企业，“生态产业主导化”要求足够多的生态企业甚至生态企业普及化。为此，必须大力倡导绿色发展，遏制“黑色增长”；倡导循环发展，遏制“线性增长”；倡导低碳发展，遏制“高碳增长”。从“黑色增长”到绿色发展、“从线性增长”到循环发展、从“高碳增长”到低碳发展，是发展观的深刻革命。所以，习近平总书记强调：“要坚持和贯彻新发展理念，正确处理经济发展和生态环境保护的关系，像保护眼睛一样保护生态环境，像对待生命一样对待生态环境，坚决摒弃损害甚至破坏生态环境的发展模式，坚决摒弃以牺牲生态环境换取一时一地经济增长的做法”。[①]

生态产业主导化的主要路径是两条：一是存量经济与传统产业的生态化，主要走循环经济与清洁生产之路，如浙江省的镇海石化、绍兴印染等就是走出了一条循环化和清洁化的成功之路；二是增量经济与新兴产业的

① 习近平：《论坚持人与自然和谐共生》，北京：中央文献出版社，2022 年 1 月，第 168 页。

生态化主要走技术创新与文化创新之路（高新化、轻型化），浙江省的新昌县、长兴县、东阳市等就是高新化、轻型化转型升级的成功典范。

总之，人类社会必须把握生态产业主导化趋势，让绿色发展、循环发展、低碳发展成为生产活动的主旋律。未来就是这样的一个时代。未来已来，必须把握好这种趋势。

三、生态消费时尚化趋势

消费行为对绿色发展影响重大。“重生产、轻消费”是不可能建成美丽中国的。消费行为直接影响绿色发展和生态文明，而且具有传导性。消费者用货币购买的商品的过程实际上就是“投票”的过程。用货币购买绿色产品或用绿色生产方式生产的产品，就是支持绿色发展；用货币购买黑色产品或用黑色生产方式生产的产品，就是抵制绿色发展。因此，必须高度重视“货币选票”的作用。

消费习惯的形成、消费风尚的养成十分重要。习近平总书记以能源消费为例语重心长地说：“推动能源消费革命，不仅要成为政府、产业部门、企业的自觉行动，而且要成为全社会的自觉行动。”“要在全社会牢固树立勤俭节约的消费观，树立节能就是增加资源、减少污染、造福人类的理念，努力形成勤俭节约的社会风尚。”① 因此，一定要改变摆阔式消费，推崇适度性消费；改变破坏性消费，推崇保护性消费；改变奢侈性消费，推崇节约型消费；改变一次性消费，推崇重复性消费。加强消费主体的教化，开展创建节约型机关、绿色家庭、绿色学校、绿色社区和绿色出行等活动。

人人都是生态文明的参与者、建设者、实践者，不是生态文明的局外人、旁观者、评论员。如何参与？履行公民的义务，就是要把握生态消费时尚化趋势，让绿色消费、循环消费、低碳消费成为自己的自觉行动，进而转变成社会的风尚。

---

① 习近平：《论坚持人与自然和谐共生》，北京：中央文献出版社，2022 年 1 月，第 78 页。

四、生态资源经济化趋势

人类社会对生态资源的利用经历了从无价到有价、从低价到均衡价格的转变。从无价到有价是生态资源稀缺性的表现，从低价到均衡价格是自然资源稀缺性加剧的表现。

长期以来，生态资源中只有土地、矿产、树木等部分生态经济资源实现了经济化，而量大面广的森林生态、环境容量、气候容量等生态环境资源则没有实现经济化。随着生态环境资源稀缺性的与日俱增，随着生态环境资源计量技术的突飞猛进，这些资源的经济化也成为可能，而且生态资源的价格总体呈现上升趋势。

针对生态资源经济化趋势，就要采取相应的措施：一方面，大力推进生态科技创新和生态制度创新，提高自然资源生产率，加强自然资源需求侧管理，优化自然资源投入结构、提高资源配置效率和利用效率。另一方面，大力推进绿色财政制度和生态产权制度改革，推动基于庇古理论①的资源税、环境税、碳税及生态补偿、循环补助、低碳补贴等制度改革；推动基于科斯理论②的用水权、排污权、用能权、碳排放权、碳汇权等制度改革。

办法总比困难多。只要人类善于利用经济规律，一定能够解决稀缺的生态资源的优化配置问题。为此，必须把握生态资源经济化趋势，通过价格显示做到自然资源、环境资源、气候资源价值的实现。

五、生态环境景观化趋势

生态环境景观化完全是需要层次递增的结果。审美需要的满足是以优质的生态环境为基础的，优质的生态环境本身就是审美的客体。生态环境景观化是人们日益增长的优美生态环境需要的必然反映。如果当年的富春江是水质低劣、水葫芦丛生、死猪漂浮江面，黄公望先生是创作不出传世

---

① 〔英〕庇古：《福利经济学》，金镝，译，北京：华夏出版社，2007 年 7 月，第 135 – 157 页。

② 〔美〕科斯：《社会成本问题》，载科斯等《财产权利与制度变迁》，上海：上海三联书店、上海人民出版社，1994 年 11 月，第 3 – 58 页。

之作——《富春山居图》的。正是人们对美的需要的快速上升，习近平总书记寄语浙江省打造新时代富春山居图。

新时代的浙江省已经全域成为一个“大花园”。每个设区市和县市区就是“中花园”。每个乡镇、村落就是“小花园”。无论到杭州市、宁波市、绍兴市等城市看看，还是到衢州市、丽水市、金华市的乡村看看，处处有美景，处处是美景。如果从西湖出发，经钱塘江、穿富春江、上新安江、进千岛湖，已经可以真切地感受到“新时代富春山居图”的美丽了。

当然，生态环境景观化还不够充分，不够平衡，需要久久为功，持之以恒。既要打造优美的生态环境——自然生态美，又要打造优美的生活环境——生态人居美，还要打造优美的生产环境——生态经济美，从而形成费孝通先生所主张的“各美其美，美人之美，美美与共，天下大同”① 的局面。

生态环境景观化，既要尊重自然之美，不要随意改变自然的生性；又要创造人工之美，通过艺术设计和创造把自然之美上升为艺术之美。为此，必须把握生态环境景观化趋势，让生态环境、生活环境、生产环境满足审美感受，实现生态环境真善美的有机结合。

六、生态城乡特色化趋势

工业化的结果就是城市化。由于资本、劳动等各种要素的集聚自然导致人口的集聚，人口的集聚产生了城市。但是在城市化过程中，也是有不少教训可以汲取的。例如，城市建设的千篇一律，忘却了城市的特色；城市建设的铁桶圈扎式的规划，导致城市拥堵；城市建设只顾创新、不顾保护，出现“拆除旧城建新城，新城不如旧城美”的现象；城市建设与乡村建设雷同，导致城市与城镇、城镇与乡村无差异。

因此，习近平总书记在2013年中央城镇化工作会议指出：“要让城市融入大自然，不要花大力气去劈山填海，很多山城、水城很有特色，完全可以依托现有山水脉络等独特风格，让居民望得见山、看得见水、记得住乡愁”②。2018年召开的中央农村工作会议强调，按照产业兴旺、生态宜

① 费孝通：《人的研究在中国》，《读书》，1990年第10期。

② 习近平：《论坚持人与自然和谐共生》，北京：中央文献出版社，2022年1月，第56页。

居、乡风文明、治理有效、生活富裕的总要求，建立健全城乡融合发展体制机制和政策体系。

生态城乡特色化，就是每座城市、每个城镇、每个村落都要努力保持或形成自己的特色。特色就是人居环境的“产品差别”，“产品差别”就是乡村旅游、民宿产业的“比较优势”，也是当地居民生态印记或文化积淀。生态城乡特色化有两个方面的含义：一是指城市与城镇之间、城镇与村落之间、村落与城市之间是有足够的差异度并且尽可能有隔离带。城乡融合发展并不是放弃城市和乡村各自的特色，而是强调基础设施的融合、公共服务的融合、制度保障的融合等。二是指城市与城市之间、城镇与城镇之间、村落与村落之间有足够的差异度，防止“千城一面”“千镇一面”“千村一面”的现象。差异就是特色，特色就是优势，优势就是胜出。

因此，人类必须把握生态城乡特色化趋势，形成城市—城镇—村落及城市、城镇、村落差异化和特色化。

七、生态科技创新自主化趋势

在绿色且经济、循环且经济、低碳且经济的情况下，只要推广和鼓励即可。但是，在绿色不经济、循环不经济、低碳不经济的情况下怎么办？只有依靠科技创新，才能从绿色不经济转向绿色经济，从循环不经济转向循环经济，从低碳不经济转向低碳经济。创新驱动是绿色发展的第一动力。

创新引领是永无止境、不可估量的。例如，太阳能光伏发电的成本：2010 年，1. 0—1. 1 元/度；2013 年，0. 7—0. 8 元/度；2018 年，0. 39 元/度；2020 年，则降低到 0. 30 元/度以下。当新能源的价格与老能源的价格相当的时候就是新能源替代老能源的时候。自主创新是引领绿色发展的第一动力。

在百年未有之大变局的背景下，人们充分感受到：一个国家要形成核心竞争力必须有核心技术，而任何一个国家都不可能把核心技术转让给另一个国家。恰恰相反，想方设法暗中搞“技术壁垒”，甚至明目张胆搞“技术封锁”。因此，习近平总书记在党的二十大报告中明确指出：“坚持面向世界科技前沿、面向经济主战场、面向国家重大需求、面向人民生命健康，加快实现高水平科技自立自强。以国家战略需求为导向，集聚力量进行原创性引领性科技攻关，坚决打赢关键核心技术攻坚战。加快实施一批具有战略性全局性前瞻性的国家重大科技项目，增强自主创新能力。”①

2006 年初，全国召开了第三次科技大会。全国科技大会后就是各省区市的科技大会。浙江省在筹备科技大会时，筹备提供了一个“全省科技大会”的建议方案。时任省委书记习近平同志看后，修改为“全省自主创新大会”，并于 2006 年 3 月 20—22 日顺利举行。这一则故事充分说明，习近平总书记对自主创新工作的极端重视。

中国经济成为世界第二大经济体后，想要建成现代化强国，必须突破“中等技术陷阱”，高度重视绿色科技的自主创新。只有形成具有中国特色的自主的基础研究、应用研究、成果转化的绿色科技创新体系，才能成为科技强国，也才能建成美丽中国。因此，必须把握生态科技创新自主化趋势，让绿色自主创新引领绿色发展。

八、生态文明制度体系化趋势

生态文明制度在推进绿色发展中具有决定性作用。生态文明制度又可以细分为体制、机制和制度。体制层面比较宏观，机制层面属于中观，制度层面比较微观。因此，需要生态文明体制改革、机制创新、制度建设同频共振。

就生态文明制度建设而言，特别需要加强体系化建设，做到别无选择的强制性制度、权衡利弊的选择性制度和道德教化的引导性制度的体系化；正式制度、非正式制度和实施机制的体系化；源头性制度、过程性制度和末端性制度的体系化。我国已经形成了完整的生态文明制度体系，甚至是世界上制度最丰富的国家。国外用过的制度我国基本也尝试过了，如排污权交易、水权交易、碳排放权交易等；国外没有的大量制度我国也创设了，如河长制湖长制、环保督察制度、领导干部自然资源资产离任审计制度、党政共同负责终身追责制度等。

---

① 习近平：《高举中国特色社会主义伟大旗帜 为全面建设社会主义现代化国家而团结奋斗——在中国共产党第二十次全国代表大会上的报告》，北京：人民出版社，2022 年 10 月，第 35 页。

在新的历史时期，生态文明建设面临多重任务叠加的状况，更加需要自觉遵循生态文明制度的演替规律。一是遵循生态文明制度刚性“由刚到柔”的演替趋势。在生态环境形势严峻的情况下，往往选择强制性制度，以便立竿见影，但是成本十分昂贵。在生态环境形势趋缓的情况下，往往选择选择性制度，以便生态又经济，需要制度选择。二是遵循生态文明制度“由少到多”再“由繁到简”的演替规律。制度总是滞后于实践，往往是“由少到多”；制度总是越简单越好，又要求“由繁到简”。通过制度绩效的评价、制度的优劣比较、制度的优化选择，形成主导的生态文明制度。因此，我国的生态文明制度需要走向“由繁到简”的阶段。三是遵循由单向性管理到互动性治理的演替规律。努力推进由单中心管理转向多中心治理转变、由“一刀切”管理转向多元化治理转变、由碎片化管理转向系统性治理转变。总之，以生态文明制度为核心的生态文明治理体系和治理能力的现代化要为国家治理体系和治理能力现代化作出应有的贡献。

因此，把握生态文明制度体系化趋势，形成完善的生态文明体制、机制和制度，全面实现生态文明治理现代化。只有制度取胜，才能现代化取胜；只有生态文明制度取胜，才能让美丽中国建设成为美丽世界的独特风景。

2015 年印发的《中共中央 国务院关于加快推进生态文明建设的意见》充分体现了上述“八化”趋势，对我国生态文明建设作出了顶层设计。而文件的制定都是在绿水青山就是金山银山理念的指导下进行的，文件的内容当然也充满着绿水青山就是金山银山理念的印记。

第三节 绿水青山就是金山银山理念是“两个结合”的典范

习近平总书记站在坚持和发展马克思主义的战略和全局高度，创造性提出“两个结合”，即把马克思主义基本原理同中国具体实际相结合、同中华优秀传统文化相结合，为在新时代更好坚持和发展马克思主义，指明了方向、提供了遵循。其实，绿水青山就是金山银山理念本身就是“两个结合”的典范。

一、是马克思主义生态观同中国生态文明建设实际相结合的结晶

绿水青山就是金山银山理念以通俗形象的语言，继承了马克思主义生态观关于人与自然、人与社会、人与自身关系的深刻内涵和历史意蕴，是马克思主义生态观同中国生态文明建设实际相结合的结晶。

绿水青山与金山银山的关系，首先体现为自然的发展与人的发展的关系，而两者的统一关系正是马克思所强调的一个基本观点。[①] 马克思在《1844 年经济学哲学手稿》中指出：“自然界，就它自身不是人的身体而言，是人的无机的身体。人靠自然界生活。这就是说，自然界是人为了不致死亡而必须与之处于持续不断的交互作用过程的、人的身体。所谓人的肉体生活和精神生活同自然界相联系，不外是说自然界同自身相联系，因为人是自然界的一部分。”[②] 马克思的论述明确地揭示了“人是自然界的一部分，人靠自然界生活”的人地关系规律。这正是绿水青山就是金山银山理念所要揭示的“既要绿水青山，也要金山银山”的“兼顾论”和“宁要绿水青山，不要金山银山”的“优先论”。

恩格斯也充分肯定了自然对于人类的优先性和前提性。恩格斯指出：“人同自然界的关系直接就是人和人之间的关系，而人和人之间的关系直接就是人同自然界的关系，就是他自己的自然的规定。”[③] 这就说明，人与自然的关系是由人与人的关系所决定的；人与自然的关系又会影响人与人的关系。人和人之间、区域和区域之间、国家和国家之间，如果坚持零和博弈，就会两败俱伤，而且伤及自然界；如果坚持合作博弈，共同应对人类面临的环境问题，就有可能实现共赢，既惠及人类，又保护自然界。

习近平总书记多次引用恩格斯在《自然辩证法》中的经典语录：“我们不要过分陶醉于我们人类对自然界的胜利。对于每一次这样的胜利，自

---

① 葛慧君，沈满洪，陈寿灿，等：《“两山”重要思想在浙江的实践研究》，杭州：浙江出版联合集团、浙江人民出版社，2017 年 2 月，第 85 页。

② 《马克思恩格斯选集》（第 1 卷），北京：人民出版社，1995 年版，第 45 页。

③ 《马克思恩格斯选集》（第 1 卷），北京：人民出版社，1995 年版，第 119 页。

然界都对我们进行报复……常常把最初的结果又消除了。”① 这一段话蕴含了三个重要观点：一是人地关系论。人是自然的一部分，不能与自然为敌，与自然和谐相处。如果与自然为敌，必然会出现人们预料的相反的结果。二是理性有限论。工业革命以来人们以为人是无所不知、无所不晓、无所不能的。其实，人的理性是有限的，因为大自然是复杂的。大自然就像一只“黑箱”，而人的计算能力是有限的。人类对自然的认识还只是极为肤浅的一部分。三是因果报应论。只要人类破坏自然，必然遭受自然的报复。只要人类善待自然，自然就会服务于人类。这正是习近平总书记反复强调的要尊重自然、顺应自然、保护自然、敬畏自然的思想。

绿水青山就是金山银山理念是马克思主义生态观同中国生态文明建设实际相结合的结晶。一方面，传承了马克思主义生态观的基本观点，如妥善处理人与人的关系——人类命运共同体共同保护大自然、人与自身的关系——以自我革命精神约束破坏自然的行为、人与自然的关系——努力实现人与自然和谐共生的境界。另一方面，超越了马克思主义生态观的基本观点，如关于统筹兼顾的观点——不能抓住一点不及其余、关于生态优先的观点——不能坚持人类中心主义、关于相互转化的观点——促进绿水青山和金山银山的相互转化、关于代际传递的观点——“但存方寸地，留与子孙耕”。同时，绿水青山就是金山银山理念，时间上抓住了中国转型发展的关键阶段，非常适合事宜；空间上紧扣中国特色话语体系构建需要，形成生态文明话语的主动权；语言上以通俗易懂的形象表达抓住了干部群众的“心”。

二、是马克思主义生态观同中华优秀传统生态文化相结合的成果

习近平总书记高度重视中华优秀传统生态文化的传承弘扬。中华优秀传统生态文化是绿水青山就是金山银山理念形成的肥沃土壤。在 2018 年全国生态环境保护大会上的讲话，习近平总书记引用了《易经》《老子》《孟子》《荀子》《齐民要术》《周礼》等一系列经典文献中的语录，并总结指出：“这些观念都强调要把天地人统一起来、把自然生态同人类文明

---

① 《马克思恩格斯选集》（第 1 卷），北京：人民出版社，1995 年版，第 559 页。

联系起来，按照大自然的规律，取之有时，用之有度，表达了我们的先人对处理人与自然关系的重要认识。”①

中华优秀传统文化中的生态观集中体现在两个方面：一是儒家的“天人合一观”“人地和谐观”。这里的“天”和“地”都是指自然，“人”就是人类。“天人合一”“人地和谐”的精神实质就是坚持人与自然和谐共生。二是道家的“道法自然观”“休养生息观”。这里特别强调了“自然而然”“自然恢复”的思想。其精神实质就是遵循自然发展规律，不能只顾及经济发展规律。当经济逻辑与自然逻辑发生冲突时要服从自然逻辑。“道法自然”还有延伸到经济社会生活的意义。人类要模仿自然的演进规律，在规则和秩序已经建立起来的情况下要采取无为而治的方略。

绿水青山就是金山银山理念是马克思主义生态观同中华优秀传统生态文化的有机结合的结晶。以该理念指导生态文明建设实践中，体现了四个特征：一是严格自律。以最严格的制度最严密的法治保护生态环境。这是新时代生态文明建设的重要特征。“严格”和“严密”都是针对“人”自身的。这是一种“自我革命”精神。二是生态优先。通过主体功能区规划、生态功能区规划、生态红线划定、“三线一单”制度等确保自然需要。坚持生态优先，而不是人类优先，这是思想观念的重大突破。三是环境保护。把生态环境保护放在重要议题，这是历史上的重大突破。通过一系列的生态修复工程、污染防治攻坚战、经济发展方式的绿色低碳转型等举措，做大“绿水青山”。四是服务人类。通过严格自律、生态优先、环境保护，实现包括绿色发展在内的高质量发展，让人民获得更多更公平的绿色福利，步入生态共富的道路。

可见，绿水青山就是金山银山理念是“两点论”与“重点论”的统一，是“优先观”与“全面观”的统一，是满足自然需要与满足人的需要的统一。这既是一种理论的超越，又是一种实践的超越。

三、是当代中国马克思主义生态观和21世纪马克思主义生态观相结合的产物

绿水青山就是金山银山理念是当代中国共产党人不断探索生态与经济

---

① 习近平：《论坚持人与自然和谐共生》，北京：中央文献出版社，2022年1月，第1页。

协同发展、人与自然和谐共生的标志性成果。中国特色社会主义生态文明理论经历了一个从初步形成到不断丰富完善的发展过程。在这一过程中真实反映了从“以绿水青山换取金山银山”，到“既要绿水青山又要金山银山”，再到“绿水青山就是金山银山”的发展轨迹。[①]

邓小平的生态文明思想是在强调“一个中心，两个基本点”的基本路线的情况下，从预防生态破坏、环境污染、资源枯竭、能源危机的角度提出了一些具有预见性的观点，集中体现在：“环境保护是我国的一项基本国策”，号召并实行“植树造林，绿化祖国”，主张“解决农村能源，保护生态环境”。这些观点为绿水青山和金山银山兼顾论奠定了思想基础。

江泽民的生态文明思想是在我国进入市场化改革的快车道、生态环境问题逐渐暴露的背景下，从“既要金山银山，也要绿水青山”的角度展开的阐述，主要有：一是“促进人与自然的协调和谐”“实现经济建设和生态环境协调发展”的观点；二是“保护环境的实质就是保护生产力”的论断；三是“走生产发展、生活富裕、生态良好的文明发展之路”的见解；四是“从源头上防止环境污染和生态破坏”的理念。江泽民的生态文明思想把生态环境保护提到了文明发展道路的高度，为绿水青山就是金山银山理念的提出开辟了道路。

胡锦涛的生态文明思想是在我国经济发展频频上新台阶而生态环境问题日益凸显的背景下提出的。在这一阶段各个地区的实践进程参差不齐：有的地方已经在践行绿水青山就是金山银山理念；有的地方则在探索“既要金山银山，也要绿水青山”；有的地方甚至还在“宁要金山银山，不要绿水青山”。正是在这一特殊背景下，2005 年，胡锦涛首次提出了“生态文明”概念，在 2007 年召开的党的十七大报告中首次将“建设生态文明”纳入奋斗目标，并在党的十八大报告中系统阐述生态文明建设。胡锦涛的生态文明思想的主要观点有：一是“着力推进绿色发展、循环发展、低碳发展”；二是“良好的生态环境是社会生产力持续发展和人们生存质量不断提高的重要基础”；三是“要牢固树立人与自然相和谐的观念”；四是“要完善有利于节约能源资源和保护生态环境的法律和政策”

---

① 葛慧君，沈满洪，陈寿灿，等：《“两山”重要思想在浙江的实践研究》，杭州：浙江出版联合集团、浙江人民出版社，2017 年 2 月，第 94－95 页。

等。胡锦涛的生态文明思想孕育了绿水青山就是金山银山理念。

习近平总书记是当代中国共产党人中对生态文明建设最重视、抓生态文明建设最有力度、抓生态文明建设成效最显著的一位领袖。针对“经济增长一路高歌，环境质量一路退化”的严峻形势，习近平同志审时度势，适时提出了绿水青山就是金山银山理念；经过慎重的思考和研究后，断定绿水青山就是金山银山，并使之成为习近平生态文明思想的核心和精髓，成为指导全党全国建设社会主义生态文明的指导思想。正是习近平总书记的雄韬伟略，传承了当代中国的马克思主义生态观，创立了21世纪马克思主义生态观。习近平生态文明思想必将指引我国建成人与自然和谐共生的现代化强国。

第七章

绿水青山就是金山银山理念的方法逻辑①

习近平总书记对“只要金山银山，不要绿水青山”的批判，对“既要绿水青山，又要金山银山”的要求，对“绿水青山就是金山银山”的论断，对“宁要绿水青山，不要金山银山”的训诫，构成了完整的绿水青山就是金山银山理念的思想体系。该思想体系充满了辩证法的光芒、系统论的智慧、生态学的理念，具有严密的方法逻辑。

第一节　绿水青山就是金山银山理念的辩证方法

唯物辩证法是关于自然、社会和思维的最一般规律的科学，其基本特征是普遍联系的观点和永恒发展的观点。唯物辩证法的理论体系包括对立统一规律、质量互变规律、否定之否定规律三大规律。绿水青山就是金山银山理念充分展示了唯物辩证法的精髓，是唯物辩证法的生动体现。

---

① 沈满洪：《绿水青山就是金山银山理念的方法逻辑》，《生态文明研究》，2025 年第 2 期，第 3 – 13 页。

一、绿水青山就是金山银山理念蕴含的联系与发展的观点

唯物辩证法关于普遍联系的观点可以指导人们对生态系统、经济系统及生态经济系统的相互联系关系的把握；关于永恒发展的观点可以指导人们对经济、社会、生态发展规律的把握。学习绿水青山就是金山银山理念就要学会唯物辩证法，以普遍联系的观点和永恒发展的观点解决发展中的问题和发展中可能出现的新问题。

"绿水青山"和"金山银山"的关系，本质上就是生态保护与经济增长的关系，就是人与自然的关系。在生产力极其落后的背景下，人们往往把自然看作"神"或者把自然神化，人类只能以简单的方式向自然界获取生产资料和生活资料。此时，人类对自然是"仰视"的。随着生产力的发展，人们对自然界的神秘感开始消减，时而人类可以压倒自然，时而人类可以适应自然，时而人类屈服于自然。此时，人类对自然时而"仰视"，时而"平视"，时而"俯视"。随着生产力的进一步发展，人类中心主义者把人与自然的关系看作主仆关系，把人看作自然的主人、把自然看作人的仆人。既然是主仆关系，仆人可以被主人所否定、改造和征服。此时，人类对自然是"俯视"的。由此导致人与自然关系的严重冲突。

马克思主义的唯物辩证法和自然辩证法十分强调人与自然和谐共生的思想。一方面，人源于自然，"人靠自然界生活""人是自然界的一部分"①。这充分说明人类起源于自然界，自然界是人生存的基础，经济活动是以自然条件为前提的。另一方面，人在遵循自然规律的基础上开发和利用自然。恩格斯指出："我们一天天地学会更加正确地理解自然规律，学会认识我们对自然界的惯常行程的干涉所引起的比较近或比较远的影响。"② 这就说明人类经济活动要以尊重自然为前提，否则就会遭到自然界的报复。

中国传统文化中的生态智慧是人与自然和谐共生理念的重要源泉。中华文明传承五千多年，积淀了丰富的生态智慧。"天人合一""道法自然"的哲理思想，"劝君莫打三春鸟，儿在巢中望母归"的经典诗句，"一粥

---

① 《马克思恩格斯文集》（第1卷），北京：人民出版社，2009年，第161页。

② 《马克思恩格斯选集》（第4卷），北京：人民出版社，1995年，第384页。

一饭，当思来处不易；半丝半缕，恒念物力维艰”的治家格言[①]，这些质朴睿智的自然观，至今仍给人以深刻警示和启迪。其中，“天人合一”“道法自然”是中国传统生态文化的精华。“天人合一”既是世界观、宇宙观，又是价值观、伦理观。“道法自然”的生态价值落实于现实，就是要保障自然生长变化过程的自然性，不能采取强制性手段来改变自然的原本样貌。[②] 中国古代对“顺时”“以时”“不违时”的尊重、顺应和保护自然的思想，将天地人统一起来、将自然生态同人类文明联系起来，按照大自然规律活动，取之有时，用之有度，为当代中国开启了尊重自然、面向未来的智慧之门。

中国共产党人关于人与自然和谐相处关系的探索是在吸取了深刻的教训基础上的大胆创新。毛泽东号召“向自然开战”的思想对于处理人与自然的关系带来了严重后果。但是，毛泽东关于植树造林等思想又对自己的观点作出了修正。邓小平提出了做好绿化事业，关注人口增长，促进人与自然和谐相处的观点；江泽民提出了正确处理经济发展同人口、资源、环境的关系，走可持续发展之路的观点；胡锦涛提出了坚持科学发展观，统筹人与自然和谐发展的观点。这些思想都为习近平生态文明思想的形成和发展奠定了基础。

正是在马克思主义生态哲学思想、中国传统生态文化思想、中国共产党人生态文明思想的传承和影响下，习近平总书记先后提出过“人与自然和谐相处”“人与自然和谐发展”等观点。习近平总书记指出：“人因自然而生，人与自然是一种共生关系，对自然的伤害最终会伤及人类自身。”[③] 因此，要致力于实现人与自然的和谐共生。习近平总书记以“绿水青山就是金山银山”这一非常通俗易懂、简洁明了的论断阐述了人与自然之间的关系。一方面，揭示了“绿水青山”和“金山银山”之间的内在联系——金山银山离不开绿水青山，绿水青山本身就是金山银山。另一方面，揭示了“绿水青山就是金山银山”的发展规律——绿水青山不仅是金山银山的根基，而且可以转化为金山银山。从而对人们把握生态保

---

① 邓喜道：《人与自然和谐共生的三重意蕴》，《光明日报》，2019 年 10 月 14 日。

② 李芮：《人与自然和谐共生的伦理考量》，《佳木斯大学社会科学学报》，2019 年第 6 期，第 43 – 45 页。

③ 习近平：《决胜全面建成小康社会　夺取新时代中国特色社会主义伟大胜利》，北京：人民出版社，2017 年 10 月，第 50 页。

护与经济增长、人与自然的关系提供了遵循。

绿水青山就是金山银山理念蕴含的联系观和发展观启示人们：地球上的各个国家、各个区域、各个系统、各个要素都是相互联系的。不能以孤立的眼光看问题，不能追求独善其身，不能搞零和博弈，而是要坚持联系的观点、共赢的观点、合作的观点看问题。人类社会和自然生态系统都是在发展着的，发展过程中时而朝着对我有利的方向，时而朝着对我不利的方向。对我有利时，要抢抓机遇，乘势而上；对我不利时，要沉得住气，择机而行。

二、绿水青山就是金山银山理念蕴含的对立统一规律

对立统一规律可以指导人们对经济发展与生态保护的矛盾及其冲突的把握。绿水青山就是金山银山理念揭示了绿水青山与金山银山相互转化的对立统一规律——绿水青山作为生活质量和生命质量的不可或缺的一部分可以直接转化为绿色福利，金山银山作为经济基础和经济实力又可以使得人类有人力、物力、财力保护绿水青山。

践行绿水青山就是金山银山理念，就要认识到经济增长与生态保护是一个对立统一的关系。没有良好的生态环境，就没有经济增长的物质基础。因此，要以保护为前提促进经济增长。同时，没有经济增长，生态保护就成为无源之水、无本之木，强调生态保护绝不是不要经济增长。只要妥善处理经济增长和环境保护的关系，就可以实现环境与经济双赢的绿色发展。

从绿水青山就是金山银山理念的统一性角度看，要以生态效益、经济效益、社会效益等综合效益的最大化为目标，以统筹兼顾为方法，在发展经济的同时妥善保护好生态系统，实现生态资本的增值；在保护生态环境的同时改善好经济系统，实现经济质量的提升；最终实现生态系统和经济系统的良性互动与协调发展。所以说："绿水青山是金山银山的基础，金山银山是绿水青山的保障，金山银山只有建立在绿水青山的基础上才是可持续发展，绿水青山只有处于金山银山的保障之下，才是永远的绿水青山，失去了此一方面也就等于失去了另一方面。"①

---

① 郭亚军，冯宗宪：《"绿水青山就是金山银山"的辩证关系及发展路径》，《西北农林科技大学学报（社会科学版）》，2022 年第 1 期。

从绿水青山就是金山银山理念的对立性看，要以全局利益、长远利益、根本利益为出发点，宁要生态效益、不要对生态有危害的经济效益，宁要生态效益、把生态效益转化成经济效益。但是，在不同的历史阶段，人们的需要和偏好是不同的。部分地方在发展中割裂了绿水青山和金山银山之间的统一，在保护绿水青山的时候，忘记了绿水青山中蕴含的金山银山，沦落为“贫穷的保护”；有的地方在建设金山银山的时候忘记了保护绿水青山，重开发轻保护，虽然短期内获得了一定的发展，但损害了绿水青山也就损害了长远发展的基础，最终一样沦为贫穷。这两种情况都是偏离绿水青山就是金山银山理念的做法。

绿水青山就是金山银山理念蕴含的对立统一规律启示人们：生态保护与经济增长是可能统筹兼顾的，因此，要致力于统筹兼顾，具体化到发展方式就是，既不能片面追求经济增长，又不能只顾环境保护，而要实施既要生态保护又要经济增长的绿色发展。在特定的发展阶段和发展条件下，生态保护和经济增长也会发生矛盾。在发生矛盾时，要学会取舍，取舍的基本原则就是“生态优先，绿色发展”。坚持生态优先，留得青山在不怕没柴烧，最终必将保障经济、社会和生态的可持续发展。

三、绿水青山就是金山银山理念蕴含的质量互变规律

绿水青山就是金山银山理念揭示了“只要金山银山，不要绿水青山”“宁要绿水青山，不要金山银山”的质量互变规律。“只要金山银山，不要绿水青山”——破坏性地开发自然资源必然导致不可持续发展；“宁要绿水青山，不要金山银山”——终将绿水青山转变成金山银山，既保护生态环境，又促进经济发展。

绿水青山就是金山银山理念表明：自然资源的取用、生态平衡的退化、环境污染的程度都有一个临界点。在这个临界点以内，只要减少自然资源的取用，自然资源就可以再生和循环；只要加强生物多样性的保护，生态平衡就会恢复；只要减少污染物的排放，环境质量就会改善。但是一旦超过这个临界点，自然资源就会被毁坏，生态平衡就无法恢复，环境质量就不可逆转。这就说明，量变在一定范围内，生态系统只是“优”与“劣”的问题；量变达到某个程度就会发生质变，一旦发生质变，生态系统就是“有”与“无”的问题。

绿水青山就是金山银山理念蕴含的质量互变规律可以指导人们对生态环境容量的有限性、生态环境质量的可逆性或不可逆性的把握。践行绿水青山就是金山银山理念，就要认识到“资源阈值”“生态阈值”和“环境阈值”。当资源取用达到一定的阈值就会导致资源的不可再生，当生态破坏达到一定的阈值会导致生态系统的退化和崩溃，当环境污染达到一定的阈值会导致环境质量的不可逆转。因此，必须实施特别严格的取水总量控制——通过保障一定的生态用水来保障生态系统的平衡阀；排污总量控制——环境质量不改善，减排力度不减缓；碳总量控制——实现从强度减排到总量减排的转变直至实现碳中和。只有这样，才能实现资源可持续利用、生态可持续发展和环境可持续支撑。

绿水青山就是金山银山理念蕴含的质量互变规律给人们的启示就像“吉登斯悖论”所阐释的道理：“现代工业所制造的温室气体的排放正在引起地球的气候变暖，这对于未来而言有着潜在的灾难性后果。全球变暖带来的危险尽管看起来很可怕，但它们在日复一日的生活中不是有形的、直接的、可见的，因此许多人会袖手旁观，不会对它们有任何实际的举动。然而，坐等它们变得有形，变得严重，那时再去临时抱佛脚，定然是太迟了。”①

吉登斯悖论的经济学解释便是：二氧化碳的排放不造成当地、当时的污染，但却因为积累在大气层里，导致全球气候变化，产生负外部性，它是一种全球性的“公共负产品”；而实行碳减排，就不是一种对当地、对当时有影响的一种行为，而是一种对全球、对人类产生影响的行为，产生正外部性，它在提供一种全球性的“公共正产品”。公共物品具有非竞争性和非排他性，往往导致“搭便车”（供给的不足）和“公地的悲剧”（合成谬误）。一般的外部性只是导致效率降低和公平受损，作为外部性的一个极端的气候公共物品问题则会变成“共同的悲剧”乃至“全球的悲剧”而不是“共同的未来”。

因此，全球应对气候变化问题不要坐等、不能坐等，防止“温水煮青蛙”效应。而是要真诚地行动起来、协作起来，实现从可能的“共同的悲剧”转向现实的“共同的未来”。

---

① ［英］安东尼·吉登斯：《气候变化的政治》，曹荣湘，译，北京：社会科学文献出版社，2009 年 12 月，第 2 页。

四、绿水青山就是金山银山理念蕴含的否定之否定规律

绿水青山就是金山银山联盟蕴含的否定之否定规律是指：不同的发展阶段有不同的追求，而绿水青山是永恒的追求。从否定之否定规律可知，在人类历史长河中，经历了“人不敌天——天人失衡——人定胜天——天人和谐”等生态变迁，经历了两个否定之否定：一是“人不敌天——天人失衡——人定胜天”。这个过程中，从人类适应不了自然界到人类可以部分适应自然界，这是一次否定；从人类可以部分适应自然界到人类可以征服自然界，这是二次否定即否定之否定。二是“天人失衡——人定胜天——天人和谐”。在这个过程中，从人类部分适应自然界到人类可以征服自然界，这是一次否定；从人类征服自然界到人与自然和谐共生，这是二次否定即否定之否定。

践行绿水青山就是金山银山理念，就要认识到“增长——污染——保护性增长”是一种否定之否定，“环境保护——减缓增长——更好增长”也是否定之否定。据此，就是要不断寻求凤凰涅槃、腾笼换鸟、敢于超越。而要实现这种超越，就要采取绿色科技创新和绿色制度创新，以创新驱动绿色发展，以创新驱动绿色转型。

人类社会的“资源危机”“生态危机”“环境危机”“气候危机”主要源于工业文明时代。正是工业文明时代形成了否定自然、改造自然、征服自然、轻蔑自然的传统。以绿水青山就是金山银山理念为指导，就要完成从否定自然到尊重自然、从改造自然到顺应自然、从征服自然到保护自然、从轻蔑自然到敬畏自然的转变，这是人类社会的重大进步。

绿水青山就是金山银山理念蕴含的否定之否定规律启示人们：人类社会发展的逻辑总是有其客观必然性。之所以在乡镇企业崛起之初，出现“宁要金山银山，不要绿水青山”的污染性增长的现象，就是因为当时人们连温饱问题也没有解决。这个阶段的头等大事是解决“吃”和“穿”的基本生理需要问题，这是“有得吃”对“没得吃”的否定，“有得穿”对“没得穿”的否定；之所以人们越来越重视环境保护，选择“既要金山银山，又要绿水青山”，是因为污染型增长虽然“钱袋鼓起来了，房子高起来了”，但是“身体垮下去了”，这是“保护性增长”对“污染型增长”的否定；之所以人们把生态保护放在优先地位，选择“绿水青山就

是金山银山”，是因为生态环境审美、生态环境民主等高级需要全面提上议事日程，这是“深绿色发展”对“浅绿色发展”的否定。其实，这种否定之否定，是一种扬弃，弘扬好的部分，抛弃坏的部分，从而实现一轮又一轮的迭代升级。

第二节 绿水青山就是金山银山理念的系统方法

系统论强调系统的整体性、关联性、时序性、等级结构性、动态平衡性等基本特征。这些特征也表现为系统论方法。坚持系统观念、进行系统思维、掌握系统方法，是绿水青山就是金山银山理念的内在要求。

一、绿水青山就是金山银山蕴含系统方法的基本理念

中共中央宣传部、生态环境部编写的《习近平生态文明思想学习纲要》把习近平生态文明思想概括为“十个坚持”：坚持党对生态文明建设的全面领导、坚持生态兴则文明兴、坚持人与自然和谐共生、坚持绿水青山就是金山银山、坚持良好生态环境是最普惠的民生福祉、坚持绿色发展是发展观的深刻革命、坚持统筹山水林田湖草沙系统治理、坚持用最严格制度最严密法治保护生态环境、坚持把建设美丽中国转化为全体人民自觉行动，坚持共谋全球生态文明建设之路①。

从绿水青山就是金山银山理念蕴含的系统方法的角度看，主要相关的理念有：坚持生态兴则文明兴、坚持人与自然和谐共生、坚持统筹山水林田湖草沙系统治理。

坚持生态兴则文明兴，是绿水青山就是金山银山理念蕴含系统方法的第一个哲学基础。坚持生态兴则文明兴，从人类社会文明形态的高度看待生态文明建设的重要性。“生态兴则文明兴”表明：绿水青山兴盛，金山

---

① 中共中央宣传部、中华人民共和国生态环境部：《习近平生态文明思想学习纲要》，北京：学习出版社、人民出版社，2022 年 7 月，第 15 页。

银山就兴盛；生态文明兴盛，人类文明就兴盛；“生态衰则文明衰”表明：绿水青山衰败，金山银山就衰败；生态文明衰败，人类文明就衰败。坚持生态兴则文明兴的启示意义是：第一，生态环境是人类文明的基础。没有良好的生态环境基础，经济社会的发展必将走向衰落，人类文明也将走向衰落。第二，生态兴衰是衡量执政水平和能力的标志。执政党必须高度重视生态文明建设。以治水为例，在相当长的历史时期内，一部中国史就是一部治水史。第三，生态文明建设是继史前文明、农业文明、工业文明后的人类文明的新形态，人与自然和谐共生是中国式现代化的重要特征之一。这种人类文明的新形态不仅是中国的，而且也是世界的。这里，突出强调的是绿水青山就是金山银山理念中的“优先论”。

坚持人与自然和谐共生，是绿水青山就是金山银山理念蕴含的系统方法的第二个哲学基础。坚持人与自然和谐共生的关键在于，坚持绿水青山和金山银山的统筹兼顾，坚持生态保护和经济增长的统筹兼顾。“只要金山银山，不要绿水青山”就是“只要经济增长，不要环境保护”。这样，必然导致经济增长成为无源之水、无本之木。“只要绿水青山，不要金山银山”就是“只要环境保护，不要经济增长”。这样，必然导致缺乏经济基础、能力支持。绿水青山就是金山银山理念必然强调“绿水青山”和“金山银山”的“兼顾论”。坚持人与自然和谐共生的启示意义是：第一，坚持人与自然和谐共生，是马克思主义与中国生态文明建设实际相结合的产物。马克思主义十分重视人与自然的和谐共生。恩格斯在《自然辩证法》中的经典论述：“因为，自然界是人类生存和发展的前提，只有保护好自然界的食物链和食物圈，人类才能永续繁衍和发展。”[①] 习近平总书记曾多次引用恩格斯的这段名言。第二，坚持人与自然和谐共生，是当代中国的马克思主义与中国传统生态文化相结合的产物。中国自古以来就有丰富的生态智慧和文化传统，并形成了“天地与我并生，而万物与我为一”的“天人合一”思想。第三，坚持人与自然和谐共生，就要尊重自然、保护自然、顺应自然、敬畏自然，而不可轻蔑自然、破坏自然、对抗自然、藐视自然。自然界是人类生存和发展的基础。自然界可以没有人类，人类离不开自然界。因此，人类一定要与自然界和谐相处。只有尊重自然规律，谋求人与自然和谐发展，人类社会才能正常存在和发展。反

① 《马克思恩格斯选集》（第1卷），北京：人民出版社，1995年版，第559页。

之，人类社会就难以为继。

坚持统筹山水林田湖草沙系统治理，是绿水青山就是金山银山理念蕴含的系统方法的第三个哲学基础。在党的十八届三中全会上，习近平总书记指出：“山水林田湖是一个生命共同体，人的命脉在田，田的命脉在水，水的命脉在山，山的命脉在土，土的命脉在树。用途管制和生态修复必须遵循自然规律，如果种树的只管种树、治水的只管治水、护田的只管护田，很容易顾此失彼，最终造成生态的系统性破坏。”① “山水林田湖是一个生命共同体”的论断充分体现了生态系统、经济系统、生态经济系统的整体性、关联性、结构性、时序性等，同时还彰显了生态系统的生命观。该论断具有两个指向：一个指向是针对自然的，自然是一个生态系统，要从系统论的视角对待它；另一个是指向人的，治理是一个社会系统，也要从系统论的视角谋划体制、机制和制度。坚持山水林田湖草沙系统治理的启示意义是：第一，生态系统内在的整体性。该论述揭示了生态系统各要素之间、生态子系统和子系统之间、生态系统与环境之间存在相互联系、相互影响、相互制约的依存关系。第二，生态环境治理的系统性。治理生态环境要坚持系统观念、系统思维、系统方法，统筹兼顾地上与地下、山上和山下、岸上和水下、上游和下游、左岸和右岸、陆地和海洋的系统性治理、全局性治理。第三，人与自然的系统性。人与自然是一个大系统，人类是自然的组成部分，不是自然的主宰。因此，在处理人与人、自然与自然、人与自然关系的时候都要坚持系统观念，学会统筹兼顾。

上述理念，本质上都是在回答生态系统与经济系统的关系问题。在古典经济学时期，经济理论主要关注资本、劳动和土地等要素的投入与最大产出之间的关系。虽然缺乏定量化的分析，但是至少还是把自然资源作为产品生产的要素投入予以考察。新古典经济学时期，微积分等自然科学方法大量引入经济学科，而数理经济分析又不得不简化经济变量，由此导致新古典经济学具有忽视自然资源与环境资源的变量的传统。例如，在简化的生产函数中，自然资源、环境资源等要素的投入仅仅成为外生变量，往往被忽视了。久而久之，生态系统被看作是无足轻重的因素，或者被看作

① 习近平：《关于〈中共中央关于全面深化改革若干重大问题的决定〉的说明》，《人民日报》，2013 年 11 月 16 日，第 1 版。

可以无限供给的因素。总之，主流经济学把生态系统看作是经济系统的子系统，生态系统应该为经济系统提供源源不断的服务，而没有顾及生态系统自身的可持续性。

一般认为环境与经济是并行的两个子系统，它们共同构成环境经济系统。存在两个圈子交叉的现象。交叉部分就是环境经济系统。但著名生态经济学家赫尔曼·E. 戴利则认为经济是环境的子系统，它依赖于环境一方面作为原材料的输入源，另一方面作为废弃物输出的“垃圾箱”。经济系统是生态系统的一个物理子系统。一个子系统不能超越它置身于其中的母系统的规模而发展。① 既然经济是环境的子系统，那么，经济增长必然受到环境边界的约束。这也就是以绿水青山就是金山银山理念为指导，必须坚持“生态优先，绿色发展”的根本原因。

二、绿水青山就是金山银山理念蕴含系统方法的具体运用

按照系统论方法，就要运用统筹兼顾的方法，系统内部要学会统筹，系统之间要学会统筹。党的十八大以来，中央反复强调统筹兼顾方法的运用，流域统筹（长江流域生态带、黄河流域生态带）、区域统筹（东西南北中的区域发展）、城乡统筹（城乡融合发展）、陆海统筹等都是系统论思想的成功运用。

如何运用系统观念、系统思维和系统方法？以党的二十大报告明确要求“深入推进环境污染防治”“持续深入打好蓝天、碧水、净土保卫战”。需要回答的是如何统筹兼顾治气、治水、治土？

（一）污染防治对象的统筹兼顾：解决“防治什么”的问题

从大类来看，污染防治攻坚战涉及治气、治水、治土三大类。之所以重点针对这三大类进行污染防治攻坚，是因为这三个方面问题比较突出，对人类危害严重。大气污染影响人的肺，严重的是肺癌；水污染影响人的肝，严重的是肝癌；土壤污染影响人的胃，严重的是胃癌。三大污染防治攻坚战的目标是蓝天、碧水、净土。之所以要统筹兼顾治气、治水、治

---

① 〔美〕赫尔曼·E. 戴利：《超越增长——可持续发展的经济学》，诸大建，胡圣，等，译，上海：上海译文出版社，2001 年 9 月，第 8－18 页。

土，是因为三者不可偏废，很难说肺、肝、胃谁更重要。党的十八大以来，污染防治攻坚战取得重大进展，但是，依然存在不平衡性。相比较而言，治气、治水成效更加显著，治土问题比较复杂，土壤重金属污染问题还缺乏既环保又经济的方法。因此，在强化治气、治水的同时，必须同时加强治土。

就治气而言，既要治理二氧化硫、氮氧化物等污染物，又要治理二氧化碳、甲烷等温室气体问题。大气污染事关人类的生产和生活，当然也影响生态系统；温室气体控制事关人类赖以生存的生物多样性等，当然也直接影响人类的生存环境。相比较而言，大气污染治理成效显著，空气质量呈现好转趋势，但是还不稳定，存在反复，需要巩固；温室气体控制也有成效，实现单位 GDP 温室气体排放的持续下降，但是，温室气体排放的绝对值依然处于递增状态。我国是温室气体排放的第一大国，而且与第二大国的差距在扩大。因此，在加强大气污染治理的同时，必须加快推进碳中和工作。

就治水而言，既要统筹兼顾陆域治水和海洋治水，相对于陆域，海洋环境问题还相当严峻，美丽中国不仅包括美丽陆域，而且包括美丽海洋，因此，必须加强海洋环境治理；又要统筹兼顾城市治水和农村治水，就饮用水而言，城市保障较好而农村保障相对不足，需要加强农村老乡的洁净饮用水供应；还要统筹兼顾水资源、水生态、水环境，加强水生态安全才能保障水资源供给，加强水环境治理才能保障水生态安全。

就治土而言，既要统筹兼顾土地的数量，又要统筹兼顾土地的质量。在土地的数量管控方面，确保 18 亿亩耕地红线无可非议，但耕地占补平衡制度已经导致挖山造地等反生态行为，因此，要检视制度，把重心转向十多亿亩盐碱地的改造。在土地质量保障上，既要解决化肥农药过度使用、不当使用导致的土壤板结问题，又要解决农用薄膜过度使用、不当使用导致的塑料微颗粒污染和“白色污染”，还要解决工业化进程中重金属污染的难题。

（二）污染防治主体的统筹兼顾：解决“谁来防治”的问题

1. 统筹兼顾政府、企业和公众的关系

从微观主体角度划分，污染防治的主体可以分为政府、企业和居民三大类。“政府”是一个大政府的概念，就我国而言，党委、人大、政协以及公检法等均属于政府范畴；企业包括公司制企业、合伙制企业和独资企业；居民包括家庭、公众、社区、社团等。在污染防治中，总体上要构建起以政府为主体的政府机制、以企业为主体的市场机制、以居民为主体的社会机制“三个主体、三种机制、三足鼎立”的治理格局。在我国，党是领导一切的。正如习近平总书记所说：“要健全党委领导、政府主导、企业主体、社会组织和公众共同参与的现代环境治理体系，构建一体谋划、一体部署、一体推进、一体考核的制度机制。”[①] 处理好政府、企业和居民的关系，关键是界定好各自职责并履行职责。

2. 统筹兼顾政府内部上下左右的关系

政府的职责是：污染防治的战略谋划、规划制定、立法执法、制度供给、综合协调、环境基础设施保障、监管环境保护责任落实等。就“四大班子”而言，党委发挥领导作用，政府发挥主体作用，人大发挥立法和监督的作用，政协发挥参政议政和协商民主的参与作用。就上下关系而言，下级服从上级，上级尊重下级。就左右关系而言，各个部门各司其职，相互协作，相互监督。政府履职既要到位又不可越位。坚持法无授权不可为。

3. 统筹兼顾企业污染防治的责权利

企业的责权利是：按照资源环境约束条件追求利润最大化；缴纳税收为环境保护提供资金支持；提供企业自身的环境信息、接受政府和居民的监督、监督其他经济主体履行职责。对于企业而言，法有许可便可为，法无禁止即可为。政府和居民监督企业履行环境保护责任，既要坚持污染防治标准的统一性，又要坚持因地制宜和因行业而异。例如，对于竹产业，如果简单采取“亩均论英雄”的考核机制必然导致产业链断裂，使得企业受损；对于印染产业，相对而言，污染排放会高一些，排污许可就要适当倾斜。

4. 统筹兼顾公众污染防治的责权利

居民的责权利是：履行居民环境保护责任；参与环境保护的决策；监督政府和企业环境履职情况。消费支出占据国民产出的三分之二。因此，消费行为的绿色化是家庭的重要职责。社区自治在生态社会建设中可以发

---

① 习近平：《论坚持人与自然和谐共生》，北京：中央文献出版社，2022 年 1 月，第 299 页。

挥不可替代的作用，要培育和鼓励自治机制的形成。绿色社团是环境保护的生力军，既可以发挥引领带动的作用，又可以发挥监督制衡的作用。要珍惜和重视绿色社团建设，而不可怀疑甚至轻蔑绿色社团组织。

（三）污染防治手段的统筹兼顾：解决“怎么防治”的问题

1. 统筹兼顾绿色科技创新和绿色制度创新

无论是优化能源结构还是提高能源效率，无论是产业结构的升级还是消费结构的优化，无论是生态优先还是绿色发展，都离不开绿色科技创新。绿色科技创新不到位，要么是“黑色而经济”，要么是“绿色不经济”；绿色科技创新到位，才能实现从“绿色不经济”向“绿色且经济”的转变，并放弃“黑色而经济”模式。绿色科技创新是实现绿色发展的根本驱动。

在技术状况给定的情况下，绿色制度创新也可以改变生产者和消费者的行为选择。征收资源税和环境税，可以遏制黑色产业的发展和黑色产品的消费；提供循环补助和低碳补贴，可以激励绿色产业的发展和绿色产品的消费。实施排污权交易制度，可以激励企业将稀缺的排污权配置到能够带来更高环境生产率的企业那里，从而实现社会福利的最大化。绿色制度创新是实现绿色发展的根本保证。见图 7 - 1 的上半部分。

在制度状况给定的情况下，绿色科技创新可以促进成本降低，进而实现从“绿色不经济”向“绿色且经济”转变，从而实现绿色发展目标；绿色科技创新还可以挤出“黑色技术”，使之淘汰出局，进而导致“黑色产品”退出，促进绿色发展目标的实现。见图 7 - 1 的下半部分。

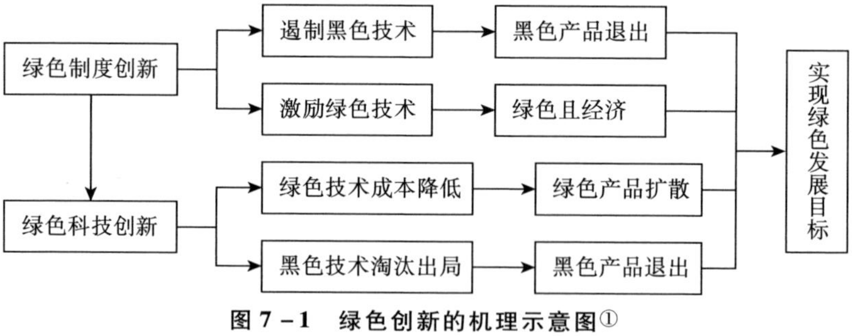

图 7 - 1　绿色创新的机理示意图①

① 沈满洪，陈真亮，钱志权，等：《2021 浙江生态文明发展报告——碳达峰碳中和在行动》，北京：中国环境出版集团，2023 年 7 月，第 213 页。

绿色制度创新还可以通过激励绿色科技创新发挥作用。循环补贴制度就可以激励企业循环科技创新积极性，进而加快循环产品的研发和生产，促进循环消费形成时尚。这样，一方面“线性产品”退出；另一方面，循环产品扩散。见图 7－1 的下半部分。从这个角度看，绿色制度创新是实现绿色发展的终极保障。

2. 统筹兼顾不同类型的污染防治制度

污染防治制度是可以分类的，每一类制度又可以细分，进而还可以细分。制度刚性强弱的角度划分，可以分为别无选择的强制性制度、权衡利弊的选择性制度和道德教化的引导性制度等所构成的制度体系。①

别无选择的强制性制度是一种“命令—服从”型的刚性约束制度，也称“大棒”，如污染企业关停制度、总量控制制度、责任追究制度等。其基本特征有：一是主体关系的不平等性，管制者和执行者之间是一种“强者”和“弱者”之间的关系。二是管制指令的绝对服从性，管制者发布“命令”，被管制者“只能服从，别无选择”。三是管制效果的立竿见影性，就纯粹的环境效果而言，这类制度的见效周期特别短，可以迅速达到预期结果。四是管制成本的昂贵性，这类制度往往是“不惜代价”，制度实施的社会成本极高。因此，这类制度往往是在生态环境形势十分严峻的特定时期使用的。

权衡利弊的选择性制度是一种“成本—收益比较”型的经济激励制度，也称“胡萝卜”。该制度主要包括两个方面：一是基于著名福利经济学家庇古提出的“庇古税”理论实施有效的绿色财政制度②；二是基于著名新制度经济学家科斯提出的“科斯定理”实施有效的生态产权制度③。绿色财政制度分“收”和“支”两个方面，前者包括资源税、环境税、碳税等税收制度，后者包括生态补偿、循环补贴、低碳补助等支出制度。生态产权制度包括林权、水权、矿权、海权等自然资源产权制度，排污权等环境资源产权制度，碳排放权、碳汇等气候资源产权制度等。权衡利弊

① 沈满洪：《生态文明制度的构建和优化选择》，《环境经济》，2012 年第 12 期，第 18－22 页。

② 〔英〕庇古：《福利经济学》，金镝，译，北京：华夏出版社，2007 年 7 月，第 102－164 页。

③ 〔美〕罗纳德·哈里·科斯：《论生产的制度结构》，盛洪，陈郁，译校，上海：上海三联书店出版社，1994 年 3 月，第 141－196 页，第 1－24 页。

的选择性制度具有下列基本特征：一是选择性。微观经济主体可以在管理当局设定的环境经济政策下进行选择——“污染治理”还是“排污纳税”和“保护得补偿”还是“不保护没补偿”等。二是经济性。微观经济主体是通过成本—收益比较后进行优化选择的，这种选择又符合社会全局的利益。三是适应性。这类制度往往要求在市场机制比较完善的环境下才可以有效使用，否则会大打折扣甚至走形。

道德教化的引导性制度是一种“教化—信念”型的辅助性制度，国外也称“牧师”，如生态伦理制度、环境教育制度等。其基本特征有：一是教育引导性。通过教育引导，可以让全社会增强生态文化理念，强化生态文明习俗。二是理想信念性。通过道德层面的教化，可以让人们树立敬畏自然的信念。三是道德风险性。这类制度不是强制性干预，而是基于个人的道德自律，而道德自律是有风险的。

对上述每一类制度可以进一步细分，如权衡利弊的选择性制度可以分为绿色财政制度和生态产权制度；生态产权制度又可以细分为自然资源产权制度、环境资源产权制度和气候资源产权制度；自然资源产权制度还可以细分为水权制度、林权制度、海权制度、矿权制度等。

总体上，对上述一系列统筹兼顾污染防治制度，必须明确两点：一是不同制度关系下选择不同的制度或制度组合。污染防治制度既有替代性，如环境税与排污权交易制度、碳税与碳排放权交易制度，彼此都是替代性制度，又有互补性，如总量控制制度和用水权交易制度、生态保护补偿制度与环境损害赔偿制度，彼此都是互补性制度。对于替代性制度，一定要坚持优化选择的原则，哪个制度绩效好就选择哪个制度，其中，特别要防止政府自身的制度偏好；对于互补性制度，一定要选择耦合强化的原则，当两个或两个以上的制度组合使用可以带来“1+1>2”的制度绩效时，就要组合起来使用。二是不同阶段或条件下选择不同制度或制度合作。在环境污染形势十分严峻的情况下，必须迅速控制污染，消除民怨，一般首选别无选择的强制性制度。党的十八大以后我国正式采取了中央生态环境保护督察、领导干部环境保护问责制度等一系列铁腕手段，才取得生态环境保护的显著成效。但是，在生态环境形势趋缓的情况下，一定要统筹兼顾生态环境保护和经济社会发展，不可“不惜一切代价保护环境”，而是要以尽可能低的成本实现生态环境保护的目标。此时，权衡利弊的选择性制度可以发挥主导性作用。

第三节　绿水青山就是金山银山理念的生态学方法

绿水青山就是金山银山理念充满着生态学意蕴，突出表现为万物“各适其性”，也就是遵从自然之本性或自然规律。[①] 绿水青山就是金山银山理念的生态学方法则是指生态系统各成分普遍联系和相互作用的整体性观点，生态系统物质不断循环和转化的观点，生态系统物质输入和输出平衡的观点。生态学方法的典型理论是“食物链”理论。“食物链”理论不仅适合于自然生态学，而且适用于产业生态学、政治生态学、社会生态学等。

一、坚持绿水青山就是金山银山理念就要坚持生态生命观

“绿水青山”和“金山银山”相比较，前者是有生命的，后者则未必有生命。河流有河流的生命，森林有森林的生命，陆地有陆地的生命，海洋有海洋的生命。相当长一段时期，人类没有把自然生态系统看作是一个生命系统，于是，人们肆意向自然生态系统获取自然资源、排放废弃物，甚至对抗自然，破坏自然，导致自然生态系统的退化。这是不可持续的。正是认识到“绿水青山”的生命特征，所以必须优先保障生命系统的新陈代谢，确保其循环往复；正是“绿水青山”的生命特征，人们必须养成生命伦理、生态伦理观念，对待生态系统要像对待人类自身一样；正是“绿水青山”的生命特征，人类要以整体的观点处理各个要素之间的相互关系、处理各个系统之间的相互关系、处理各个部门之间的相互关系、处理各个区域之间的相互关系。绿水青山就是金山银山理念，深刻地认识到自然生态系统的生命特征，所以揭示了孰轻孰重、孰先孰后，既要谋求统筹兼顾，又要注意轻重缓急。

---

① 杨向荣，陈琴：《习近平“绿水青山就是金山银山”理念的生态学阐析》，《湖南省社会主义学院学报》，2022 年第 6 期。

二、坚持绿水青山就是金山银山理念就要坚持生态优先观

运用绿水青山就是金山银山理念，就要坚持生态优先观，做到尊重自然、敬畏自然、保护自然，在经济发展规律与自然发展规律发生冲突的情况下，以遵守自然发展规律作为约束性前提。大量的事例证明，以自然为敌的做法、凌驾于自然之上的做法，必然遭到自然界的报复。为此，就要大力保护生态系统、保护生物多样性、保护食物链的完整性，以保障可持续发展的自然基础。必须清醒地认识到，物种的消亡具有不可逆性，当食物链的断裂达到一定的程度时，就会导致生态系统的崩溃乃至整个地球的灭亡。正因为如此，党的二十大报告系统阐述了“提升生态系统的多样性、稳定性、持续性”。当然，生态优先观并非“只要满足生态需要，不要满足人类需要”，而是满足人类的需要要建立在保障生态需要的基础之上。只有这样，才能做到生态系统的可持续性，也才能做到人类社会的可持续性。

三、坚持绿水青山就是金山银山理念就要坚持循环发展观

运用绿水青山就是金山银山理念，就要模仿自然界的物质循环利用的原理，在生产和消费环节，努力谋求一物多用、梯级利用、循环利用，实现工业废弃物和生活垃圾的资源化利用。这就是循环经济。循环经济是一种以资源的高效利用和循环利用为核心，以减量化、再使用、再资源化为原则，以低投入、低消耗、低排放、高效益为特征，符合可持续发展理念的经济增长模式，属于资源节约型和环境友好型的经济形态。一般认为，发展循环经济一般要求遵循“3R 原则”：一是减量化原则（Reduse）。该原则针对的是“输入端”，用较少的原料和能源，特别是无害于环境的资源投入来达到既定的生产目标和消费目标。这一原则追求的是资源生产率（相对于劳动生产率而言）。不仅要提高劳动生产率，而且要提高资源生产率，包括水资源生产率、土地生产率、能源生产率等。二是再使用原则（Reuse）。该原则针对的是“中间过程”，延长产品和服务的时间强度，要求制造产品和包装容器能够以初始的形式被反复利用，要求制造商尽量延长产品的使用期。这一原则追求的是资源的重复利用率。重复利用率

高，既提高了资源生产率，又降低了单位产值或产品的污染排放率。三是再资源化原则（Roresource）。该原则针对的是“输出端”，要求使用后报废的产品，通过加工处理，使其变为再生资源，变为再生原材料或能源，重新进入生产领域。这一原则追求的废物回用率。废物回用率高，既可以减轻资源压力，又可以减轻环境压力。

发展循环经济可以从企业、园区、区域等三个层次入手：[①] 一是企业层次的小循环。一般意义上的企业内循环就是指实行清洁生产。严格意义上的企业内循环是指企业集团通过企业间的专业化分工，建立企业间的能流、物流、信息流交换的生态联系，形成生态产业链；生态产业链之间通过物质、能量、信息流动和共享，形成耦合系统，使整个共生体系呈网状结构，实现经济效益和环境效益的最大化。二是园区层次的中循环。园区层次的循环经济是一种新型的工业组织形式，旨在通过模拟自然生态系统来设计工业园区的物流、能流和信息流。园区内采用废物交换、清洁生产等手段，把一个企业产生的副产品和废弃物作为另一个企业的投入或原料，实现物质闭路循环和能量多级利用，形成相互依存、类似自然生态系统食物链的工业生态系统，达到物质能源利用最大化和废物排放最小化。三是区域层次的大循环。区域层次的循环经济是循环经济的更高层次和更广范围的发展模式。它要求实现区域内各大产业之间的循环、企业生产与家庭消费之间的循环等。循环经济所追求的不仅是经济效益的最大化，还是经济效益、环境效益和社会效益等综合效益的最大化。

四、坚持绿水青山就是金山银山理念就要坚持社会生态观

运用绿水青山就是金山银山理念，就要努力建设良好的政治生态、精神生态和社会生态。良好的政治生态就要全面坚持党的领导的前提下，确保政治权力的正常运行，确保把权力锁进制度的笼子，确保权力真正服务于人民群众。良好的精神生态就要坚持社会主义核心价值观，坚持社会主义精神文明建设，确保“钱袋子”鼓起来的同时，“脑袋子”充实起来，形成奋发向上的精神面貌。良好的社会生态就要形成政府、企业、居民各

---

① 刘亭，张善坤，沈满洪：《浙江“十一五”时期发展循环经济的总体思路》，《浙江经济》，2005 年第 13 期，第 18－21 页。

个经济主体既相互协同又相互制约的社会治理格局，构建完善的社会治理体系，提升社会治理的综合能力。

建设良好的政治生态、精神生态和社会生态，必须坚持全面深化改革。不仅要深入推进经济体制改革、生态文明体制改革，而且要推进政治体制改革、精神文明体制改革和社会文明体制改革。自下而上的改革需求和自上而下的改革供给形成相互衔接，实现体制机制制度的供求平衡，有效推进中国式现代化建设。

总之，唯物辩证法是根本方法，生态学方法是具体方法，系统论方法则是中间层次的方法。绿水青山就是金山银山理念实现了从根本方法到具体方法的和谐统一，对于推进以美丽中国为目标的生态文明建设具有重大的理论意义和实践意义。在践行绿水青山就是金山银山理念的过程中，必须学习好、掌握好、运用好绿水青山就是金山银山理念的“方法论”。

第八章

绿水青山就是金山银山理念的制度逻辑[①]

践行绿水青山就是金山银山理念，重点在于生态经济化和经济生态化，也就是生态产品的价值实现及经济发展的绿色转型。但是，这种转化并非自然而然就可以实现，而是需要体制、机制和制度保障。党的二十届三中全会通过的《中共中央关于进一步全面深化改革、推进中国式现代化建设的决定》（以下简称《决定》）在“深化生态文明体制改革”部分开宗明义地指出：“中国式现代化是人与自然和谐共生的现代化。必须完善生态文明制度体系，协同推进降碳、减污、扩绿、增长，积极应对气候变化，加快完善落实绿水青山就是金山银山理念的体制机制。”[②] 显然。这里所说的体制机制是包括制度的，有时体制机制和制度也是不加严格区分的。由于生态文明制度是一个包括强制性制度、激励性制度和引导性制度在内的制度体系[③]，本章着重就践行绿水青山就是金山银山理念的激励性制度进行阐述，最后阐释生态文明制度的内在关系及演替规律。

---

① 沈满洪：《习近平生态文明体制改革重要论述研究》，《浙江大学学报（人文社会科学版）》，2019 年第 6 期，第 5－15 页。

② 中共中央：《中共中央关于进一步全面深化改革、推进中国式现代化建设的决定》，北京：人民出版社，2024 年 7 月，第 38 页。

③ 沈满洪：《生态文明制度建设：理论阐释、演进趋势与路径选择》，《中国农村经济》，2024 年第 10 期，第 2－19 页。

第一节 绿水青山与金山银山双向转化的制度困境

外部性就是一个人的行为影响了另一个人的福利，而这种福利没有通过市场价格加以买卖。如果一个人的行为给另一个人带来了福利，而后者没有补偿前者，那么就是正外部性；如果一个人的行为损害了另一个人的福利，而前者没有补偿后者，那么就是负外部性。生态经济化和经济生态化过程中正是面临着正负外部性的制度困境。

一、生态保护及绿色发展的正外部性

践行绿水青山就是金山银山理念，必须坚持“生态优先，绿色发展”。这就要求把生态环境保护放在首位，而生态环境保护的成本是由保护者支付，收益则不局限于保护者享用，因此存在着正外部性。推进绿色发展过程中，绿色发展能否盈利取决于技术水平。技术的重大突破确实能够保证做到既绿色又经济。但是，技术进步是一个过程，在很多领域，至今还存在绿色不经济的问题。也就是说，从社会角度看，能够实现社会净福利的增加，但是，从企业的角度看，无法实现利润最大化，甚至存在严重亏损。由于绿色技术尚未实现根本突破，导致绿色产品的生产成本太高或收益太低（见图 8 - 1）。[①]

图 8 - 1 中，横轴表示产量 Q，纵轴表示收益 MR 或成本 MC，正斜率的曲线表示边际成本曲线 MC，假设私人边际成本曲线 PMC 与社会边际成本曲线 SMC 重合。PMR 表示私人边际收益曲线，SMR 表示社会边际收益曲线，两者之间的垂直距离是 XR，可以称之为外部收益。根据边际收益等于边际成本的利润最大化原理，私人企业的最佳选择是根据 PMR = PMC 的原则确定产量 Q_1，社会的最佳选择是根据 SMR = SMC 的原则确定产量 Q_2。显然，私人最优的产量 Q_1 小于社会最优的产量 Q_2。$(Q_2 - Q_1)$

① 沈满洪：《环境经济手段研究》，北京：中国环境科学出版社，2001 年 11 月，第 32 页。

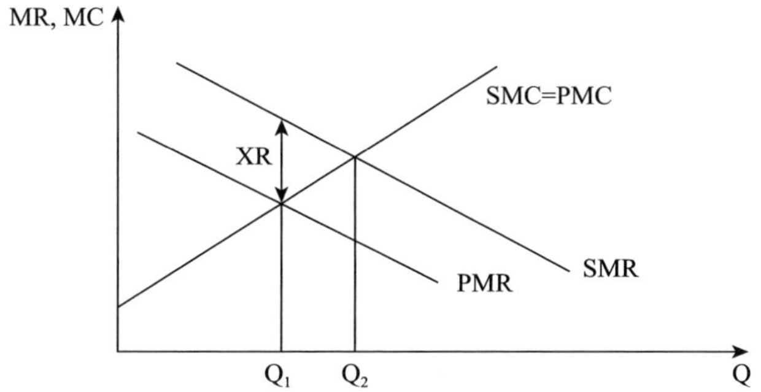

图 8－1　生态保护及绿色发展的正外部性

就属于产出不足，与产出不足相对应的就是生态保护及绿色发展的不足。导致这一结果的原因是企业生产产品时获得的收益并非全部由企业获得，企业获得的只是私人收益，而外部收益 XR 则由社会其他主体获得。简单而言，外部收益 XR 的存在导致产出不足（Q_2-Q_1）。这是一种资源配置的扭曲——导致生态保护及绿色产品的产出不足而无法实现社会福利的最大化。这就是生态保护及绿色发展的制度障碍。

二、环境污染及“黑色增长”的负外部性

以破坏生态环境为代价实现经济增长可以比喻为“黑色增长”。“黑色增长”盛行的本质是，企业内部能够实现追求利润最大化的目的，但是，存在环境污染成本的转嫁，转嫁给了社会和他人，存在严重的负外部性（见图 8－2）。[①] 社会或其他经济主体需要为企业排放的污染支付治理成本。

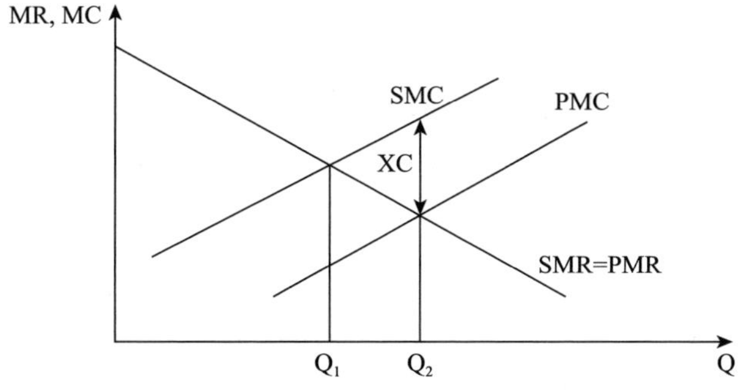

图 8－2　环境污染及“黑色增长”的负外部性

① 沈满洪：《环境经济手段研究》，北京：中国环境科学出版社，2001 年 11 月，第 30 页。

图8-2中，横轴表示产量Q，纵轴表示边际收益MR或边际成本MC，负斜率的曲线表示边际收益曲线MR，假设私人边际收益曲线PMR与社会边际收益曲线SMR重合。PMC表示私人边际成本曲线，SMC表示社会边际成本曲线，两者之间的垂直距离是XC，可以称之为外部损害或外部成本。根据边际收益等于边际成本的利润最大化原理，私人企业的最佳选择是根据PMR=PMC的原则确定产量Q_2，社会的最佳选择是根据SMR=SMC的原则确定产量Q_1。显然，私人最优的产量Q_2大于社会最优的产量Q_1。（Q_2-Q_1）就属于过度产出，与过度产出相对应的就是过度污染。导致这一结果的原因是企业生产产品时的成本并非全部由企业承担，企业承担的只是私人成本，而外部成本XC则由社会其他主体来承担。简单而言，外部成本XC的存在导致过度产出（Q_2-Q_1）。这是一种资源配置的扭曲——一方面导致这种产品的过度产出，另一方面是伴随过度产出的环境污染。

由于环境污染及“黑色增长”的外部成本不是由企业承担的，因此，企业就没有动力从“黑色增长”转向“绿色发展”。这就是绿色低碳转型的制度障碍。

三、生态环境的公共物品属性

如果在生态保护及绿色发展过程中，内部收益相对于外部收益占比极小，甚至趋于无穷小，那么，正外部性问题就成为公共物品问题了。由于生态保护及绿色发展的成本是由私人支付的，而收益则是全社会共享，这样就会导致谁都想“免费搭车”、谁都不愿意供给的结果。人人都想“免费搭车”的结果是，谁都搭不到便车。

如果在环境污染及“黑色增长”过程中，内部成本相对于外部成本的占比极小，甚至趋于无穷小，那么，负外部性问题也成为公共物品问题了。由于环境污染及“黑色增长”的收益是由私人获取的，而成本则是全社会共担，这样就会导致谁都选择污染而不是保护，人人污染的结果就导致“公地的悲剧”——每个人从个人角度看是合情合理的行为，但是会导致整个社会毁灭的非理性结果。

市场机制无法自动解决生态保护及绿色发展的正外部性，极端情况下会出现“搭便车”所致的供给为零；市场机制也无法自动解决环境污染及“黑色增长”的负外部性，极端情况下会出现“公地的悲剧”。因此，制度的设计和选择是极为重要的。通过制度可以改变人们的选择策略，从生态环境破坏转向生态环境保护，从“黑色增长”转向绿色发展。

第二节　利用绿色财税制度校正自然资源配置扭曲

利用绿色财税制度解决生态保护及绿色发展的正外部性、环境污染及“黑色增长”的负外部性是绿水青山就是金山银山理念的内在要求。绿色财税制度包括收入和支出两个方面，具有多种具体手段可以选择。从收入制度看，包括环境税、资源税和碳税等政策手段；从支出制度看，包括生态补偿、循环补贴和低碳补助等政策手段。

一、绿色财政支出制度激励绿色发展

按照庇古税理论，当存在生态保护及绿色发展的正外部性时，可以通过补贴的方式实现外部性的内部化。在图 8－1 中，政府只要向生态保护及绿色发展的企业发放补贴，补贴的额度就是每单位产品补贴 XR。通过补贴，私人企业的边际收益曲线 PMR 与社会边际收益曲线 SMR 正好重合。这样，产出不足就消除了，生态保护足额提供了，私人最优和社会最优就会一致。①

以绿色财政支出制度激励绿色发展的主要财政支出包括生态补偿、循环补贴和低碳补助等。生态补偿制度就是政府或生态保护受益者向生态保护者和绿色发展企业支付一部分资金，通过正外部性的内部化以激励生态保护者的保护积极性、激励绿色发展企业的发展积极性。这一制度在我国已经得到广泛的运用，在生态公益林生态补偿制度、退耕还草生态补偿制度、水源保护生态补偿制度建设中均运用得十分广泛。循环补贴就是对废

---

① 沈满洪：《环境管理中补贴手段的效应分析》，《数量经济技术经济研究》，1998 年第 7 期。

弃物回收行业、废弃物资源化利用企业进行税收优惠或减免的一种政策。例如，垃圾本身是不足以发电的，需要添加天然气或煤等燃料才能真正发电，如果不给垃圾发电厂以补助，必然出现企业亏损。由于垃圾发电厂具有资源节约和环境保护等公益属性，具有正外部性，所以需要政府给予循环补贴。低碳补助是政府为了控制二氧化碳等温室气体的排放对低碳产品的生产或消费给予补助的政策。例如，对于购买电动汽车的消费者给予50%的价格补贴，同时给予随时上牌的鼓励。

图 8－3 中，如果政府对没有生态保护正外部性的产品进行补贴，补贴率等于外部收益 XR 的数量，也就是（P_2-P_1），使得 XR =（P_2-P_1）。[①] 那么：

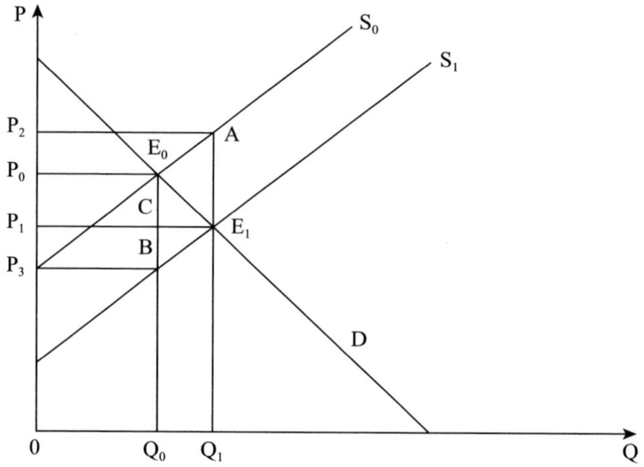

图 8－3　绿色财政支出制度的社会净福利分析

对政府而言，政府为了鼓励生态保护，需要支付补助金，其数量就是图 8－3 中的矩形 $P_1E_1AP_2$ 的面积。这是一个负值。

对生产者而言，由于企业得到了政府的补贴，使得供给曲线向右移动，从 S_0 移向 S_1，结果是使具有生态正外部性的产品生产由 Q_0 增加到 Q_1，而均衡价格则由 P_0 下降到 P_1。这样，生产者剩余增加了梯形 $P_1E_1BP_3$ 的面积，它也等于梯形 $P_0E_0AP_2$ 的面积。这是一个正值。

对消费者而言，补贴使消费者能够以更低的价格购买更多的生态正外

① 沈满洪：《环境管理中补贴手段的效应分析》，《数量经济技术经济研究》，1998 年第 7 期。

部性产品，价格从 P_0 下降到 P_1，产品的数量则由 Q_0 增加到 Q_1，消费者剩余增加了梯形 $P_0E_0E_1P_1$ 的面积。这也是一个正值。

社会的净剩余是：梯形 $P_0E_0AP_2$ 的面积 + 梯形 $P_0E_0E_1P_1$ 的面积 - 矩形 $P_1E_1AP_2$ 的面积 = - 三角形 ACE_1 或三角形 E_0E_1B 的面积。可见，存在社会净福利的损失。

图 8-3 中，如果政府对具有生态保护正外部性的产品进行补贴，生产者剩余、消费者剩余、政府补贴额度均不变，但政府补贴对生态环境产生了影响。补贴促使生态保护供给的增加，从而生态环境质量得到改善。由于从 Q_0 开始，每增加 1 个单位的产出，就可以获得如图 8-3 所示的等于外部收益 XR 的环境收益，那么增加（Q_1-Q_0）的产出，就可以获得 XR·（Q_1-Q_0）的环境收益，它正好等于图 8-3 所示的菱形 AE_0BE_1 的面积。

这时，实施生态保护补贴制度后的社会净收益是上述各种收益增量的总和，它等于生产者剩余的增加，加上消费者剩余的增加，加上环境收益，减去政府的补助金。如果用 ΔNR 表示社会净收益，那么就有公式如下：

$$
\begin{aligned}
\Delta NR &= \text{⏢}P_1E_1BP_3 + \text{⏢}P_0E_0E_1P_1 + \Diamond AE_0BE_1 - \square P_1E_1AP_2 \\
&= \triangle E_0E_1B
\end{aligned}
$$

可见，对产生生态保护正外部性的企业给予补贴，从整个社会来看可以获得一个三角形 E_0E_1B 面积的净收益增量。因此，激励生态保护及绿色发展的财税制度的改革方向，就是通过生态补偿、循环补贴、低碳补助激发生态保护、循环利用、低碳发展的积极性，从而实现环境友好、资源高效和气候适宜的效应。

正因为绿色财政支出制度具有这种神奇的效果，早在提出绿水青山就是金山银山理念的 2005 年，时任浙江省委书记习近平同志就从宏观上强调“两个机制”：一是充分发挥市场机制的作用；二是逐步建立健全生态补偿机制。[①] 党的二十届三中全会的《决定》进一步强调“健全生态产品价值实现机制。深化自然资源有偿使用制度改革。推进生态综合补偿，健

① 习近平：《干在实处 走在前列——推进浙江新发展的思考与实践》，北京：中共中央党校出版社，2006 年 12 月，第 194 页。

全横向生态保护补偿机制，统筹推进生态环境损害赔偿。”① 这是典型的绿水青山就是金山银山理念的制度逻辑。

二、资源环境税收制度遏制“黑色增长”

按照庇古税理论，当存在环境污染及“黑色增长”的负外部性时，可以通过绿色财政收入制度实现外部性的内部化。在图8-2中，政府只要向污染排放的企业征税，征税的额度就是每单位产品征收XC的税收。通过征税，私人企业的边际成本曲线PMC与社会边际成本曲线SMC正好重合。这样，过度产出就消除了，过度污染也消除了，私人最优和社会最优就会一致。②

绿色财政收入制度的总体效果是使有污染的产出量减少，从而实现经济效率与环境效果的统一。如果政府对没有环境负外部性的产品征税，会导致社会净福利的损失；如果政府对具有环境负外部性的产品征税则不仅没有社会净福利的损失而且有社会净福利的增加。见图8-4。③

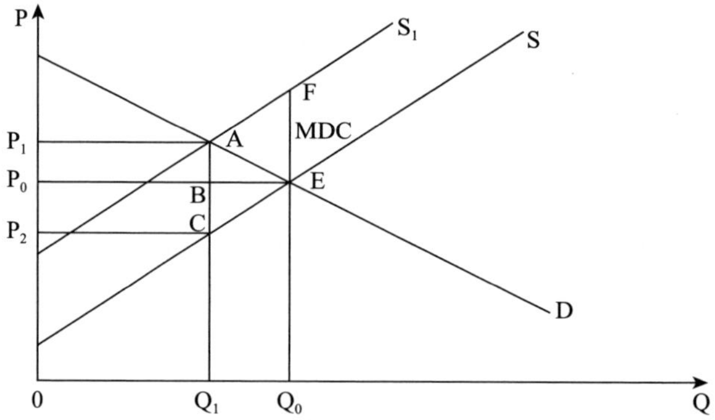

图8-4　绿色财政收入制度的社会净福利分析

假如对没有环境负外部性的产品征税t，而对于整个行业的征税额就

① 中共中央：《中共中央关于进一步全面深化改革、推进中国式现代化建设的决定》，北京：人民出版社，2024年7月，第39页。

② 沈满洪：《环境经济手段研究》，北京：中国环境科学出版社，2001年11月，第112-114页。

③ 沈满洪：《环境经济手段研究》，北京：中国环境科学出版社，2001年11月，第118-123页。

是所有厂商单位产品征税额的总额。由于征税，导致行业的供给曲线由 S 移动到 S_1。因此，$T = P_1 - P_2$。图 8－4 表明：

对政府而言，征收到矩形 P_1P_2CA 的面积的税收。由于征税，抑制了企业的生产积极性，产出水平由 Q_0 减少到 Q_1。

对生产者而言，征税前生产者剩余用价格线（$P = P_0$）以下、供给曲线以上的三角形面积来表示。征税以后，产量从原来的 Q_0 下降到 Q_1，导致生产者剩余的增量是：梯形 P_0P_2CE 的面积的减少。如果用 ΔPS 表示生产者剩余的增量，那么：

$$\Delta PS = -(\square P_0P_2CB + \triangle BEC)$$

对消费者而言，征税前消费者剩余用价格线（$P = P_0$）以上、需求曲线以下的三角形面积来表示。征税以后，产量从原来的 Q_0 下降到 Q_1，导致消费者剩余的增量是：梯形 P_0P_1AE 的面积的减少。如果用 ΔCS 表示消费者剩余的增量，那么：

$$\Delta CS = -(\square P_0P_1AB + \triangle ABE)$$

这样，社会的净剩余是政府税收的增加矩形 P_1P_2CA 的面积 + 生产者剩余的减少 $[-(\square P_0P_2CB + \triangle BEC)]$ + 消费者剩余的减少 $[-(\square P_0P_1AB + \triangle ABE)]$ = 三角形 AEF 的面积或三角形 AEC 的面积。

如果政府向具有环境负外部性的企业征税，税率 t 等于它所造成的边际损害成本 MDC，即 $t = MDC$，而对于整个行业的征税额就是所有厂商单位产品征税额的总额。由于征税，导致行业的供给曲线由 S 移动到 S_1。因此，$T = P_1 - P_2$。

征税后对政府税收、生产者剩余、消费者剩余的变化均如上所述。不过，征税产生了环境保护效应。因为征税税率本身就是按照单位产品所造成的社会损失来计算的，也就是说，每减少一个单位的产出，就可以带来相当于 t 的环境收益。在这一模型中，由于产量从 Q_0 减少到 Q_1，因此，环境收益等于菱形 AFEC 的面积，这个菱形的面积正好是两个三角形 AEC 的面积。

征税后的社会净收益等于政府的税收收益加上环境收益，减去生产者剩余的损失，再减去消费者剩余的损失。如果用 ΔNR 表示社会净收益，那么：

$$\Delta NR = \square P_1P_2CA + 2\triangle AEC - (\square P_0P_2CB + \triangle BEC) - (\square P_0P_1AE + \triangle ABE)$$

$=2\triangle AEC-(\triangle BEC+\triangle ABE)$

$=\triangle AEC$

由此可见，对具有环境污染负外部性企业的产品征税效应不同于对一般产品的征税。如果对没有环境污染负外部性产品征税，那么，从社会净收益来看，总的是一种损失，损失的数量是三角形 AEC 的面积。对具有环境污染负外部性产品征税则可获得三角形 AEC 的面积的社会净剩余。

以财政收入制度遏制“黑色增长”的主要财政政策包括环境税、资源税和碳税等。环境税主要是针对企业污染排放而征收的税收。环境税的标准是外部损害。资源税的指向有两个方面：一方面，资源税是对资源所有者征收的一种税收，是国家重要税源之一；另一方面，资源税是对资源开发、利用过程中所产生的负外部性征税，此时，资源税类似于环境税。碳税就是为了遏制二氧化碳等温室气体的排放而征税的一种税收，它是根据碳当量的排放情况而设定的税收政策。总之，环境税主要为了解决环境危机，资源税主要为了解决资源危机，碳税主要为了解决气候危机。

因此，遏制环境污染及“黑色增长”的财税制度改革的方向，就是通过征收环境税、资源税、碳税等遏制污染物的过度排放、自然资源的低效利用、温室气体的无度排放，从而实现环境友好、资源节约和气候适宜的效应。党的二十届三中全会《决定》明确指出：“实施支持绿色低碳发展的财税、金融、投资、价格政策和标准体系，发展绿色低碳产业，健全绿色消费激励机制，促进绿色低碳循环发展经济体系建设。优化政府绿色采购政策，完善绿色税制。”① 这又是典型的绿水青山就是金山银山理念的制度逻辑。

三、绿色财税制度的工具选择

绿色财税制度既包括环境税、资源税和碳税等财政收入制度，又包括生态补偿、循环补贴和低碳补助等财政支出制度。把这一系列政策集合在一起可以形成绿色财政制度工具箱（见图 8－5）。

---

① 中共中央：《中共中央关于进一步全面深化改革、推进中国式现代化建设的决定》，北京：人民出版社，2024 年 7 月，第 40 页。

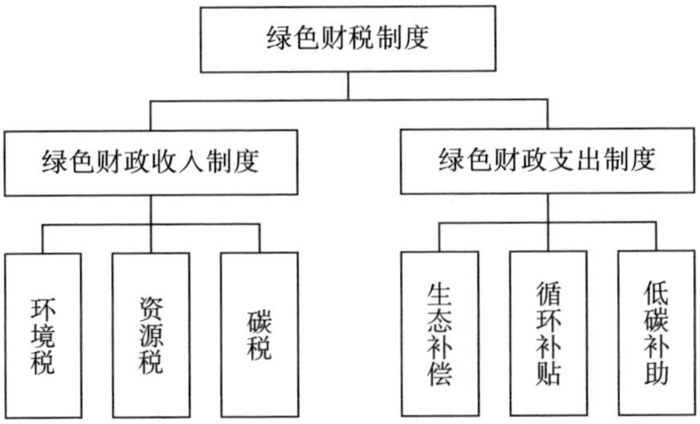

图 8－5　绿色财税制度的政策工具箱

绿色财税制度工具既可以单独使用，也可以组合使用，根据生态环境保护的阶段性特征，可以适时进行改革和完善。

（一）绿色财税单一制度选择

一是绿色财政收入制度与绿色财政支出制度的选择。如果把政府当作一个理性的经济人，那么政府往往存在偏好绿色财税收入制度而厌恶绿色财政支出制度。因此，在财政政策设计中首先需要防止的是政府偏好导致的政府失灵。在不同的发展阶段政府对政策的选择态度也是不同的。在财政收入相对不足而环境污染比较严重的情况下，政府往往偏好税收政策；在财政收入比较宽裕而环境质量急需改善的情况下，政府往往偏好支出政策。

二是绿色财政收入制度中环境税、资源税与碳税的选择。一般而言，从国家作为资源的所有者的角度入手，政府向资源开发使用者征收税收，这是最普遍也是比较容易实施的政策。从环境保护角度入手征收环境税是比较容易实施的，我国长期实施的排污收费就是环境税的低级形式。排污收费制度已经顺利完成“费改税”。碳税的征收相对比较困难。我国面临的问题是环境危机、资源危机、气候危机同时并存。针对这一现状，需要对环境税、资源税和碳税进行统筹设计。而且，对于政府而言，一种税收的增加意味着减少另一种税收。因此，绿色财税制度改革必须同时启动整个税制的改革。

三是绿色财税支出制度中生态补偿、循环补贴与低碳补助的选择。在政府财政收入宽裕的情况下，对循环补贴和低碳补助的实施相对比较容易，因此，这种补贴往往是针对具体的资源或产品的。相对而言，生态补偿比较困难，由于生态效益的外溢性和跨界性，生态价值评价方法难以统一，所以基于市场的生态补偿机制的推进十分困难。由于中国面临的问题是，随着收入水平的上升，消费者对绿色环境和绿色产品的需求呈现递增的趋势，在这一背景下，亟须大力推进绿色生产和绿色消费，因此，需要统筹推进生态补偿、循环补贴、低碳补助的政策设计。

（二）绿色财税多重政策组合

绿色财税制度可以选择某种工具单独使用，也可以选择两种或两种以上的政策工具组合使用。如果政策工具组合得当，可以发挥更加有效的作用。例如，在流域生态建设和环境保护中，如果单一实施生态补偿政策，难以起到责权利结合的效果。如果实施生态补偿政策与环境损害赔偿政策的耦合使用，就可以起到事半功倍的效果。全国第一个跨界流域——新安江流域的生态补偿政策就是这样设计的，达到了非常好的生态保护效果。又如，为了推进我国能源结构的调整，可以同时实施高碳能源征收碳税与低碳能源给予补贴的组合政策。同时实施高碳能源征收碳税而低碳能源给予补贴，则完全有可能做到发展和使用低碳能源是合算的，而发展和使用高碳能源是不合算的。

（三）绿色财税制度改革方向

一是“由无到有”的绿色财税制度改革。有些绿色财税制度理论上讲可以有，但是，政策实践中还没有。例如，碳税制度就属于理论研究层面的绿色财税制度。碳税制度适用与否不仅取决于该制度本身的优劣，还取决于碳税制度与碳权制度的优劣比较。如果决策者基于学理研究认为碳权制度比碳税制度更优，碳税制度就会靠边站；如果决策者基于学理研究认为碳税制度比碳权制度更优，则碳税制度就会成为一种由无到有的绿色财税制度。

二是“由弱到强”的绿色财税制度改革。有些绿色财税制度在政策实践中已经存在，只是政策实施的力度还不够。之所以出现这种现象，或者是政策操作层面没有全面覆盖，或者是“绿色财政收入”或“绿色财政支出”的力度没有达到“外部成本”或“外部收益”的额度。基于此，就要判断已有政策的实施效果，只要政策效果是好的，就要坚定不移地予以实施和推广；只要政策效果是好的，就要想方设法使得“绿色财政收入”等于“外部成本”，使得“绿色财政支出”等于“外部收益”。

三是“由下到上”的绿色财税制度改革。有些绿色财税制度在局部地区已经取得显著效果，但是，尚未在全国层面得到普遍推广。对于这类源于基层的绿色财税制度的创新，要尽快完成从“自下而上”的改革转向“自上而下”的改革。例如，在低碳城市创建中，试点城市出台了新能源汽车的补贴政策。这一政策改善了化石能源汽车与绿色能源汽车的比例结构，有利于大气环境质量的改善。既然是一项好的政策，就应该在全国予以推广。

第三节　利用生态产权制度优化配置自然资源

党的十八届三中全会通过的《中共中央关于全面深化改革若干重大问题的决定》第 51 条的主题是“健全自然资源资产产权制度和用途管制制度”，第 53 条的主题是“实行资源有偿使用制度和生态补偿制度”，并强调“推行节能量、碳排放权、排污权、水权交易制度”。[①] 党的二十届三中全会通过的《决定》再次强调：“健全自然资源资产产权制度和管理制度体系，完善全民所有自然资源资产所有权委托代理机制”“健全碳市场交易制度、温室气体自愿减排交易制度。”[②] 这充分表明生态产权制度的重要意义。

一、生态产权制度的内涵及类型

产权界定是对必然发生的不相容的使用权进行选择时的排他性权利的分配。产权的基本内容包括行动团体对资源的使用权与转让权，以及收入的享有权。明确而又完整的产权界定能有效实现外部性内在化，提高资源

① 中共中央：《中共中央关于全面深化改革若干重大问题的决定》，《人民日报》，2013 年 11 月 16 日，第 1 版。

② 中共中央：《中共中央关于进一步全面深化改革、推进中国式现代化建设的决定》，北京：人民出版社，2024 年 7 月，第 39 – 40 页。

的配置效率。广义的生态产权制度是指有利于生态环境保护的整个产权制度，狭义的生态产权制度主要是指对生态环境保护有直接影响的自然资源、环境资源、气候资源的所有权及其与所有权相关的财产权、使用权、转让权等。本章从狭义角度出发，认为生态产权制度包括自然资源产权制度、环境资源产权制度和气候资源产权制度。[①]

（一）自然资源产权的内涵

自然资源包括的范围宽广，包括矿藏、水流、森林、山岭、草原、荒地、海域、滩涂等全部国土空间的各类自然资源资产，这是最典型的"绿水青山"。由于自然资源所具有的生产性、生态性、文化性和社会性特征，其产权内涵更为复杂。自然资源产权制度是基于资源阈值——确保自然资源再生产的底线，将可以开发利用的产权予以界定、保护、利用、交易等。例如，在确保生态水权的前提下开展水权交易、在确保渔业资源种群繁衍的前提下开展捕捞权交易等。

（二）环境资源产权的内涵

环境资源产权是基于环境容量的产权制度安排，在环境容量范围内通过排污许可制度允许微观主体之间进行排污权交易。环境资源产权制度包括环境资源产权的界定、行使、交易、保护等内容。环境资源产权界定是指国家通过行政或法律手段对资源环境产权进行确认或许可的活动，它是一种带有政策性和竞争性的资源配置方式，政策倾向和竞争机制会引导资源向资源利用效率高的领域流动。环境资源产权包括水污染物排放权、大气污染物排放权、固废排放权等，每一类又可以细分，如水污染排放权可以细分为COD排放权、N排放权、P排放权、氨氮排放权等。环境资源产权是为了保障水更清、山更绿、地更净的一种产权。

（三）气候资源产权的内涵

气候资源是温室气体的环境容量、碳汇等资源。基于气候环境容量所确定的二氧化碳等温室气体的排放权便是碳排放权。碳中和就是人为碳源

---

① 沈满洪，郅玉玲，彭熠，等：《生态文明制度建设研究（下卷）》，北京：中国环境出版社，2017年11月，第370－382页。

与人为碳汇相等时的状态。增加一吨碳汇与减排一吨碳源具有同等的意义。因此，碳市场的特殊之处在于碳排放权和碳汇可以同时纳入碳市场交易。气候资源产权是一种似乎看不见、摸不着，实则时时刻刻影响着生物多样性和人类生产生活的一种产权。

二、建立生态产权交易制度的必然趋势①

（一）建立生态产权交易制度的必要性

生态产权交易制度就是对于国家和集体所有的生态产权通过委托代理制度落实到地方政府或微观主体，进而把使用权剥离出来，在总量控制的前提下允许市场交易，以提高资源配置效率的制度。这种制度实际上就是运用经济手段优化配置环境要素，让经济主体进行优化选择，以尽可能低的成本实现尽可能好的生态环境绩效。这种资源配置方式可以带来三大好处：一是优化配置生态环境要素资源。提高水资源等自然资源生产率、提高环境容量等环境资源生产率、提高气候容量等气候资源生产率，是环境经济学必须追求的基本目标。优化配置生态环境要素资源，不仅可以带来经济效率的提升，而且可以促进环境公平的实现。二是避免出现生态环境寻租行为。生态环境要素市场化配置的对立面就是政府配置，或者按计划配置，或者进行政府调配。一旦政府管理当局手头拥有权力，寻租者就会挖空心思进行寻租，以寻求寻租收益。一旦生态环境要素资源配置被市场机制替代，寻租的危害自然就避免。三是防止不计成本的“拍脑袋”决策。政府在配置生态环境要素资源时，也许是精打细算的，但往往是不计成本的。在生态文明建设成为政治任务的情况下，常常出现“不惜一切代价保护生态环境”的错误做法。其实，生态环境保护有一个最优模型，既不是污染越严重越好，也不是保护越严格越好，而是保护的边际成本与污染的边际损害相等时。这时的社会福利是最大化的。社会需要追求的是包括经济福利和生态环境福利在内的综合社会福利最大化。以生态产权制度建设推进生态环境要素市场化配置有可能达到或接近这一目标。

---

①　沈满洪：《论环境要素市场化配置》，《浙江学刊》，2024 年第 5 期，第 5 - 12 页。

（二）建立生态产权交易制度的可能性

长期来，“绿水青山”等生态环境要素往往被认为是可以零价格或低价格使用的自由物品。随着经济社会的发展，各种资源的相对稀缺性发生了巨大的变化，生态环境要素的稀缺性越来越不亚于劳动、资本等其他要素，水、碳汇、负氧离子等生态产品逐渐进入市场，显示出其价格。随着生态环境要素的日益稀缺，通过产权界定进行生态环境要素市场化配置的潜在收益不断加大。

在特定阶段，人们无法准确了解二氧化硫的污染程度、二氧化碳的温室效应，因此，把这类生态环境产权视作开放产权。随着科学技术的快速发展，污染物和温室气体的监控监测技术日益成熟，生态环境产权界定的成本大幅度下降。监控成本的下降，可以让生态环境监测部门在线监控污染源及其排放的存量和流量。

由于生态环境要素产权界定可能带来的收益越来越大，而生态环境要素产权界定所需的成本不断下降，从而生态环境要素产权制度的建立成为“划算”的事情，也就是生态环境要素市场化改革成为可能。

（三）建立生态产权交易制度的紧迫性

绿水青山就是金山银山理念是习近平生态文明思想的核心和特色。虽然全国各地积极践行绿水青山就是金山银山理念，但是生态产品价值实现程度依然有限。这是生态产权制度改革推进不力的结果。生态产品价值实现有三个层次：第一个层次是生态保护补偿。这是对生态保护的“外部收益”或“外部溢价”进行补偿，因此，实际补偿额度往往是小于应当补偿金额。大部分地区、大部分区域、大部分流域、大部分领域的生态保护补偿还只具象征性意义。第二个层次是生态产权交易。这是让环境要素按照市场均衡价格进行买卖，实际交易价格就是市场供求关系决定的均衡价格。由于只有星星点点的试点，生态产品价值远远没有得到充分实现。第三个层次是生态产业发展。利用生态优势发展生态产业，可以实现几倍于生态产品价值的价值。我国优质生态产品众多，生态产品差异度大，得到开发利用的只是很小部分，大部分有待开发利用。按照“一物种一产业，一物种一产业链”的思路，生态产品价值实现潜力巨大。实现第二个层次的价值就可以为实现第三个层次的价值开辟道路。

三、生态产权制度建设的基本思路

生态产权制度建设是一个从“不控总量”到“总量控制”的转变过程、从“开放产权”到“封闭产权”的转变过程、从“无偿使用”到“有偿使用”的转变过程、从“不可交易”到“鼓励交易”的转变过程。①

(一) 生态优先,确定总量

资本资源、信息资源和科技资源等社会资源的开发使用一般不受总量约束和控制。但自然资源、环境资源和气候资源等资源不同于社会资源,因为这些资源的开发使用直接影响到生态平衡、环境质量和气候状况。过度开发使用水资源会导致生态用水的不足而影响生态系统的安全,过度排放污染物会超越环境容量从而导致环境质量的退化乃至不可逆转,过度排放温室气体会超越气候容量而导致气候变暖。因此,按照尊重自然、顺应自然、保护自然的原则,开发使用水资源、森林资源等自然资源不能突破生态阈值,排放污染物要控制在环境容量之内,排放温室气体要控制在气候容量之内。以水资源为例,一个区域的水资源要保持供求平衡,必须做到:

水资源供给量 = 生活需水量 + 生产需水量 + 生态需水量

这就表明,在水资源供给量给定的前提下,生态需水量与生活需水量、生产需水量之间是一个此消彼长的关系。生态需水量多了,生活需水量或生产需水量就少了;反之,生活需水量和生产需水量多了,生态需水量就少了。在不少地区出现的情况是,为了增加生产用水量和生活用水量,侵占生态用水,由此导致生态系统的退化。按照生态优先的原则,那么,作为水权开发使用的取水量必须首先扣除生态需水量,即:

取水量 = 生活需水量 + 生产需水量 = 水资源供给量 - 生态需水量

因此,生态产权制度改革首先要考虑生态需要,在满足生态需要的基础上核算可以开发使用的自然资源的总量,在这个总量范围内来统筹各种用

---

① 沈满洪,郅玉玲,彭熠,等:《生态文明制度建设研究(下卷)》,北京:中国环境出版社,2017 年 11 月,第 511 - 514 页。

途。也就是说，生态文明产权的数量要小于自然资源、环境资源、气候资源的供给总量。

（二）分配总量，界定产权

当一个区域或一个流域可以开发使用的自然资源总量确定以后，还需要进一步予以分配。以流域水资源为例，假如一个流域的水资源总量是 M，生态需水量为 N，那么，可以开发使用的水资源数量 T 便是水资源总量与生态需水量之差：

$$T = M - N$$

如何分配 T 的产权？第一步：在流域内的区域之间进行分配。如果流域是由上游、中游和下游 3 个地区构成的，那么，取水总量 T 在 3 个区域之间的分配可以按照基期年的取水基数、人口基数、产值基数等因素进行分配。如果现状取水基数大于 T，那么，首先要把取水量核减到 T，再进行区域之间的分配。无论是上游、中游还是下游获得一个取水量后还需要继续进行层层分解，直至最小区域单位。第二步：每个区域单元获得取水量后，还需要进一步分解到各个部门，如农业用水量、工业用水量、服务业用水量、公共用水量、城乡居民用水量等。第三步：各个部门把用水量分配到各个农户、企业等。

生态产权制度的建设往往是建立在许可制度基础上的。在许可基础上微观主体获得的自然资源数量、环境资源数量、气候资源数量就是一个生态产权的数量。只要产权的初始分配是清晰的，那么，在产权得到充分保护的前提下，产权所有者就可以自由支配自己所拥有的那部分产权。

（三）有偿使用，珍惜资源

各个区域、各个部门、各个企业、各个家庭在获取自然资源产权、环境资源产权和气候资源产权时，到底采取无偿使用还是有偿使用？在发达国家两种情况都有。在市场机制健全的情况下，即使是无偿使用，市场机制的作用也能够很快形成产权的均衡价格。中国与发达国家的差异在于：一方面，中国的市场机制尚处于进一步完善的过程中，由政府配置转向市场配置尚需时日；另一方面，中国对自然资源、环境资源和气候资源的需求比发达国家强烈得多，中国长江两岸布局的企业尤其是重化工业，比欧洲的莱茵河、比美国的密西西比河要密集得多。这么多的企业和家庭追逐那么有限的自然资源、环境资源和气候资源，如果采取无偿使用，必然导致浪费式使用、低效率使用。反之，实施有偿使用制度，可以让企业和家庭更加珍惜资源、高效利用资源、优化配置资源，并努力使每一种资源产生最高的价值。因此，在中国实施自然资源产权、环境资源产权、气候资源产权的有偿使用，是保障资源集约开发、资源节约利用、资源高效配置的重要条件。党的二十届三中全会的《决定》明确强调“深化自然资源有偿使用制度改革”。这既符合资源稀缺性法则，也符合中国的国情。

（四）产权交易，优化配置

在产权清晰、自由交易的情况下，商品和要素通过交易必然导致交易双方共赢。这是亚当·斯密的经典著作《国富论》早已证明了的结论。在生态产权领域同样可以通过交易实现资源配置的高效化。

下面以黄河流域为例来说明水权交易可能带来的福利增进。1987 年 9 月 11 日，国务院办公厅转发了国家计委和水电部《关于黄河可供水量分配方案报告的通知》。这是中国首次由中央政府批准的黄河可供水量分配方案。该水量分配方案由国务院办公厅以国办发〔1987〕61 号文通知各省（市、区）作为南水北调工程生效前黄河可供水量的分配方案。在南水北调工程生效前，沿黄九省（区）和天津、河北分配耗用的黄河河川径流量为 370 亿立方米，分配到各地区的情况见表 8－1。

表 8－1　　黄河可供水量分配方案（南水北调前）　　单位：亿立方米

地区	青海	四川	甘肃	宁夏	内蒙古	陕西	山西	河南	山东	河北天津
水量	14.1	0.4	30.4	40.0	58.6	38.0	43.1	55.4	70.0	20.0

姑且不论“八七分水方案”的科学性和合理性[①]，以宁夏回族自治区和山东省进行比较，宁夏的用水效益是山东的 1/3。假如宁夏的用水效益是每吨水增加 1 个单位的净收益，那么，山东的用水效益便是每吨水增加 3 个单位的净收益。因此，如果宁夏的取水量从 40 亿吨减少到 30 亿吨，把减少的 10 亿吨以每吨 2 个单位的价格卖给山东，那么，宁夏和山东分

① “八七分水方案”是以 1987 年的农业取水量为主进行考虑的，自然存在时代的局限性。况且，南水北调后受水区域应该酌减黄河取水量。

别可以增加10亿个单位的净收益。这就是水权交易的妙处。之所以在浙江省的东阳市和义乌市之间、在内蒙古的鄂尔多斯和巴彦淖尔之间开展了区域之间的水权交易，就是基于区域之间的水资源效率的差异。

同样，基于不同微观经济主体之间用水效率的差异性和节水边际成本的差异性，也可以在微观经济主体之间开展水权交易。在张掖市已经开展了基于“水票”工具的农户间的水权交易，在内蒙古自治区的阿拉善盟已经开展了工业企业与农户之间的水权交易。同样的道理，实施用能权、排污权、碳排放权交易制度，也可以大大提高这些资源的配置效率和使用效益。

《中共中央关于全面深化改革的决定》明确指出：“发展环保市场，推行节能量、碳排放权、排污权、水权交易制度，建立吸引社会资本投入生态环境保护的市场化机制，推行环境污染第三方治理。”[①] 可见，自然资源、环境资源、气候资源的产权交易制度建设已经成为大势所趋。

第四节 生态文明制度的内在关系及演替规律

践行绿水青山就是金山银山理念，特别需要绿色财税制度和生态产权制度，同时，也离不开其他制度的配套。本节从更加宽广视野阐释生态文明制度的内在关系和演替规律。

一、生态文明制度的替代性与互补性[②]

不同的生态文明制度并非全部各自独立的，既存在互不相关的制度，更存在相互替代的制度，还存在相互补充的制度。以往的研究对此重视不够。探究生态文明制度的替代性和互补性是重要的制度创新。

① 中共中央：《中共中央关于全面深化改革的决定》，北京：人民出版社，2013年11月，第54页。

② 沈满洪，郅玉玲，彭熠，等：《生态文明制度建设研究（上卷）》，北京：中国环境出版社，2017年11月，第98－102页。

（一）生态文明制度的替代性

商品具有可替代性，如力士香皂对舒肤佳香皂的替代、百事可乐对可口可乐的替代。制度也具有替代性。新制度经济学创始人科斯在《企业的性质》一文中就揭示了市场交易成本的存在，使用市场并不是免费的，创办企业就是为了节约交易成本，因为企业内部交易制度可以替代外部市场交易制度。[①] 制度间的替代关系是由制度之间存在着某种互斥性决定的，使一个社会无法同时实施两个不同的制度，它们是彼此的替代品，亦即其中一个制度可取代另一个制度，反之亦然。[②] 在生态文明制度体系中，不同的制度也存在着替代性。基于“庇古税”理论的绿色财政制度和基于科斯理论的生态产权制度彼此之间是可以相互替代的制度。在理论上，它们均可以校正市场失灵、实现资源配置的帕累托最优；在实践中，由于它们的适用条件及决策者的偏好差异未必能够实现资源的帕累托最优。具体地说，水资源税制度与用水权交易制度、能源税制度与用能权交易制度、矿产税制度与探矿权采矿权交易制度、环境税制度与排污权交易制度、碳税制度与碳排放权交易制度等，彼此均具有可替代性。从长期来看，存在替代关系的两个制度是不能并存的，但是在短期内，尤其是在制度转型时期，具有替代关系的两个制度可能暂时并存。[③] 在同时使用具有替代性的若干制度时，需要谨慎。因为制度实施后会产生叠加影响，对微观经济主体产生较大冲击。例如，如果同时实施能源税制度、环境税收制度和碳税制度，可能同时指向石油这一要素，势必会大幅度提高要素的成本，增加企业的负担，阻碍经济健康发展。

（二）生态文明制度的互补性

商品具有互补性，如钢笔与墨水、眼镜的镜框与镜片。制度也具有互补性。制度间的互补关系意味着制度之间要求相互配合或相互耦合，亦即一种制度需要另一种制度的共同实施，两者的结合可以达到“1 + 1 > 2”

---

① 〔美〕罗纳德·哈里·科斯：《论生产的制度结构》，盛洪，陈郁，译校，上海：上海三联书店出版社，1994 年 3 月，第 1 – 24 页。

② 吉嘉伍：《新制度政治学中的正式和非正式制度》，《社会科学研究》，2007 年第 5 期，第 50 – 53 页。

③ 张旭昆：《制度系统的关联性特征》，《浙江社会科学》，2004 年第 3 期，第 79 – 84 页。

的制度绩效，反之亦然。在生态文明制度体系中，不同的制度也存在着互补关系。总量控制制度与生态产权交易制度是典型的互补性制度，如取水总量控制制度与水权交易制度、排污总量控制制度与排污权交易制度、温室气体总量控制制度与碳权交易制度等，都是互补性的制度，而且都是强互补性制度。这些制度的耦合，既能控制污染物总量，又能提高资源的配置效率。相反，如果没有总量控制制度作为前提，所有的生态产权交易均无从谈起。另外，资源税制度与循环补贴制度、环境税制度与生态补偿制度、碳税制度与低碳补助制度等也都是互补性制度，这些属于弱互补性制度。

（三）识别生态文明制度替代性和互补性的价值

识别生态文明制度的替代性和互补性的价值就在于，据此判断生态文明制度的优化选择和耦合强化，从而提高制度绩效。

当两个或两个以上的生态文明制度具有替代性时，就要选择制度绩效相对较高的制度，特别是水资源税还是用水权交易、环境税还是排污权交易、碳税还是碳排放权交易等绿色财政制度与生态产权制度的选择。绿色财政制度的优势是以税收和补贴等有形的手段容易激发企业的创新积极性，特点是“税率确定，总量不定”，容易出现政府的“税收偏好”政策取向和企业的“合法排污”心理诱导等问题；生态产权制度的优势是以总量控制为前提，将稀缺的环境资源配置到能够带来最高效率的企业那里，特点是“总量确定，价格不定”，但是在市场机制不尽完善的背景下难以有效运行。因此，替代性制度的选择不仅要看理论上的绩效，还要看实际上的适用条件以及制度选择者自身的偏好，防止因为“制度偏好”导致制度选择中的“劣币驱逐良币”现象。

当两个或两个以上的生态文明制度具有互补性时，就要努力促进互补性制度的耦合强化，解决单一制度相对绩效低下的问题。特别重要的互补性制度组合可能有：一是总量控制制度与产权交易制度的耦合，以自然资源、环境资源、气候资源的生态需要为前提确定所要控制的总量，在总量范围之内进行市场交易；二是生态保护补偿制度与环境损害赔偿制度的耦合，做到补偿性的正面激励和赔偿性的负面激励的有机结合。

有时，替代性制度和互补性制度是可以多重组合使用的。例如，解决水资源、水生态、水环境问题，既要解决数量优化配置问题，又要解决质量优化配置问题。在缺水区域，为了优化水资源配置、保障生态用水、解决水环境污染，可以实施“双总量控制、双有偿使用、双交易制度”①。“双总量控制”就是取水总量控制和排污总量控制，“双有偿使用”就是水权有偿使用和排污权有偿使用，“双交易制度”就是水权交易和排污权交易。澳大利亚的墨累—达令河流域就是通过取水总量控制和水权交易、排污总量控制和排污权交易的制度组合，既解决了水资源短缺的问题，又解决了水环境污染的问题，走上了人与自然和谐共生的道路。②

二、生态文明制度的演替规律

生态文明建设的目标要求会随着时空变化而变化，生态文明制度建设要因时而异、因事而异、因地制宜。遵循生态文明制度演替规律，就可能做到事半功倍甚至“四两拨千斤”的效果。③

（一）从生态文明制度生成过程看，存在由“摸”到“谋”的演替规律

生态文明建设有规律可循，生态文明制度建设也有规律可循。生态文明建设和生态文明制度建设的问题都是逐步暴露、逐步认识、逐步解决的。从全球范围看，生态环境问题的全面暴露是20世纪中叶，迄今也就是80年左右的历史；从我国国内看，生态环境问题的全面暴露大约是20世纪与21世纪交替之际，迄今也就是20多年的历史。我国生态文明制度建设明显呈现出从“摸着石子过河”到“顶层谋划设计”的演变趋势。④

如果从20世纪70年代的第一次全国环境保护会议开始计算，50年来，大致经历了三个阶段：第一个阶段（1973—1992），制度化。这个阶

① Yuan Zhang, Guo Fu, Tao Yu, Manhong Shen, Wei Meng and Edwin D. Ongley: Trans - jurisdictional pollution control options within an integrated water resources management framework in water - scarce north - eastern China, Water Policy, 2011: NO13, P624 - 644.

② 王干：《流域环境管理制度研究》，武汉：华中科技大学出版社，2008年1月，第92 - 94页。

③ 沈满洪：《生态文明制度建设：理论阐释、演进趋势与路径选择》，《中国农村经济》，2024年第10期，第2 - 19页。

④ 沈满洪，郅玉玲，彭熠，等：《生态文明制度建设研究（上卷）》，北京：中国环境出版社，2017年11月，第37页。

段，属于生态文明制度从无到有的转变。第二个阶段（1992—2012），法制化。这个阶段，从生态文明制度政策转向生态文明法律制度。第三个阶段（2012—今），体系化。这个阶段，生态文明制度是建立在科学研究基础上的顶层设计和谋划，形成完整的生态文明制度体系。

“摸”的阶段是一种自发的阶段，发现什么问题就解决什么问题，制度具有针对性，但也存在“头痛医头，脚痛医脚”的现象。“谋”的阶段是自觉的阶段，按照“总结过去、展望未来”“立足中国、面向世界”的视野进行主动的设计、系统的设计和自上而下的设计。人的认识需要有一个过程，不可能无所不知、无所不晓、无所不能。问题的关键在于如何缩短从“摸”到“谋”的过程。发达国家短则三五十年、长则一两百年的时间实现了生态环境状况的根本好转，我国则只用了一二十年的时间实现了生态环境状况的显著改善。这是生态文明制度建设的成功。

（二）从生态文明制度的刚性强弱看，存在由“刚”到“柔”的演替规律

在生态环境形势严峻的情况下，往往使用别无选择的强制性制度。在世界性“八大环境公害事件”的背景下，当事国当地政府均不得不采取关停、转产、惩处等刚性极强的管制性手段。刚性制度的优势是见效快，立竿见影；劣势是代价大，成本昂贵。关停一个企业的同时是建立在就业变失业（工人）、盈利变亏损（企业）、收税变补贴（政府）的基础之上。因此，不是万不得已，生态环境保护也不能搞“不惜一切代价”，而要坚持生态效益、经济效益、社会效益等综合效益的最大化。

在生态环境形势趋缓的情况下，往往使用权衡利弊的选择性制度，也就是经济手段。环境经济手段的优势：一是激励性——在给定绿色财政制度和生态产权制度前提下让企业做出有利于自己的选择的同时也达到了生态环境保护的目标；选择性——企业可以在给定的制度前提下在减排、缴税、协商、一体化等不同方案之中进行选择；低成本性——可以实现以尽可能低的生态环境保护成本实现给定的生态环境保护目标或在给定的生态环境保护成本投入的情况下达到尽可能好的生态环境保护效果，也就是实现既“生态”又“经济”的效果。

权衡利弊的选择性制度主要包括绿色财税制度和生态产权制度，这两者之间又是可以优化选择的。绿色财税制度有时是建立在公检法等专政力量的基础之上的，因此，刚性更强；生态产权制度则是纯粹的市场交易手段，它需要政府的产权保护，与其他竞争性产品和要素是无差异的。从偏好而言，政府往往偏好庇古手段；企业往往偏好科斯手段。这就意味着，在市场机制和政府机制有待完善的情况下，往往绿色财政制度占主导；在市场机制和政府机制比较完善的情况下，有可能生态产权制度占主导。

经济社会发展到一定的高度，相当一部分制度成为“悬剑”。真正发挥作用的是人们生态道德、生态伦理、生态自律。因此，也许道德教化的引导性手段发挥主导作用。

生态文明制度由“刚”到“柔”的演替规律就是生态文明制度的强制性渐弱而选择性渐强、管制性渐弱而自觉性渐强的一个过程。正因为如此，习近平总书记在2023年全国生态环境保护大会上强调指出：“把碳排放权、用能权、用水权、排污权等资源环境要素一体纳入要素市场化配置改革总盘子，支持出让、转让、抵押、入股等市场交易行为。”[①] 这充分表明，在下个阶段，权衡利弊的选择性制度将成为主导性制度发挥更大作用。

（三）从生态文明制度实施方式角度看，存在由“管”到“治”的演替规律

党的十八届三中全会通过的《中共中央关于全面深化改革若干重大问题的决定》明确提出：“全面深化改革的总目标是完善和发展中国特色社会主义制度，推进国家治理体系和治理能力现代化。”[②] 由此可见，现代化建设进程中，从管理转向治理是大势所趋。诚如有的学者所指出的：治理是各种公共的或私人的机构管理其共同事务的诸多方式的总和。它是使相互冲突的不同利益得以调和并且采取联合行动的持续的过程。它既包括有权迫使人们服从的正式制度和规则，也包括人们同意或以为符合其利益的非正式的制度安排[③]。该定义充分强调了治理的多主体协同和制度的

---

① 习近平：《以美丽中国建设全面推进人与自然和谐共生的现代化》，《求是》，2024年第1期，第4－9页。

② 中共中央：《中共中央关于全面深化改革若干重大问题的决定》，《人民日报》，2013年11月12日。

③ Michael Mcguire：Intergovernmental Management：A View from the Bottom［J］．Public Administration Review，2006，NO5，P677－679.

灵魂性作用。

基于环境管理的固有缺陷及环境治理的明显优势，党的十九大报告指出："构建政府为主导、企业为主体、社会组织和公众共同参与的环境治理体系。"① 由此，我国生态文明建设已经由"管理"转向"治理"的时代。这种转变意味着：一是多主体的参与，生态文明建设绝非单一主体所能够承担，人人都是生态文明的建设者。二是多主体的协同，在全过程人民民主建设中强化环境协商制度的建设，人人都是生态文明的监督者。三是以制度为核心，完善生态文明制度体系，依法推进生态文明治理。

生态文明建设，从"管理"向"治理"的转变，是系统性转变。一是从"单中心管理"转向"多中心治理"；二是从"一刀切管理"转向"多样化治理"；三是从"碎片化管理"转向"系统性治理"②。实现这一目标，既要敢于担当，又要注重协商；既要敢于出手，又要尊重民意；既要统筹协调，又要自我约束。

① 习近平：《决胜全面建成小康社会 夺取新时代中国特色社会主义伟大胜利——在中国共产党第十九次全国代表大会上的报告》，《人民日报》，2017 年 10 月 27 日。

② 沈满洪：《海洋环境保护的公共治理创新》，《中国地质大学学报（社会科学版）》，2018 年第 2 期，第 84－91 页。

第九章

绿水青山就是金山银山理念的重大意义[①]

绿水青山就是金山银山理念萌发于浙江省，推广于全中国，影响于全世界。该理念不仅具有理论意义和学科意义，而且具有实践意义和政策意义。本章分别阐述绿水青山就是金山银山理念的区域意义、中国意义和世界意义。

第一节　绿水青山就是金山银山理念的区域意义

从实践中提炼出科学理念，又以科学理念指导实践，两者相得益彰，螺旋上升。这是认识和实践的基本规律。绿水青山就是金山银山理念的孕育和提出与浙江生态省建设战略的谋划和实施，几乎是相伴相生。绿水青山就是金山银山理念萌发于浙江省，也最早践行于浙江省。自从绿水青山就是金山银山理念诞生以来，历届浙江省委省政府，始终坚持以该理念为指导，不断推进生态文明建设的战略深化，迭代升级，层层递进，发挥了引领和示范的作用。

---

① 沈满洪：《习近平生态文明思想研究》，《治理研究》，2018 年第 2 期，第 5 - 13 页。

一、指引浙江生态文明建设战略的迭代升级[①]

发展战略是引领一个国家和地区健康发展的“方向盘”。发展战略又要随着时间地点条件的变化而不断深化。近二十年来，历届浙江省委和省人民政府始终坚持绿水青山就是金山银山理念，不断推进生态文明建设的战略深化：实现了绿色浙江建设→生态省建设→生态浙江建设→美丽浙江建设→诗画浙江建设的层层递进。在战略深化中，一方面始终紧紧抓住“绿色”主线——从绿色文化、绿色环境、绿色产业、绿色消费、绿色人居、绿色制度等各个方面入手全面推进绿色化，让绿色成为浙江发展最动人的色彩；另一方面又不断充实基于“绿色”底色的从低到高的多层次需要，不断满足人民日益增长的优美生态环境、优质生态产品、优良生态服务、优异生态治理的需要。

（一）从绿色浙江建设到生态省建设

2003年，中共浙江省委十一届四次全会（扩大）会议在杭州召开，时任省委书记习近平代表省委所作的报告中明确提出了“八八战略”。“八八战略”之五是“进一步发挥浙江的生态优势，创建生态省，打造‘绿色浙江’”[②]。生态省建设成为二十多年来浙江生态文明建设的主基调和主旋律。生态省建设战略目标的提出具有下列显著特征：第一，辩证地看待浙江省情，既看到了浙江省经济快速发展所带来的环境问题，又看到了浙江生态建设和环境保护的优势；第二，全面地推进生态省建设，生态省建设比绿色浙江建设具有更大的包容性，涉及经济、政治、社会、文化、生态等各个方面；第三，生态省建设需要强大的组织保障，省委书记亲自担任生态省建设领导小组组长，从而保障了各项工作的真正落实。正是在实施生态省建设战略的进程中，“811”环境污染整治三年行动计划、循环经济发展规划、千村示范万村整治行动等逐个付诸实施，无论是生态环境、生态经济还是生态文化、生态人居均取得显著业绩。

---

① 沈满洪，谢慧明，等：《生态文明建设：浙江的探索与实践》，北京：中国社会科学出版社，2018年10月，第11－15页。

② 习近平：《干在实处 走在前列——推进浙江新发展的思考与实践》，北京：中共中央党校出版社，2006年12月，第72页。

（二）从生态省建设到生态浙江建设

中共浙江省委十二届七次全会专题研究生态文明建设，会议通过的《中共浙江省委关于推进生态文明建设的决定》是一个标志性文件。该决定指出：坚持以邓小平理论和“三个代表”重要思想为指导，深入贯彻落实科学发展观，全面实施“八八战略”和“创业富民、创新强省”总战略，坚持生态省建设方略、走生态立省之路，大力发展生态经济，不断优化生态环境，注重建设生态文化，着力完善体制机制，加快形成节约能源资源和保护生态环境的产业结构、增长方式和消费模式，打造“富饶秀美、和谐安康”的生态浙江，努力实现经济社会可持续发展，不断提高浙江人民的生活品质。[①] 该决定的新意在于：第一，在中央统一部署了生态文明建设方略的情况下，浙江省首先完成了从综合的生态省建设到文明高度的生态浙江建设的提升。第二，继续坚持生态省建设方略的前提下提出了“生态立省”论断，更加强化了生态文明建设的极端重要性。第三，把生态文明建设与人民的福祉紧密关联起来，建设“富饶秀美、和谐安康”生态浙江的目的是提高浙江人民的生活品质。

（三）从生态浙江建设到“两美”浙江建设

党的十八大报告明确提出了以“美丽中国”为目标的生态文明建设思路。习近平同志担任总书记以后依然十分关心浙江省的生态文明建设。2013 年初，习近平总书记在与时任中共杭州市委书记黄坤明谈话时指出：“杭州和西湖风景秀丽、文化灿烂，应该成为人民的天堂，旅游的胜地。杭州山川秀美，生态建设基础不错，要加强保护，尤其是水环境保护，使绿水青山常在。希望你们更加扎实地推进生态文明建设，努力使杭州成为美丽中国建设的样本。”[②] 浙江省理当成为美丽中国建设的先行区。因此，2014 年召开的省委十三届五次全会专题研究生态文明建设，并且作出了《中共浙江省委关于建设美丽浙江创造美好生活的决定》。该决定进一步指出：“建设美丽浙江、创造美好生活，是建设美丽中国在浙江的具体实

---

① 《中共浙江省委关于推进生态文明建设的决定》，《中国环境报》，2010 年 7 月 9 日，第 2 版。

② 沈满洪，谢慧明，余冬筠，等：《生态文明建设：从概念到行动》，北京：中国环境出版社，2014 年 6 月，第 231 页。

践，也是对历届省委提出的建设绿色浙江、生态省、全国生态文明示范区等战略目标的继承和提升。”① 该决定的新意在于：第一，基于生态文明建设的整体性，把“山水林田湖是一个生命共同体”的系统思维转变成生态文明建设的指导思想。第二，基于人民群众生态需求的快速递增，把生态文明建设的目标提升到美丽浙江建设的高度。第三，基于我党全心全意为人民服务的根本宗旨，把创造美好生活作为美丽浙江建设的终极目标。在“两美”浙江建设战略的指引下，生态文明建设的突出特点是狠抓落实，尤其是以“三改一拆”“五水共治”“浙商回归”等“拆治归”为代表的系列组合拳的运用，浙江省率先实现了生态环境质量的总体好转。

（四）从“两美”浙江建设到美丽浙江建设

“建设美丽浙江创造美好生活”所要强调的是建设美丽浙江的目的是为了美好生活，强调的是美丽浙江建设的目的性。但是，“建设美丽浙江创造美好生活”简称为“两美”浙江建设，既存在词义上的偏颇——从原义看无法简化，又存在同义反复——创造美好生活是建设美丽浙江的题中应有之义。因此，浙江省第十四次党代会报告中明确指出：“着力推进生态文明建设。深入践行‘绿水青山就是金山银山’重要思想，大力开展‘811’美丽浙江建设行动，积极建设可持续发展议程创新示范区，推动形成绿色发展方式和生活方式，为人民群众创造良好生产生活环境。”“在提升生态环境质量上更进一步、更快一步，努力建设美丽浙江……全省天更蓝、地更净、水更清、空气更清新、城乡更美丽。”② 该报告具有下列三个特点：第一，生态文明建设的理念更加明确，必须以绿水青山就是金山银山理念为指导；第二，生态文明建设的目标更加高远，美丽浙江是包括美丽生态环境、美丽生态经济、美丽生态文化和美丽生态人居在内的综合美丽；第三，生态文明建设的接力意识更加明显，如从“811”环境污染整治行动到“811”生态环保行动再到“811”生态文明建设行动，体现的是不同阶段生态文明建设不同内容和不同要求。

---

① 晏利扬，赵晓：《浙江省委十三届五次全体会议提出 建设美丽浙江 创造美好生活》，《中国环境报》，2014 年 5 月 30 日。

② 车俊：《坚定不移沿着“八八战略”指引的路子走下去 高水平谱写实现“两个一百年”奋斗目标的浙江篇章——在中国共产党浙江省第十四次代表大会上的报告》，《浙江日报》，2017 年 6 月 19 日，第 1—3 版。

（五）从美丽浙江建设到诗画浙江建设

中共浙江省第十五次代表大会再次谋划未来五年浙江生态文明建设。该次党代会报告的总体定位是：着力推进生态文明建设先行示范，创建国家生态文明试验区，打造现代版“富春山居图”。这实际上就是诗画浙江。具体包括五大内容：一要全域推进国土空间治理现代化。二要扎实推进碳达峰、碳中和。三要深入打好污染防治攻坚战。四要全面加强生态修复和生物多样性保护。五要全面拓宽生态富民路径。① 该报告有部分内容沿袭了党的二十大报告，但是，结合浙江实际还是形成一些创新点：第一，地位的独特性。根据现代化先行和共同富裕先行的浙江省总体定位，确立了“生态文明建设先行示范”的定位，刻画了现代版“富春山居图”的生态文明建设愿景。第二，阶段的复合型。报告还分析了浙江省未来面临的生态保护与环境治理并存、绿色化与低碳化并存、生态优先与生态富民并存的历史方位判断，提出了相应的任务。第三，目标的高远性。现代版“富春山居图”与美丽浙江的要求相比，不仅要通过生态文明建设，把整个浙江省建成“大花园”，而且要让这个大花园富有文化底蕴和艺术气息。这就说明，浙江的生态文明建设更加注重“内涵”，追求“表里如一”，是一种内在美与外在美的统一。

正是这种“一任接着一任干”的接力棒精神，才使得浙江省不仅在经济建设方面走在全国前列，而且在生态文明建设方面同样走在全国前列。浙江省在战略深化中，一方面始终紧紧抓住“生态”“绿色”这一主线，另一方面又不断充实了“审美”和“文化”等内涵。正是在绿水青山就是金山银山理念指导下，浙江省率先创建成功全国第一个生态县——浙江省安吉县；浙江省省会城市杭州市被习近平总书记誉为“生态文明之都”；浙江省率先创建成功全国第一个生态省；习近平同志亲自倡导并在践行绿水青山就是金山银山理念过程中不断深化的“千村示范、万村整治”工程被联合国授予“地球卫士奖”。发达国家以两三百年的时间完成了工业化，浙江省仅仅用了二三十年的时间完成了工业化；发达国家短

---

① 袁家军：《忠实践行“八八战略”　坚决做到“两个维护”在高质量发展中奋力推进中国特色社会主义共同富裕先行和省域现代化先行——在中国共产党浙江省第十五次代表大会上的报告》，《浙江日报》，2022 年 6 月 20 日。

则三五十年、长则一两百年的时间实现生态环境质量的根本好转，浙江省仅仅用一二十年时间完成了生态环境质量的根本好转。浙江省的经济建设是一个奇迹；浙江省的生态文明建设也是一个奇迹。

二、指引浙江生态文明建设取得重大成就

（一）久久为功，不断做大绿水青山

习近平总书记指出，大自然是人类赖以生存发展的基本条件。尊重自然、顺应自然、保护自然，是全面建设社会主义现代化国家的内在要求。浙江省始终按照习近平总书记的指示，以“三改一拆”“四边三化”“五水共治”等“组合拳”推进生态文明建设。2004 年至今，浙江相继部署实施了五轮“811”生态环保专项行动。首轮“811”生态环保三年行动，突出 8 大水系和 11 个设区市的 11 个环保重点监管区的治理，遏制了环境恶化的趋势；第二轮“811”新三年行动，基本解决了突出存在的环境污染问题；2011 年开始的时长 5 年的第三轮“811”生态文明建设行动，推动了全省生态文明建设走在全国前列；第四轮“811”美丽浙江建设行动，则是通过开展绿色经济培育、节能减排、“五水共治”等 11 项专项行动，进一步实现绿色发展目标；第五轮“811”生态文明先行示范行动，旨在高水平建设人与自然和谐共生的现代化，打造生态文明高地和美丽中国省域先行地，生态文明建设实现更高水平示范引领。第五轮“811”生态文明先行示范行动的一大焦点是，深入开展国土空间治理现代化、绿色低碳赋能、优美环境品质提升、生物多样性友好、美丽城乡全域提质、生态富民惠民、生态文明治理提效、全民生态自觉培育 8 大专项行动，积极打造以各设区市为单位的 11 个生态文明先行品牌。

《浙江省生态环境状况公报（2022 年）》显示，浙江省实现国家污染防治攻坚战考核、生态环境满意度评价“两个全国第一”，减污降碳协同创新区建设、生态环境数字化改革和生态环境“大脑”建设试点省“两个全国第一”。

2002—2017 年《浙江省环境状况公报》和 2018—2023 年《浙江省生态环境状况公报》的数据显示，2002—2023 年浙江省地表“好水”达到或优于Ⅲ类水质河段地表水省控断面的比例分别是：66.4%、62.6%、52.1%、64.9%、62%、67.2%、70.8%、72.6%、74.3%、62.9%、

64.3%、63.8%、63.8%、72.9%、77.4%、82.4%、84.6%、91.4%、94.6%、95.2%、97.6%、97%。可见从2002年的66.4%提高到2023年的97%，已全面消除劣V类断面（见图9－1）。这是了不起的历史性成就。

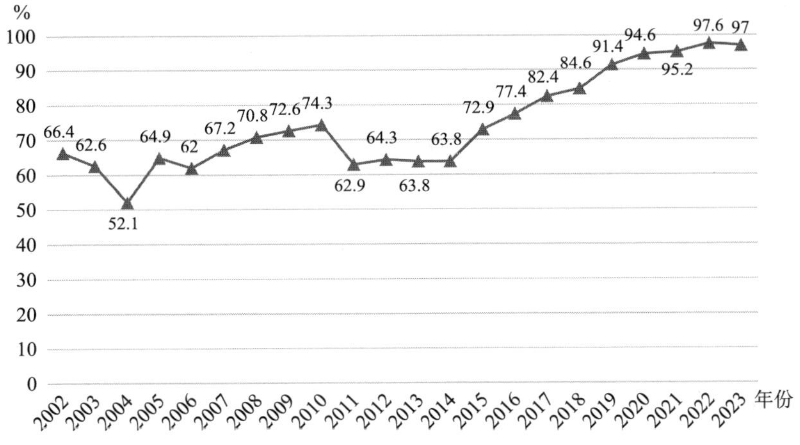

图9－1　2002—2023年浙江省地表水省控断面达到或优于Ⅲ类水质占比

数据来源：《浙江省环境状况公报》（2002—2017年）、《浙江省生态环境状况公报》（2018—2023年）。

森林覆盖率和林木蓄积量代表着生态系统的质量。浙江省的森林覆盖率从2002年的50.8%提高到2012年的57.41%，进一步提高到2022年的59.43%。见图9－2。

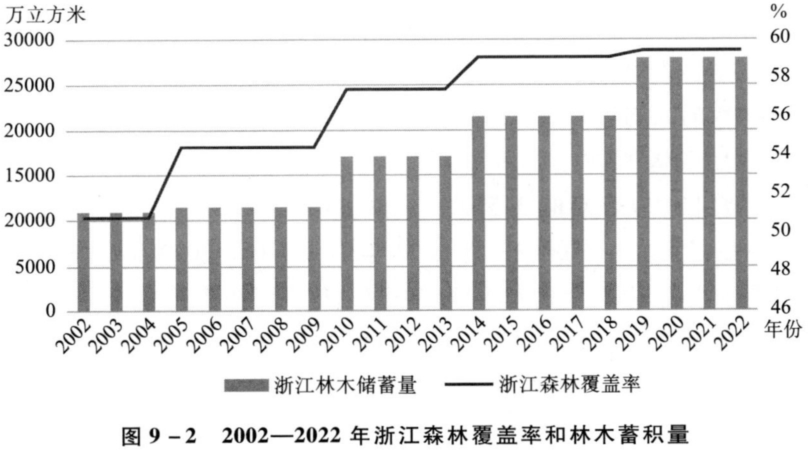

图9－2　2002—2022年浙江森林覆盖率和林木蓄积量

数据来源：《中国统计年鉴》（2003—2023年）。

（二）开拓创新，持续做高金山银山

在地球生态系统中，人类只不过是“食物链”“食物网”中的一个环节，人类只不过是自然界的一个组成部分。因此，要像保护眼睛一样保护自然和生态环境。正是基于上述认识，一方面，浙江省积极推进经济生态化，把生态文明建设与“腾笼换鸟”“空间换地”“亩均论英雄”“最多跑一次改革”“数字化改革”等有机结合起来，开辟了浙江经济转型升级的新路子。加大对传统产业、重化工业的改造，走清洁化、循环化的路子，以此带动传统优势产业的改造提升。加快推进产业园区、集聚区的生态化建设，实现环境治理从点源治理向集中治理转变。镇海区从传统石化重镇转变成绿色石化基地，长兴县从全国铅酸蓄电池基地转变成为国家新能源基地，新昌县从传统污染制药产业集散地转变成科技成果转化地，东阳市从传统污染产业集聚地转变成影视文化产业的引领地。另一方面，浙江省大力推进生态经济化。利用生态优势发展生态产业，是浙江省生态产品价值实现的主要渠道，建德市的生态草莓每只可以卖到 15 元，磐安县的花溪民宿每户年均收入达到 40 万元，临安区的乡村运营扩大了农民的收入渠道。依靠制度创新实现绿水青山价值，是浙江省生态产品价值实现的重要渠道。淳安县 2022 年生态补偿资金收入高达 13 亿元，磐安县的“金盘飞地”生态补偿解决了全县三分之一的税源，安吉县建立了基于 GEP 核算的生态补偿制度，“两山银行”实现了“化零为整”的资源配置效果。

浙江省在生态环境持续改善的前提下，全省人均地区生产总值从 2002 年的 16918 元增加到 2012 年的 61097 元，再增加到 2023 年的 125063 元，2012 年的人均地区生产总值是 2002 年的 3.6 倍，2023 年的人均地区生产总值是 2002 年的 7.4 倍；城镇居民人均可支配收入从 2002 年的 11716 元增加到 2012 年的 34550 元，再增加到 2023 年的 74997 元，2012 年的城镇居民人均可支配收入是 2002 年的 2.9 倍，2023 年的城镇居民人均可支配收入是 2002 年的 6.4 倍；农村居民人均可支配收入从 2002 年的 4940 元增加到 2012 年的 14552 元，再增加到 2023 年的 40311 元，2012 年的农村居民人均可支配收入是 2002 年的 2.9 倍，2023 年的农村居民人均可支配收入是 2002 年的 8.1 倍（见图 9－3）。由此可见，浙江省不仅绿色成色越来越高，而且经济保持持续增长，人民群众享受到越来越好的

绿色福利和经济福利。

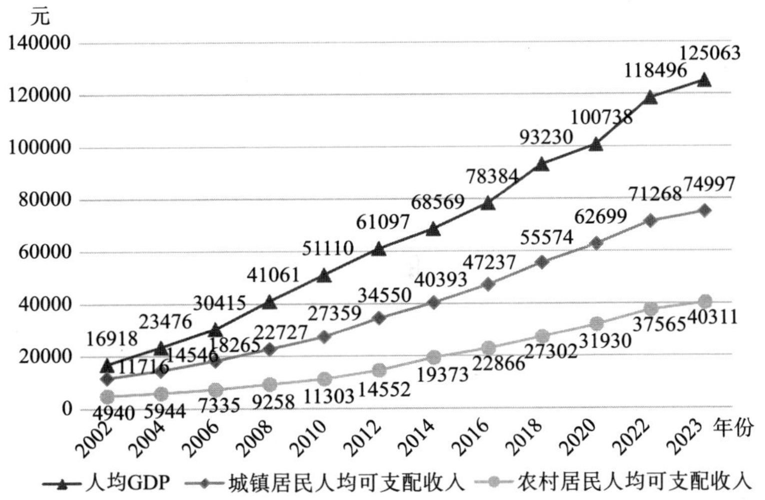

图9－3　2002—2023年浙江省人均地区生产总值、城镇居民和农村居民人均可支配收入

数据来源：《浙江统计年鉴》（2003—2023年）、《2023年浙江省国民经济和社会发展公报》。

（三）改革制度，提升生态环境治理能力

健全的生态环境法律制度不仅是生态文明的重要标志，而且是生态文明建设的最后保障。浙江省按照生态文明建设的要求全面清理、修订、制订地方性法规、政府规章和规范性文件，建立有利于推进生态文明示范区建设的法规体系，重点在发展循环经济、推进清洁生产、资源高效利用和生态环境保护等方面出台配套的法规、规章及标准。按照政府主导、企业自律、公众参与的原则，明确政府、企事业单位、公民在生态文明建设中的责任和义务。2003—2022年，浙江省几乎年年都有生态环境法律法规规章的出台或修订，制度出台频率之密前所未有。迄今，浙江省已经形成了与国家大政方针、生态法治体系相适应的地方性法规和政策体系。同时，浙江省高度重视规章制度的创新。浙江省是全国第一个从省级层面出台并实施生态补偿机制的省份。浙江省生态补偿机制建设已经从纵向补偿走向纵向补偿与横向补偿相结合、从省内补偿走向省内补偿和省际补偿相结合、从生态补偿走向生态补偿和环境损害赔偿相结合。以制度创新为核心，浙江省已经构建起了党委领导、政府主导、企业主体、公众参与的生

态环境治理体系，生态环境治理能力不断提升。

中央部署了碳达峰碳中和工作以来，浙江省仅在2021年和2022年就密集出台相关的制度和政策。2021年，浙江省委省政府印发《关于完整准确全面贯彻新发展理念做好碳达峰碳中和工作的实施意见》。进而各个厅局积极跟进，出台了多个文件：《浙江省碳达峰碳中和科技创新行动方案》（省科领〔2021〕1号）；《浙江省建设项目碳排放评价编制指南（试行）》（浙环函〔2021〕179号）；《浙江省应对气候变化“十四五”规划》（2021）；浙江省机关事务管理局等六部门印发《深入开展公共机构“十四五”绿色低碳引领行动促进碳达峰实施方案》（2021）；《浙江省应对气候变化“十四五”规划》（浙发改规划〔2021〕215号）；《浙江省可再生能源发展“十四五”规划》（浙发改能源〔2021〕152号）。

2022年，省委省政府印发《关于完整准确全面贯彻新发展理念做好碳达峰碳中和工作的实施意见》。同时，出台了相关制度：《浙江省关于严格能效约束推动重点领域节能降碳工作的实施方案》（浙发改产业〔2022〕1号）；浙江省生态环境厅等9个部门联合发布《浙江省减污降碳协同创新区建设实施方案》（2022年）；省财政厅发布《关于支持碳达峰碳中和工作的实施意见》；省林业局探索林业碳汇交易机制，发布《浙江省森林植被碳储量计量技术规程》（2022年）；《浙江省林业固碳增汇试点建设管理办法》（浙林绿〔2022〕37号）；《浙江省关于印发2022年建筑领域碳达峰碳中和工作要点的通知》。

三、指引浙江生态文明建设的启示意义

（一）坚信真理伟力，不断推进生态文明建设战略的迭代升级

绿水青山就是金山银山理念的诞生与生态省建设的谋划总体上是一致的。在推进生态文明建设的过程中，浙江省委省政府的一个突出特点是，坚信真理伟力，按照绿水青山就是金山银山理念的基本要求，不断推进生态文明建设战略的迭代升级。一方面，真情实意地坚持“绿色”主线，把绿色视作“红色根脉”，坚持“一张蓝图绘到底”，绝不搞“一任领导一张图”。另一方面，真抓实干地推进绿色发展战略的迭代升级，不是让绿色发展停留于起步时的要求，而是不断实现与时俱进。从绿色浙江到生态浙江，实现了生态文明建设内涵的扩展，从狭义的生态环境保护扩展到

生态环境保护、生态经济发展、生态文化繁荣等；从生态浙江到美丽浙江，实现了生态文明建设的内涵的提升，从满足生态环境安全需要上升到满足生态环境审美需要；从美丽浙江到诗画浙江（现代版“富春山居图”），实现了文化艺术内涵的进一步提升，从外在美升格为外在美与内在美的统一。

（二）坚信市场力量，始终发挥市场机制在资源配置中的决定性作用

浙江省是市场化改革的先行者和排头兵。正因为浙江省市场化改革走在全国前列，才使得浙江的经济发展也走在全国前列。2005 年 4 月 5 日作为省委书记的习近平同志在生态省建设工作领导小组会议上从宏观上强调了“两个机制”：一是充分发挥市场机制的作用。二是逐步建立健全生态补偿机制。[①] 因为习近平总书记确定的基调，浙江省对市场机制是情有独钟的。一方面，高度重视市场机制的建设和市场机制的完善，通过“最多跑一次改革”“数字化改革”的系列改革不断健全市场机制。不管社会上是否出现怀疑市场机制的噪声杂音，始终走在市场化改革的最前沿。另一方面，高度重视市场机制在生态环境资源配置中的决定性作用，不断创新机制。由于生态环境资源稀缺性的与日俱增以及生态环境产权界定技术的进步所带来的成本的下降，使得市场机制在生态环境资源领域发挥作用的潜力越来越大。因此，浙江省是最早推进生态补偿机制建设、最早开展区域水权交易、最早实施排污权有偿使用、最早进行用能权制度改革、最早探索生态资源经营公司建设的省份。这些制度创新既给兄弟省份提供了借鉴，又给中央制度建设奠定了地方实践基础。

（三）坚信制度作用，坚持在继承中创新生态文明制度

生态文明制度建设中，坚持人与自然和谐共生等观念性制度是永恒的真理，有些制度则是随着时间地点条件的变化而变化的。浙江省高度重视在继承中创新生态文明制度。一方面，把好的制度不断固化下来，另一方面又不断充实新的内涵。生态补偿机制的建设，浙江省实现了“从无到有”的突破后，进一步实现了小额补偿到大额补偿的拓展；实现了“自

---

① 习近平：《干在实处 走在前列——推进浙江新发展的思考与实践》，北京：中共中央党校出版社，2006 年 12 月，第 194 页。

上而下”的补偿到“前后左右”的补偿的拓展；实现了从省内补偿到省际补偿的拓展。在新安江流域跨界生态补偿中，与安徽省协同推进了四轮生态补偿的试点和探索，实现“四个突破”：一是实现上下级补偿与上下游补偿的结合，以上下级补偿带动上下游补偿；二是实现生态保护补偿与环境损害赔偿的制度耦合，做到激励与约束的完美结合；三是实现上下游共同参与的水质监测机制，水质监测结果好就给予生态保护补偿，水质结果差就实施环境损害赔偿；四是坚持问题导向和目标导向的结合，针对饮用水的水质要求确定以高锰酸盐指数、氨氮、总氮、总磷4项指标作为监测对象。

第二节　绿水青山就是金山银山理念的中国意义

党的十八大以来，习近平总书记不断丰富和完善生态文明思想，形成了系统完整的习近平生态文明思想。绿水青山就是金山银山理念对于建成美丽中国、加快我国从高速度增长转向高质量发展具有十分重要的指导意义。

一、绿水青山就是金山银山理念对思想认识的指导意义

绿水青山就是金山银山理念表达的是“生态之山”与“经济之山”的关系，实际上反映的是人与自然的关系，因为，“经济之山”就是为了满足“人”的需要，而“生态之山”就是既要满足“人”的需要又要满足“自然”的需要。党的十九大报告系统总结了中国特色社会主义基本方略，其中之一便是“坚持人与自然和谐共生”。“人与自然和谐共生”的“天人合一”境界正是人们矢志不渝的追求。

经济发展水平和生态环境质量都是与美好生活息息相关的。在山不清、水不秀、天不蓝、地不净的特殊背景下，大力推进生态环境和生态产品的供给以满足老百姓日益增长的生态需求，是党和政府义不容辞的职责。“只要金山银山，不要绿水青山”的“黑色增长”得益的是个别企

业，受损的是平民百姓，丧失了生态公平和环境正义。有些矿山企业“挖了一个坑，冒了一股烟，留了一堆灰”的做法，虽然肥了自己，但是害了百姓。完全违背了为人民服务的根本宗旨。所有人面对生命的生死、生态的优劣、环境的好坏总体上是公平的。诚如习近平总书记在海南视察时所指出的：“保护生态环境就是保护生产力，改善生态环境就是发展生产力。良好生态环境是最公平的公共产品，是最普惠的民生福祉。”① 因此，绿水青山就是金山银山理念关注的是最广大人民的根本利益和长远利益，反映的是生态公平论和环境正义论。从这个角度审视，绿水青山就是金山银山理念已经远远突破了生态经济的范畴，已经上升到政治和社会的战略高度。

2012 年 11 月 15 日，新当选的中共中央总书记习近平在常委见面会上的讲话中提到：“人民对美好生活的向往，就是我们的奋斗目标”②。人民对美好生活的向往是什么呢？概括起来不外乎优美的绿水青山和厚实的金山银山。绿水青山就是金山银山理念以非常朴实的语言表达了人民的向往，所以特别能够统一思想，奋力推进美丽中国建设。

二、绿水青山就是金山银山理念对战略谋划的指导意义

党的十八大前，生态文明建设的指导性战略就是生态省建设。在生态省建设过程中，各省各显神通。浙江的生态省建设是纳入“八八战略”之中的。因此，生态省建设具有特殊重要的地位。与生态省同步启动的是“千村示范、万村整治”的“千万工程”。这是时任浙江省委书记习近平同志亲自擘画、亲自指挥、亲自推进的一项集生态文明、乡村振兴于一体的伟大工程。该工程被联合国授予“地球卫士奖”。

正是在“千万工程”实施的过程中，安吉县等县域认为，“千万工程”不仅要解决守住底线的“整治”问题，而且要敢于探索仰望星空的“美化”问题。于是，提出了美丽乡村建设的思路并付诸实施。经过一段时间的探索成效显著，于是，美丽乡村建设成为浙江省全省的战略部署，

---

① 习近平：《良好生态环境是最公平的公共产品 是最普惠的民生福祉》，《海南特区报》，2013 年 4 月 11 日。

② 习近平：《人民对美好生活的向往就是我们的奋斗目标》，新华网，2012 年 11 月 15 日。

进而辐射到福建省、四川省、海南省等兄弟省份。

有了地方的探索和实践，习近平同志在主持起草党的十八大报告时就有了写上“建设美丽中国”的底气。以“美丽中国”为目标的生态文明建设战略的谋划，形成了全国无处不美丽的格局。美丽省域、美丽市域、美丽县域、美丽镇域、美丽村域等，不同等次的美丽创建全面开花。

党的十九大报告和党的二十大报告均描绘了我国生态文明建设的时间表：到2035年，基本建成美丽中国；到21世纪中叶，全面建成美丽中国。2023年12月27日，中共中央、国务院印发了《中共中央 国务院关于全面推进美丽中国建设的意见》，把美丽中国建设的阶段性目标刻画得更加明确具体：①

近期目标：到2027年，绿色低碳发展深入推进，主要污染物排放总量持续减少，生态环境质量持续提升，国土空间开发保护格局得到优化，生态系统服务功能不断增强，城乡人居环境明显改善，国家生态安全有效保障，生态环境治理体系更加健全，形成一批实践样板，美丽中国建设成效显著。近期目标突出强调了美丽中国建设的全面进步，并且“形成一批实践样本”。

中期目标：到2035年，广泛形成绿色生产生活方式，碳排放达峰后稳中有降，生态环境根本好转，国土空间开发保护新格局全面形成，生态系统多样性稳定性持续性显著提升，国家生态安全更加稳固，生态环境治理体系和治理能力现代化基本实现，美丽中国目标基本实现。中期目标突出强调了美丽中国目标基本实现，其中当然包括部分地区建成美丽省域。

远期目标：展望21世纪中叶，生态文明全面提升，绿色发展方式和生活方式全面形成，重点领域实现深度脱碳，生态环境健康优美，生态环境治理体系和治理能力现代化全面实现，美丽中国全面建成。远期目标突出强调“美丽中国全面建成”，而且是形成了可持续推进美丽中国建设的治理体系。

中央按照更高站位、更广视野、更大力度的要求推进美丽中国建设的战略部署，美丽中国的战略目标一定能够实现。以绿水青山就是金山银山理念为指导推进美丽中国建设，就可以使美丽中国的蓝图更加清晰：美丽

---

① 《中共中央 国务院关于全面推进美丽中国建设的意见》，《人民日报》，2024年1月12日。

的生态文化、美丽的生态环境、美丽的生态经济、美丽的生态人居、美丽的生态科技、美丽的生态制度等。

三、绿水青山就是金山银山理念对法治建设的指导意义

党的十八大以来，在绿水青山就是金山银山理念指导下，生态文明法治建设取得重大进展，形成完整的法治体系。[①]

（一）形成了“1 + N”的生态文明体制改革政策体系

美丽中国要以美丽的生态制度做保障。党的十八大以来，党中央、国务院构建了“1 + N”的生态文明制度体系：“1”是指《生态文明体制改革总体方案》，从理念、原则、制度体制对生态文明体制改革进行了系统完整的表述，是生态文明体制改革的纲领性文件；“N”包括《环境保护督察方案（试行）》《生态环境监测网络建设方案》《开展领导干部自然资源资产离任审计的试点方案》《党政领导干部生态环境损害责任追究办法（试行）》《编制自然资源资产负债表试点方案》《生态环境损害赔偿制度改革试点方案》等。此外，中办国办印发《环境保护督察方案（试行）》，开展环保督察落实地方党委政府生态保护的主体责任；印发《关于全面推行河长制的意见》，推进“河长制”“湖长制”改革促进河湖生态系统治理体系和治理能力现代化；印发《关于划定并严守生态保护红线的若干意见》，推动全国范围的生态环境安全底线划定；印发《领导干部自然资源资产离任审计规定（试行）》，推动领导干部切实履行环境责任。上述改革措施从目标、原则、重点任务、制度体系等对生态文明建设进行全面部署。

（二）形成了“四梁八柱”的环境保护法律体系

第十三届全国人民代表大会一次会议通过的《中华人民共和国宪法》修正案第 32 条明确指出：“贯彻新发展理念，自力更生，艰苦奋斗，逐步实现工业、农业、国防和科学技术的现代化，推动物质文明、政治文

---

① 沈满洪，施美红：《大学生生态文明教程》，北京：中国环境出版集团，2023 年 12 月，第 176 – 190 页。

明、精神文明、社会文明、生态文明协调发展，把我国建设成为富强民主文明和谐美丽的社会主义现代化强国，实现中华民族伟大复兴。”① 这段文字虽然没有直接使用绿水青山就是金山银山理念的表述，但是把与该理念紧密相关的绿色发展、生态文明、美丽中国等均纳入其中。

第一，确立《环境保护法》的基本法地位。《环境保护法》是加强生态文明建设的基础，是中国生态文明建设的制度保障。我国在 1989 年首次通过环境保护领域的基本法《环境保护法》。党的十八届三中全会以来，我国坚持用最严格制度最严密法治保护生态环境，立法受到高度重视，体现源头、过程、后果等全过程开展生态文明建设。《环境保护法》的修订工作，历经三审再加一审于 2014 年 4 月 24 日，第十二届全国人民代表大会常务委员会第八次会议表决通过修订后、被称为“史上最严”的《环境保护法》。该法以基本法的形式，为生态文明建设提供法律保障，为后续一系列生态文明法律规范标准要求的设置奠定了基本依据。

第二，环境资源法律更加体系化。党的十八大以来，全国人大在生态环境领域就制定了 7 部法律、修改了 17 部法律，环境保护基本制度逐步完善。仅仅十三届全国人大常委会就先后制定《土壤污染防治法》《生物安全法》《长江保护法》《湿地保护法》《噪声污染防治法》等，修改了《大气污染防治法》《固体废物污染环境防治法》《环境影响评价法》等多部生态环保法律，作出《关于全面加强生态环境保护依法推动打好污染防治攻坚战的决议》，推动有关地区和部门对生态环保领域规范性文件进行集中清理。《黄河保护法》《青藏高原生态保护法》等立法工作正在推进之中。迄今，我国生态环境领域法律达到 30 余部，初步形成覆盖污染控制、自然生态保护、绿色低碳发展及生态环境责任的比较完善的环境法律体系，生态环境立法实现从量到质的全面提升。

第三，健全生态文明建设党内法规体系。党的十八大报告从“五位一体”的高度系统阐述了“大力推进生态文明建设”，并在党章修改案中强调“实行最严格的生态环境保护制度”；党的十九大报告再次从“五位一体”的高度系统阐述了“加快生态文明体制改革，建设美丽中国”。2015 年上半年出台了《中共中央 国务院关于加快推进生态文明建设的意见》，下半

① 《中华人民共和国宪法修正案（2018 年 3 月 11 日第十三届全国人民代表大会第一次会议通过）》，《中国纪检监察报》，2018 年 3 月 30 日。

年中共中央、国务院印发了《生态文明体制改革总体方案》。特别重要的是，党的十九大把绿水青山就是金山银山理念、绿色发展理念、美丽中国建设等均纳入《中国共产党章程》，使之成为全党全国的指导思想。在顶层设计基础上，党中央、国务院出台了一系列创新性制度，如中央生态环境保护督察、生态文明建设目标评价考核、领导干部自然资源资产离任审计、环境保护党政同责以及终身责任制等多项制度，为推进生态文明建设和生态环境保护提供了重要制度保障，形成党规国法“组合拳”。

（三）构筑“协同高效”的生态文明法治实施体系

第一，通过加强严格执法来推进绿色低碳转型。党的十八大以来，中国生态文明领域执法取得了显著成效，各部门职责权限更加明晰，生态执法日益规范严格。中共中央、生态环境部分别出台《深化党和国家机构改革方案》《关于深化生态环境领域依法行政，持续强化依法治污的指导意见》等文件集中整合生态文明建设领域执法职责，有效整合生态领域的执法权，在一定程度上解决了执法期间的重复执法、跨领域执法的难题，加大重点领域执法力度和强度。依法行政和法治政府建设逐步加强各级行政机关规范公正文明执法。修订后的《环境保护法》及旨在强化行政执法的四个配套办法，为生态环境主管部门提供了按日连续处罚、查封扣押、限产停产和环保拘留等“钢牙利齿”，助力最严格环境执法原则的有效落地。中央生态环境保护督察在探索中自我发展，“督政”和“督企”并举，为环境执法的强化提供了监督保障。全国人大连续五年开展生态环境保护领域的法律执法检查，助力打好污染防治攻坚战。

第二，通过公正司法来促进环境司法专门化。党的十八大以来，我国生态司法工作发生了前所未有的全局性变化。最高人民法院《关于全面加强环境资源审判工作为推进生态文明建设提供有力司法保障的意见》（法发〔2014〕11 号）标志着环境司法专门化改革全面展开，《关于深入学习贯彻习近平生态文明思想为新时代生态环境保护提供司法服务和保障的意见》（法发〔2018〕7 号）为生态文明司法指明路径。司法部门先后出台多个关于环境公益诉讼的司法解释、工作规范、指导性案例等，明确环境公益诉讼的运行规则。此外，人民法院着力构建中国特色专门化环境资源审判体系，已设立环境资源审判专门机构或组织 2426 个，涵盖四级法院的专门化审判组织架构基本建成；实行环境资源刑事、民事、行政案件“三合一”审理模式，将环境保护理念贯穿到审判全领域、全过程。过去10年间，全国各级法院共审结环境资源案件196.5万件，环境公益诉讼案件1.58万件，生态环境损害赔偿案件335件。

第三，通过全民守法为生态文明法治实施夯实社会基础。通过加强生态文明建设的法制宣传和教育，推进全民守法，树立生态文化观念，提升公民生态文明法治观念，形成符合生态文明建设低碳环保的绿色生产生活方式。2021年1月，生态环境部联合中央宣传部、中央文明办等部门印发《“美丽中国，我是行动者”提升公民生态文明意识行动计划（2021—2025年）》（环宣教〔2021〕19号），将“志愿服务行动”列入“十四五”时期“十大专项行动”，摆在重要位置。2021年6月，生态环境部、中央文明办联合编制印发《关于推动生态环境志愿服务发展的指导意见》（环宣教〔2021〕49号），系统阐述生态文明志愿服务工作的主要内容和重点任务。

绿水青山就是金山银山理念为生态文明制度体系建设提供了理论指导，生态文明法治实践为绿水青山就是金山银山理念的落地生根提供了保障。理念与实践形成了相互支撑、相互促进的良性互动关系。

四、绿水青山就是金山银山理念对方式方法的指导意义

系统论强调系统的整体性、关联性、时序性、等级结构性、动态平衡性等。这些特征也表现为系统论方法。习近平总书记在党的十八届三中全会上的讲话中进一步把绿水青山就是金山银山理念提升到系统论的高度，旗帜鲜明地提出“山水林田湖是一个生命共同体”论断。这一论断充分体现了生态系统、经济系统、社会系统的整体性、关联性、结构性、时序性等，同时还彰显了生态系统的生命观。

按照系统论方法，就要运用统筹兼顾的方法，系统内部要学会统筹，系统之间要学会统筹。运用绿水青山就是金山银山理念，就要解决“多龙治水”的问题，按照管理创新的思路，在“一龙治水”的大一统和“多龙治水”的碎片化之间找到平衡点；运用绿水青山就是金山银山理念，就要解决“条块分割”的问题，实现“条”与“条”之间、“块”与“块”之间、“条”与“块”之间的分工与整合；运用“两山”重要思想，就要解决“单打一”决策的问题，铲除“环保不下水”“水利不上岸”等现象的存在根基；运用绿水青山就是金山银山理念，就要解决

"运动员"与"裁判员"合一的问题，或者采取"第三方治理"，或者采取"第三方评价"，实现有效的"管""评"分离的制衡机制。

系统方法说起来容易用起来难。因此，首先，要学深悟透绿水青山就是金山银山理念的方法论，其次，要掌握系统观念、系统思维、系统方法的方法学，最后，要在具体实践中不断地运用和总结，从而让系统方法上升到系统艺术。

五、绿水青山就是金山银山理念对考核评价的指导意义

正确的政绩观可以导向目标均衡，错误的政绩观必然导向非目标均衡。"唯 GDP 论英雄"的政绩观，往往导致只要经济增长、不要环境保护的结果，往往导致只要金山银山、不要绿水青山的结果。"绿色 GDP 论英雄"的政绩观，往往可以促进经济增长与环境保护、金山银山和绿水青山的兼顾，而且可以激励人们努力践行绿水青山就是金山银山理念。

早在 2006 年，习近平同志就指出："破坏生态环境就是破坏生产力，保护生态环境就是保护生产力，改善生态环境就是发展生产力，经济增长是政绩，保护环境也是政绩。"[①] 这就说明，对于破坏生态环境的公务员要惩处，对于改善生态环境的公务员要表彰，对于保护生态环境的公务员根据保护力度和成效的大小予以激励或约束。绿水青山就是金山银山理念是正确政绩观的生动写照，或者本身就是正确政绩观。

国内生产总值即 GDP，是 Gross Domestic Product 的简称，表示一个国家或地区在一定时期内生产的最终产品和劳务的货币总值，是国民经济核算的核心指标，也是衡量一个国家或地区经济状况和发展水平的重要指标。GDP 有天然的缺陷，如没有计算家务劳动的贡献，没有计算地下经济的产出，没有计算考虑环境污染的损失等。但是，如果只能用一个指标衡量经济社会的发展，还没有其他指标替代 GDP。

生态系统生产总值即 GEP，是 Gross Ecosystem Product 的简称，是一个国家或地区在一定时期内生态系统为人们提供的生命支持服务、产品供给服务、生态调节服务、生态文化服务等最终产品与服务价值的总和，用

---

① 习近平：《干在实处 走在前列——推进浙江新发展的思考与实践》，北京：中共中央党校出版社，2006 年 12 月，第 186 页。

来衡量生态系统服务流量的价值核算指标。GEP 核算是生态服务价值的货币化评价，主要是为了科学认识生态系统服务的潜在价值，不等同于生态服务价值的市场显现；核算的出发点是为了更好保护自然资本，而非生态产品价值转化。GEP 核算可以为完善生态补偿机制、进行生态文明绩效考核、引导人造资本和人力资本进入生态产业化提供重要参考依据。但 GEP 直接转化为 GDP 在逻辑上不成立①。

如果对公务员尤其是主要领导进行政绩考核，就可以通过 GDP 和 GEP 两个指标进行识别。可以区分为四种情况：Ⅰ（GDP↑，GEP↑），表示 GDP 增长，GEP 也增长；Ⅱ（GDP↑，GEP↓），表示 GDP 增长，GEP 下降；Ⅲ（GDP↓，GEP↑），表示 GDP 下降，GEP 增长；Ⅳ（GDP↓，GEP↓），表示 GDP 下降，GEP 也下降。由此，可以给出表 9 - 1 所示的考核结论。

表 9 - 1　　生态经济综合考核结果识别

类别	GDP	GEP	考核结论
Ⅰ	↑	↑	经济上去了，生态也上去了；金山银山做大了，绿水青山也做大了。属于正确的政绩观。
Ⅱ	↑	↓	经济上去了，但生态下来了；以破坏绿水青山为代价谋求金山银山。属于片面的增长观。
Ⅲ	↓	↑	经济下来了，而生态上去了；只是做大绿水青山，没有做大金山银山。属于片面的保护观。
Ⅳ	↓	↓	经济下来了，生态也下来了；金山银山没有做大，绿水青山也没有做大。属于不作为、乱作为。

可见，政绩观的扭曲是可以判别的，也是不难对错误的政绩观进行惩戒的。关键在于是否真正践行绿水青山就是金山银山理念。

表 9 - 2 说明，2022 年与 2012 年比较，我国人均 GDP 和城市居民可支配收入均是倍增有余，农村居民人均可支配收入则 2.5 倍。单位 GDP 的能耗、水耗、COD 排放等均是下降一半，单位 GDP 的二氧化硫排放量大幅度下降，而优质水的断面提升到 87.9%。很明显，期望增加的经济

① 石敏俊，陈岭楠：《GEP 核算：理论内涵与现实挑战》，《中国环境管理》，2022 年第 2 期。

数据都变大了，期望下降的资源环境数据都变小了。

表 9－2　　我国 2012 年与 2022 年的环境经济指标比较

比较项目	2012 年	2022 年
人均 GDP（元）	38420	80976
城镇居民人均可支配收入（元）	24564	49283
农村居民人均可支配收入（元）	7916	20133
单位 GDP 能耗（吨标准煤/万元）	0.75	0.45
单位 GDP 水耗（吨/万元）	118.3	49.6
单位 GDP 的 COD 排放量（kg/万元）	4.7	2.21（2021 年）
单位 GDP 二氧化硫排放量（kg/万元）	4	0.24（2021 年）
单位 GDP 碳排放量（吨/万元）	1.8	0.93
地表水省控断面Ⅲ类或优于Ⅲ类水质比例	68.9%	87.9%

数据来源：《中国统计年鉴 2013》《中国生态环境状况公报》（2012、2022）、中国碳核算数据库（2012—2022）、《2022 年中华人民共和国国民经济和社会发展统计公报》。

第三节　绿水青山就是金山银山理念的世界意义

绿水青山就是金山银山理念一经提出，尤其是党的十八大以来，便产生广泛的影响。国际组织、国际社会、国际友人均对绿水青山就是金山银山理念给予充分的肯定。绿水青山就是金山银山理念属于中国，也属于世界。

一、绿水青山就是金山银山理念为全球生态文明建设提供“中国理念”

长期以来生态文明建设领域始终是西方国家控制话语权，“增长的极限”“小型化经济”“循环经济”“低碳经济”“可持续发展”等无一不是“舶来品”。使用“舶来品”话语可能陷入语义陷阱，即使被我国接受的“可持续发展”，作为国家战略予以运用没有什么问题，但是，在处理国际关系时就需要特别谨慎。“可持续发展”包含的核心概念是“需要”和“限制”，“需要”是满足发达国家的需要，“限制”是限制发展中国家的发展。如果机械遵循西方的“可持续发展”所要求的“限制”，无异于自断发展路子，必然导致中国落后挨打。可见，话语体系的创新和传播就显得十分重要。

绿水青山就是金山银山理念不仅能够被中国人民广泛接受，而且也能被国际组织认可和接受。2013 年 2 月，联合国环境规划署第 27 次理事会，将来自中国的生态文明理念正式写入决议案。3 年后，2016 年 5 月，联合国环境规划署发布《绿水青山就是金山银山：中国生态文明战略与行动》报告。中国的生态文明建设，被认为是对可持续发展理念的有益探索和具体实践，为其他国家应对类似的经济、环境和社会挑战提供了经验借鉴。

联合国环境规划署的报告至少说明三点：第一，绿水青山就是金山银山理念得到联合国环境规划署的接受并用作为报告的题目。第二，在绿水青山就是金山银山理念指导下的中国生态文明建设受到国际组织的充分认可。第三，中国的生态文明建设为世界其他国家提供了重要的经验借鉴。

联合国环境规划署执行主任埃里克·索尔海姆在 2017 年初发表的署名文章中这样写道：“在全球环境日益恶化的当下，我们每一个人都深受其害。许多国家已经奋起迎接挑战，而在这一过程中，中国等国家的领导力至关重要。”“中国的重要作用在国际舞台日益彰显。中国积极签署并批准了诸多重要环境协定，为其他国家做出表率。《巴黎协定》无疑是其中最知名的，但也有一些没那么有名，却同样重要的协定。例如，中国在 2016 年 8 月批准了《水俣公约》，旨在预防有害工业汞污染物引起的新生儿生理缺陷与疾病。10 月，中国在《蒙特利尔议定书》缔约方大会上发挥了建设性引领作用，推动全球通过《基加利修正案》，就遏制空调与冰箱中的强效温室气体氢氟碳化物达成一致。在 2016 年初，中国批准了《名古屋议定书》，助力生物多样性的保护。”① 埃里克·索尔海姆的文章充分肯定了中国在应对气候变化问题的“大有作为”以及在构建应对气候变化的国际治理体系中的重要作用。

① 邢宇皓：《生态兴则文明兴——十八大以来以习近平同志为核心的党中央推动生态文明建设述评》，《光明日报》，2017 年 6 月 16 日，第 1 版、第 3 版。

二、绿水青山就是金山银山理念为世界各国环境保护提供“中国智慧”

长期以来，在生态建设和环境保护的思想创新方面西方国家占据主导地位，无论是“增长极限理论”“有机增长理论”还是“循环经济理论”“低碳经济理论”“可持续发展理论”，均是西方的话语体系，缺乏中国自己的话语权。例如，在中国刚刚进入工业化中期和全球二氧化碳等温室气体排放递增的背景下，西方国家提出了“低碳经济”的概念。由于没有中国话语权，在国际谈判中往往处于被动地位，甚至陷入“低碳陷阱”：一方面，让中国中断工业化进程，提前实现碳减排，提前实现碳中和，这相当于要求中国延迟甚至阻断现代化进程；另一方面，让中国进口大量美西国家的低碳技术、低碳产品，以扩大美西的市场，增加中国的成本。低碳经济理论未必都是“低碳陷阱”，但是确实可能面临“低碳陷阱”。

绿水青山就是金山银山理念实现了理论上的重大突破，确立了中国生态文明话语体系。如今，生态文明思想成为中欧、中美等国际学术会议共同关注和讨论的议题。中国话语走向了世界。以绿水青山就是金山银山理念为核心的习近平生态文明思想扬弃了可持续发展理论。发扬的是，坚持妥善处理人与人、人与自然、人与社会之间的关系，强调当代人与当代人、当代人与下代人、人类社会与自然界之间的公平与效率；抛弃的是，反对选择性保护，反对限制性不公平，坚持“共同但有区别的原则”。正因为绿水青山就是金山银山理念的指引，“绿色发展”“生态产品”“自然资源资产”等源自中国的话语逐渐被世界所接受。

中国式现代化的可贵之处就在于坚持人与自然和谐共生，避免了发达国家工业化中期所面临的严重的“生态危机”“环境危机”“资源危机”。中国式生态文明建设的可贵之处就在于坚持生态与经济协调发展，生态环境保护不是以牺牲经济社会发展为代价，而是以绿色低碳转型为路径。这正是绿水青山就是金山银山理念的精髓。

三、绿水青山就是金山银山理念为应对国际生态环境合作提供“中国方案”

在国际环境保护合作中，长期来中国处于相对“弱者”和“被动”的地位。党的十八大以来，在绿水青山就是金山银山理念的指导下，中国在环境保护国际合作领域的地位发生了根本变化，诚如党的十九大报告指出的：“引导应对气候变化国际合作，成为全球生态文明建设的重要参与者、贡献者、引领者”。① 2013 年起，联合国环境规划署就不同国家迈向可持续发展的不同经验、模式和途径开展了系列研究工作。联合国环境署执行主任施泰纳表示，可持续发展的内涵丰富，实现路径具有多样性，不同国家应根据各自国情选择最佳的实施路径。中国的生态文明建设是对可持续发展理念的有益探索和具体实践，为其他国家应对类似的经济、环境和社会挑战提供了经验借鉴。不仅绿水青山就是金山银山理念被国际社会高度认可，而且以绿水青山就是金山银山理念为指导的以美丽中国为目标的生态文明建设的“中国做法”“中国方案”“中国经验”也得到国际社会的广泛借鉴。

在处理人与人的关系上有利于推进人类命运共同体的机制构建。人类可以使用的资源迄今基本局限于地球之上。如果从静止的角度看，有限的资源的情况下，“你使用多了，我就使用少”。正因此，有的西方政要发表了“如果一个十三亿人口的中国也要过上我们发达国家一样的生活，那这个地球怎么承受得了”的谬论。其实，各个国家都掠夺性地开发利用自然资源导致“公地的悲剧”是不可取的，让一部分国家过好日子而让另一部分国家过苦日子也是不可取的。因为，我们只有一个地球，存在“一损俱损，一荣俱荣”的效应。任何一个国家或地区都无法做到独善其身。正确的做法是：一方面，从静态转向动态，通过绿色科技创新，努力提高资源生产率和环境生产率，这样，同样的资源可以满足更多的需要；另一方面，从孤立转向合作，通过绿色制度创新，构建起共同应对环境变化、共同应对气候变化的国际性合作机制。应对新冠疫情而引发的社会危

---

① 习近平：《决胜全面建成小康社会 夺取新时代中国特色社会主义伟大胜利——在中国共产党第十九次全国代表大会上的报告》，北京：人民出版社，2017 年 10 月，第 6 页。

机尤其是西方国家出现的严重危机，本质上是违背了社会发展规律，没有妥善处理好人与人的关系。因此，一定要树立人类命运共同体意识，携起手来，共同应对人类的敌人，共同保护人类的家园。

在处理人与自然的关系上有利于推进人与自然命运共同体的机制构建。绿水青山就是金山银山理念以文明兴衰论、人地和谐论为理论基础，反复强调“生态优先论”。我国通过“三线一单”制度、生态红线制度、生态功能区规划制度、休渔期禁渔期制度等一系列制度，给自然留下基本需要，给自然一个休养生息的机会。正因为认识到人与自然是命运共同体，才能够不遗余力推进长江、黄河全流域的生态保护，才能够全力以赴地推进提升生态系统的多样性、稳定性、持续性。

因此，绿水青山就是金山银山理念对于美丽世界建设、人类命运共同体建设、全球生态经济协调发展等均具有十分重要的指导意义。

四、绿水青山就是金山银山理念为美丽世界建设提供“中国方略”

习近平总书记不仅提出了美丽中国的建设目标，而且描绘了美丽世界的愿景；不仅提出全国“一盘棋”的思想，而且提出了人类命运共同体的理念。绿水青山就是金山银山理念既强调了生态系统是经济系统的物质基础，经济增长必须建立在保护生态系统的基础之上，在极端情况下“宁要绿水青山，不要金山银山”；强调了经济社会发展的需要，强调绿水青山的经济价值，把绿水青山转化成金山银山。因此，绿水青山就是金山银山理念既超越了“经济中心主义”，又超越了“环境保护主义”。该理念不仅揭示了保护自然的重要性和破坏自然的危害性，而且认识到实现“鱼和熊掌兼得”的可能性。在反对“只要金山银山，不要绿水青山”和强调“宁要绿水青山，不要金山银山”的同时，旗帜鲜明地提出了“绿水青山就是金山银山”。这就说明，绿水青山和金山银山之间不仅存在相互依存的关系，而且存在相互转化的关系。只要把握好自然发展规律、经济发展规律，就能够把绿水青山转化成金山银山。

2016 年 4 月 5 日，习近平总书记在参加首都义务植树活动时指出：“建设绿色家园是人类的共同梦想。我们要着力推进国土绿化、建设美丽中国，还要通过‘一带一路’建设等多边合作机制，互助合作开展造林绿化，关于改善环境，积极应对气候变化等全球性生态挑战，为维护全球生态安全作出应有贡献”。[①] 可见，绿水青山就是金山银山理念不仅立足于中国，而且放眼于世界；不仅将指导中国建成美丽中国，而且将指导世界建成美丽世界。

① 习近平：《论坚持人与自然和谐共生》，北京：中央文献出版社，2022 年 1 月，第 144 页。

后　记

我从事资源与环境经济学研究正好30周年。1992年有幸到杭州大学经济系工作。在系党总支书记李庚锦老师的关心指导下报考本系西方经济学专业硕士研究生并被成功录取。基于我的本科是化学专业毕业，时任经济系主任史晋川教授、系副主任金祥荣教授和我的硕士生导师张旭昆教授一致建议我从事环境经济学研究。具体研究什么选题，由我本人定夺。由于1992年联合国环境与发展委员会发布了《21世纪议程》，中国政府也于1994年发布了《中国21世纪议程》。这两个经典文件均强调“鼓励用经济手段保护生态环境”。于是我的硕士学位论文的选题便是“环境经济手段研究”。硕士研究生毕业后很快申请到了第一个国家社科基金项目“生态建设及环境保护的经济手段研究”，课题结题后的最终成果以《环境经济手段研究》为书名由中国环境科学出版社正式出版。

1998年，中央决定，原浙江大学、杭州大学、浙江农业大学、浙江医科大学四校合并。虽然我通过公开报考实现了从杭州大学中层副职到浙江大学中层副职的转变，但多位老师认为，在浙江大学工作迫切需要实现学历层次的再提升。根据四校合并之初的学校政策，鼓励教师和干部报考博士。我便产生了辞去中层干部脱产报考复旦大学经济学院博士生的设想。口头汇报时，得到学校分管领导和人事部门的支持；书面报告后，却得到了学校的半肯定半否定回答“同意报考博士生，但是限于报考本校博士生”。于是，开始报考浙江大学政治经济学专业在职博士研究生并被顺利录取。有了《环境经济手段研究》这一原理性的著作后，急需进一步深化学术研究，按照博士生导师史晋川教授的“少挖坑，深挖洞”的指导意见，把博士学位论文选题定为“水权交易制度研究——中国的案例分析”，结合此前开展的京杭运河杭州段水环境保护研究、浙江省水生态保护补偿机制研究、水污染权交易机制研究等，深入调查研究了黑河流域初始水权配置和灌区农户水权交易案例、深入调查研究了浙江省东阳—

义乌水权交易案和全国最早开展水污染权交易的上海市闵行区案例，形成了以中国案例研究为特色的博士学位论文。出版前，出版社建议对书稿进行“扩容”，于是补充了全国首个“包江案”——浙江省永嘉县楠溪江全流域包江案，并以《水权交易制度研究——中国的案例分析》为书名由浙江大学出版社正式出版。如此算来，从事水资源水生态水环境经济学研究也已经整整25年。

2002年底，习近平同志到浙江工作，不久便提出生态省建设的战略目标。由于有了此前资源与环境经济学研究的积累，有幸参与了《浙江生态省建设规划纲要》《浙江省循环经济发展规划纲要》等规划的编制。2003年7月，中共浙江省委举行第十一届四次全体（扩大）会议确立了“八八战略”，即进一步发挥八个方面的优势、推进八个方面的举措。“八八战略”之五就是“进一步发挥浙江的生态优势，创建生态省，打造‘绿色浙江’”。从此开始，我与“八八战略”结下了不解之缘，有机会参加生态省建设的对策研究、工作总结、经验概括、思想提炼、理论宣讲等一系列工作。虽然工作单位经历了浙江大学、浙江理工大学、宁波大学、浙江农林大学等多所大学，但对生态省为战略目标的浙江生态文明建设保持20多年跟踪研究。其间，承担了多项浙江省规划重大项目和浙江省文化研究工程重大项目，出版了《绿色浙江——生态省建设创新之路》《“两山”重要思想在浙江的实践研究》《中国梦与浙江实践（生态卷）》《生态文明建设：浙江的探索与实践》《绿水青山的价值实现》等专著。

浙江省是习近平生态文明思想的重要萌发地。习近平生态文明思想的萌发与形成、发展与升华无论对于指导浙江省、全中国乃至全世界的生态文明建设均具有十分重要的意义，也给从事资源经济学、环境经济学、生态经济学的学者带来学术的春天。因为习近平生态文明思想的指导，这些学科实现了从冷门到热门、从旁支到主流、从隐学到显学的转变。因此，我是习近平生态文明思想照耀下成长起来的生态文明学者，是“八八战略”哺育下成长起来的资源与环境经济学者。

“绿水青山就是金山银山”理念是习近平生态文明思想的核心内容和标志性成果，有时甚至可以直接指代习近平生态文明思想。作为从事资源与环境经济学研究30年、从事水资源水生态水环境经济学研究25年、从事“八八战略”尤其是浙江生态文明建设研究20年的一名学者，仅仅停留于习近平生态文明思想的一般性的阐释、浙江省生态文明建设实践成就的总结和经验启示的提炼，这是远远不够的。理论阐释是理论工作者必须肩负的使命。

2023年3月20日，浙江省习近平新时代中国特色社会主义思想研究中心综合协调办公室发文给“浙江省习近平新时代中国特色社会主义思想研究中心浙江农林大学基地”（与浙江省新型重点专业智库——浙江农林大学生态文明研究院合署），要求我承担起绿水青山就是金山银山理念的学理阐释的研究任务。虽然我深知，这是一项高难度的工作，而且我也深知手头多项工作同时在推进，要在短时期完成一部专著是难上加难。但是出于一名学者的使命和责任，我还是欣然接受了这一任务。

接受任务后，经过深思熟虑，形成了《绿水青山就是金山银山理念的逻辑力量》的书名，形成了“1+6+1”的框架体系，第一个“1”就是“一个总论”，“6”就是历史逻辑、理论逻辑、学科逻辑、实践逻辑、方法逻辑、时代逻辑等“六个逻辑”，第二个“1”就是“重要意义”。书名和提纲得到浙江省习近平新时代中国特色社会主义思想研究中心综合协调办公室认可后开始撰写。

一个人独立撰写还是多个人合作撰写？多次的犹豫后还是决定一个人独立撰写。合作撰写的优势是协同攻关，效率较高，可以在短时间完成，但是其劣势是风格的差异性、逻辑的不一致性、学术积累的深浅不一。一个人独立撰写的优势是可以避免合作撰写的问题，但是，进度较慢。经过几个月的煎熬，终于在2023年8月底拿出了一份可以征求意见的书稿。2024年初，浙江省习近平新时代中国特色社会主义思想研究中心综合协调办公室建议再次对书稿进行修改。我利用5—6月访学加拿大的机会，对书稿作了认真的修改。修改中重点解决重复引用和阐述，重写自引篇幅过大的内容，补充中央领导最新讲话及文件，加强行文和注释规范。即使如此，该书稿中有相当一部分内容是我以往发表的论著，相当一部分是引用习近平总书记的原话及其他学者的观点。经过慎重考虑，准备将该书纳入由中国财政经济出版社出版的《生态文明研究丛书》。书稿发给中国财政经济出版社后，社领导和编辑一致认为，这是一部高质量的著作。建议作者进一步扩写。于是增补了“绿水青山就是金山银山理念的制度逻辑”，并作为第八章。这样，全书就形成“1+7+1”的框架体系。书中，统计图件根据我的要求由我指导的博士研究生冯虎和硕士研究生梁芳绮制作。生态文明法律法规的梳理借鉴了陈真亮、连燕华执笔的部分书稿。在此，向给本书撰写提供过帮助的同志和同学表示衷心感谢！

由于学科的局限性、能力的有限性、时间的紧迫性，本书必然存在有待完善的地方，敬请各位专家和读者批评指正！

本书作为教育部哲学社会科学重大专项“习近平生态文明思想在中国大地的生动实践研究”（项目批准号：2022JZDZ009）的一个阶段性成果推出，也是浙江省习近平新时代中国特色社会主义思想研究中心2023年度委托课题“‘绿水青山就是金山银山’理念研究”的最终成果，还是浙江省新型重点专业智库——浙江农林大学生态文明研究院、浙江省生态文明智库联盟推出的《生态文明研究丛书》之第五部，以此向“绿水青山就是金山银山”理念提出二十周年献礼！

沈满洪

2025年1月15日

（沈满洪系浙江农林大学生态文明研究院院长、碳中和研究院院长、浙江省生态文明智库联盟理事长、浙江省特级专家、国家哲学社会科学领军人才、环球中国环境专家协会理事会主席）